城市公交驾驶员

新型学徒制培训教材

行车安全册

北京公共交通控股（集团）有限公司　编

人民交通出版社股份有限公司
北　京

内 容 提 要

本书是《城市公交驾驶员新型学徒制培训教材》中的行车安全册，由北京公共交通控股（集团）有限公司编写，全面、系统地讲解了城市公交驾驶员应掌握的安全驾驶知识、道路安全驾驶心理知识、道路交通事故分析、公交车防御性驾驶、紧急情况处置、行车事故处置等知识，旨在向广大城市公交驾驶员传授安全文明驾驶知识，并配有数字资源。

本书适合城市公交驾驶员培训、学习使用，也可供广大城市公交管理者和其他感兴趣的读者参考。

图书在版编目（CIP）数据

城市公交驾驶员新型学徒制培训教材. 行车安全册/北京公共交通控股（集团）有限公司编. —北京：人民交通出版社股份有限公司，2023.11

ISBN 978-7-114-18423-9

Ⅰ.①城… Ⅱ.①北… Ⅲ.①城市运输—公共运输—行车安全—教材 Ⅳ.①U492.8

中国版本图书馆 CIP 数据核字（2022）第 255656 号

Chengshi Gongjiao Jiashiyuan Xinxing Xuetuzhi Peixun Jiaocai（Xingche Anquan Ce）

书　　名：城市公交驾驶员新型学徒制培训教材（行车安全册）
著 作 者：北京公共交通控股（集团）有限公司
责任编辑：姚　旭　苗　旭　常　宇
责任校对：赵媛媛
责任印制：张　凯
出版发行：人民交通出版社股份有限公司
地　　址：（100011）北京市朝阳区安定门外外馆斜街 3 号
网　　址：http://www.ccpcl.com.cn
销售电话：（010）59757973
总 经 销：人民交通出版社股份有限公司发行部
经　　销：各地新华书店
印　　刷：北京武英文博科技有限公司
开　　本：787 × 1092　1/16
印　　张：13.75
字　　数：306 千
版　　次：2023 年 11 月　第 1 版
印　　次：2023 年 11 月　第 1 次印刷
书　　号：ISBN 978-7-114-18423-9
定　　价：80.00 元

城市公交驾驶员新型学徒制培训教材
（行车安全册）

编 委 会

主　　任：沙　勇

副 主 任：高　原　谢　静　蔡焰翔　李金刚

编 写 组

主　　编：杨　斌

副 主 编：刘　飞　刘宝来　刘　伟

编撰人员：（按姓氏笔画排序）

戎建涛　宋进德　张春发　陈兴付　陈隆丹

郎　琳　赵　昱　赵海龙　谢海燕

项目负责：丰　帆　郑海香　杨丽芝

前　言

交通运输是推动经济发展和社会进步的基础性、先导性、战略性产业。近年来，交通运输行业以习近平新时代中国特色社会主义思想为指导，紧紧围绕统筹推进“五位一体”总体布局和协调推进“四个全面”战略布局，把握新发展阶段，贯彻新发展理念，构建新发展格局，着力推动高质量发展，牢牢把握“先行官”定位，在支撑和引领城市发展、服务人民群众出行、缓解交通拥堵、减少环境污染等方面发挥着重要作用。

为深入实施人才强国战略，加快建设知识型、技能型、创新型劳动者大军，按照中共中央、国务院《新时期产业工人队伍建设改革方案》《关于推行终身职业技能培训制度的意见》，人力资源和社会保障部在全国范围内部署开展以“招工即招生、入企即入校、企校双师联合培养”为主要内容的企业新型学徒制工作。为深入贯彻党的二十大精神，落实《关于加强新时代高技能人才队伍建设的意见》，人力资源和社会保障部又印发了《加强和改进新时代中国特色企业新型学徒制工作方案》，要求精心开发学徒培训课程，这是职业培训工作改革创新的新举措、新要求和新任务，对于促进产业转型升级和现代企业发展、扩大技能人才培养规模、创新中国特色技能人才培养模式、促进劳动者实现高质量就业等具有重要的意义。

新型学徒制培训教材由通用素质类、专业基础类和操作技能类三类组成，人力资源和社会保障部教材办公室组织编写了通用素质类和专业基础类教材。2019年，北京公共交通控股(集团)有限公司(以下简称“北京公交集团”)编制了《城市道路客运汽车驾驶员职业技能评价标准》(以下简称《标准》)。为响应人力资源和社会保障部对推行企业新型学徒制工作的号召，北京公交集团在《标准》基础上，针对城市公交驾驶员岗位要求，结合公交行业新发展形势，以提升城市公交驾驶员职业技能和职业素养为核心，以培养中高级技能人才为重点，组织编写了城市公交驾驶员新型学徒制系列培训教材(操作技能类)。本套教材依据

《标准》要求进行编写，共3册，分别为《城市公交驾驶员新型学徒制培训教材（基础册）》《城市公交驾驶员新型学徒制培训教材（行车安全册）》《城市公交驾驶员新型学徒制培训教材（车辆技术册）》。本套教材以城市公交驾驶员职业活动为导向、职业能力为核心，涵盖职业功能、技能要求和专业知识要求，并结合实际工作岗位和技能人才培养需求，充分反映了当前城市公交驾驶员从事职业活动所需要的核心知识与技能，契合企校双师带徒、工学交替培养方式。

《城市公交驾驶员新型学徒制培训教材（行车安全册）》主要内容包括安全驾驶知识、道路安全驾驶心理知识、道路交通事故分析、公交车防御性驾驶、紧急情况处置、行车事故处置等。

本套教材适合城市公交驾驶员培训、学习使用，也可供广大城市公交管理者和其他感兴趣的读者参考。

本套教材在编写和审定过程中，得到了交通运输行业有关专家、学者的大力支持，在此一并致谢！由于编写时间紧张，教材难免存在不足之处，恳请广大读者批评指正。

编　者

2023年8月

目　录

第1章 安全驾驶知识

驾驶机动车上道路行驶，驾驶员首先要熟悉车辆基本构造并熟练掌握各关键部件的主要操纵方法；其次要确保自己处于良好的驾驶状态，避免身心方面出现不利于安全行车的情况；同时还应了解行车中有哪些危险源，掌握防御性驾驶方法，提前预测和识别险情，及时采取有效的防范措施，保证行车安全。

1.1 汽车驾驶理论

1.1.1 车辆机械基础

本小节的教学目的是使城市公交驾驶员掌握汽车两大机构、五大系统的基本构造，工作原理以及汽车新技术领域的最新发展，为后续的专业课程奠定坚实的基础。它的任务是：以汽车各总成零部件的功能为主线，掌握国内外主要车型的构造，培养驾驶员分析其他车型结构特点的能力；培养驾驶员识读汽车各个总成的装配图、电路图和结构示意图的能力；使驾驶员了解汽车各个总成的装配的关系、一般的技术要点和调整方法。

1.1.1.1 燃油车辆

1）发动机

发动机是汽车的动力装置，其作用是将进入发动机汽缸的燃料燃烧释放出的热能转换为机械能，并输出动力。而纯电动汽车是以动力蓄电池输出电能，通过电机控制器驱动电机运转产生动力，再通过减速机构，将动力传给驱动车轮，使电动汽车行驶。

> 纯电动汽车与传统汽车相比，取消了发动机，传动机构发生了改变，根据驱动方式不同，部分部件已经简化或者取消，增加了电源系统和驱动电机等新机构。纯电动汽车由电力驱动控制系统、底盘、车身、辅助系统四大部分组成。

一般汽车发动机由两大机构和五大系统，即曲柄连杆机构、配气机构、冷却系统、润滑系统、燃料供给系、起动系统、点火系统组成。柴油机比汽油机少一个点火系统。

（1）曲柄连杆机构。

曲柄连杆机构包括连杆、曲轴、轴承、飞轮、活塞、活塞环、活塞销、曲轴油封。

（2）配气机构。

配气机构包括汽缸盖、气门室罩、凸轮轴、气门、进气歧管、排气歧管、空气过滤器、消音器、三元催化增压器。

(3)冷却系统。

冷却系统一般由散热器、水泵、风扇、节温器、冷却液温度表和放水开关组成。汽车发动机采用两种冷却方式,即空气冷却和水冷却。一般汽车发动机多采用水冷却。

(4)润滑系统。

润滑系统由机油泵、集滤器、机油滤清器、油道、限压阀、机油表、机油压力传感器及油尺等组成。

(5)燃料供给系统。

汽油机燃料供给系统包括汽油箱、汽油表、汽油管、汽油滤清器、汽油泵、节气门、空气滤清器。

柴油机燃料供给系统包括喷油泵、喷油器和调速器等主要部件及柴油箱、输油泵、油水分离器、柴油滤清器、喷油提前器和高、低压油管等辅助装置。

(6)起动系统。

起动系统包括起动机、蓄电池。

(7)点火系统。

点火系统包括电子控制单元(Electronic Control Unit,ECU)、点火模块、点火线圈、分电器、火花塞(或喷油器)、高压线、点火开关等。

2)底盘

底盘的作用是支承、安装汽车发动机及其部件的总成,并接受发动机的动力,使汽车产生运动,保证正常行驶。底盘由传动系统、行驶系统、转向系统和制动系统四部分组成。

(1)传动系统。

汽车发动机所发出的动力靠传动系统传递到驱动车轮。传动系统具有减速、变速、倒车、中断动力、轮间差速和轴间差速等功能,与发动机配合工作,能保证汽车在各种工况条件下的正常行驶,并具有良好的动力性和经济性。传动系统主要是由离合器、变速器、万向节、传动轴和驱动桥等组成的。

①离合器。其作用是使发动机的动力与传动装置平稳地接合或暂时地分离,以便于驾驶员进行汽车的起步、停车和换挡等操作。

②变速器。由变速器壳、变速器盖、第一轴、第二轴、中间轴、倒挡轴、齿轮、轴承和操纵机构等机件构成,用于汽车变速和输出转矩。

(2)行驶系统。

行驶系统由车架、车桥、悬架和车轮等部分组成。

行驶系统的功用是:接受传动系统的动力通过驱动轮与路面的作用产生牵引力,使汽车正常行驶;承接汽车总质量和地面的反力;缓和不平路面对车身造成的冲击,衰减汽车行驶中的振动,保持行驶的平稳性;与转向系统配合,保证汽车操作稳定性。

(3)转向系统。

汽车上用来改变或恢复其行驶方向的专设机构称为汽车转向系统。转向系统的基本组成如下：

①转向操纵机构。其主要由转向盘、转向轴和转向管柱等组成。

②转向器。转向器是将转向盘的转动变为转向摇臂的摆动或齿条轴的直线运动，并对转向操纵力进行放大的机构。转向器一般固定在汽车车架或车身上，转向操纵力通过转向器后一般还会改变传动方向。

③转向传动机构。转向传动机构是将转向器输出的力和运动传给车轮（转向节），并使左右车轮按一定关系进行偏转的机构。

（4）制动系统。

汽车上用以使外界（主要是路面）在汽车某些部分（主要是车轮）施加一定的力，从而对其进行一定程度的强制制动的一系列专门装置统称为制动系统。其作用是使行驶中的汽车按照驾驶员的要求强制减速甚至停车，使已停驶的汽车在各种道路条件下（包括在坡道上）稳定驻车，使下坡行驶的汽车速度保持稳定。

①制动系统分类。

A. 按制动的作用不同，制动系统可分为行车制动系统、驻车制动系统、应急制动系统及辅助制动系统等。用于使行驶中的汽车降低速度甚至停车的制动系统称为行车制动系统；用于使已停驶的汽车驻留原地不动的制动系统则称为驻车制动系统；在行车制动系统失效的情况下，保证汽车仍能实现减速或停车的制动系统称为应急制动系统；在行车过程中，辅助行车制动系统降低车速或保持车速稳定，但不能将车辆紧急制动停车的制动系统称为辅助制动系统。

B. 按制动操纵能源不同，制动系统可分为人力制动系统、动力制动系统和伺服制动系统等。以驾驶员的肌体作为唯一制动能源的制动系统称为人力制动系统，完全靠由发动机的动力转化而成的气压或液压形式的势能进行制动的系统称为动力制动系统，兼用人力和发动机动力进行制动的制动系统称为伺服制动系统或助力制动系统。

C. 按制动能量的传输方式不同，制动系统可分为机械式、液压式、气压式和电磁式等。同时采用两种以上传动方式的制动系统称为组合式制动系统。

②制动系统的组成。

制动系统一般由制动操纵机构和制动器两个主要部分组成。

A. 制动操纵机构产生制动动作、控制制动效果并将制动能量传输到制动器的各个部件以及制动轮缸和制动管路。

B. 制动器是产生阻碍车辆运动或运动趋势的力（制动力）的部件，汽车上常用的制动器都是利用固定元件与旋转元件工作表面的摩擦而产生制动力矩，称为摩擦制动器。摩擦式制动器有鼓式制动器和盘式制动器两种结构形式。

（5）汽车车身。

车身安装在底盘的车架上，用于驾驶员、乘客乘坐或装载货物。汽车、客车的车身一般是整体结构，货车车身一般由驾驶室和货箱两部分组成。

汽车车身结构主要包括车身壳体、车门、车窗、车前钣金制件、车身内外装饰件和车身附件、座椅以及通风、暖气、冷气、空气调节装置和其他装备。

(6)电气设备。

电气设备由电源和用电设备两大部分组成。电源包括蓄电池和发电机,用电设备包括发动机的起动系统、点火系统和其他用电装置。

①蓄电池。

蓄电池的作用是供给起动机用电,在发动机起动或低速运转时向发动机点火系统及其他用电设备供电。当发动机高速运转时发电机发电充足,蓄电池可以储存多余的电能。蓄电池上每个单格电池都有正、负极柱。

②起动机。

其作用是将电能转变成机械能,带动曲轴旋转,起动发动机。

1.1.1.2　新能源车辆

1)驾驶操作说明

本部分内容以银龙新能源电动客车 6121 车型为例进行讲解。

图 1-1 所示为该车型仪表盘的主界面,主要显示车辆所有动力系统的状态,如蓄电池电压、电动机电流、蓄电池温度、蓄电池电量、SOC(State of Charge,荷电状态)等,以及车辆的挡位信息、常规行车状态(车门开关状态、车辆制动、各类报警等),驾驶员通过此界面可以了解到整车基本状态。

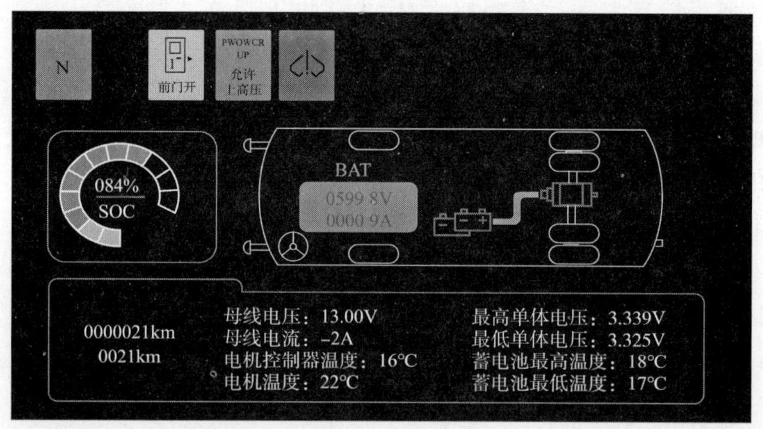

图 1-1　仪表盘主界面

①驾驶操作区各按钮的作用。

如图 1-2 所示,以上操作部分位于主仪表台左边,具体功能如下:

A. 灭火器按钮是用于当驾驶员发现后舱或蓄电池舱有冒烟等异常情况时,此时舱内灭火装置未自动爆破,驾驶员按下此按钮,舱内灭火弹将爆破消除火灾隐患。

B. 前雾灯开关用于控制前雾灯的开闭。

C. 后雾灯开关用于控制后雾灯的开闭。

D. 换气扇开关是用来控制车辆顶部换气扇的吸气、排气及关闭的翘板开关。

E. 警告灯开关,当车辆出现特殊状况时,驾驶员按下此按钮,车辆左右转向灯同时工作,警示过往车辆注意。

F. 路牌开关是用于驾驶员打开或关闭车辆上安装的前、后、侧电子路牌。

G. 后视镜加热开关是用于外后视镜结霜或结雾的时候使后视镜加热除去镜面上的霜或雾气。

H. 车内顶灯开关是用于驾驶员控制车内乘客区照明灯的开闭。

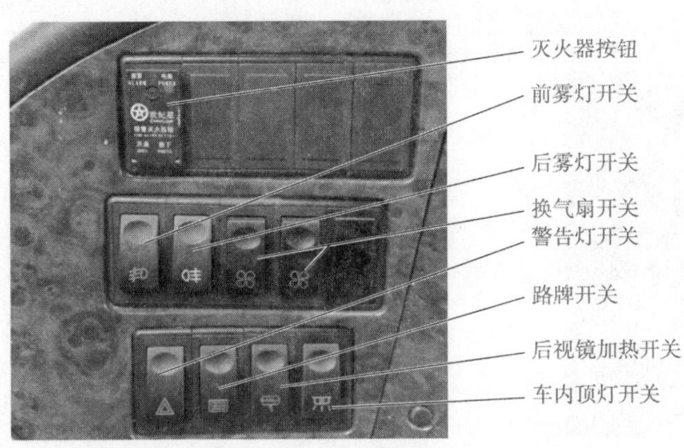

图 1-2　操作按钮

②图 1-3 所示为驾驶员行车过程中使用的操纵系统，具体功能如下：

A. 制动踏板用于驾驶员在行车过程中制动车辆以及能量回收。

B. 加速踏板用于驾驶员起动车辆和车辆提速。

C. 挡位操作面板用于驾驶员控制车辆的前进挡(D)、后退挡(R)或者空挡(N)。

D. 驻车制动手柄(驻车制动器操纵杆)用于驾驶员长时间驻车或者行车之前使车辆处于驻车状态或预起步状态，向前推为解除制动状态，向后推为驻车制动状态。

挡位操作面板　驻车制动手柄

图 1-3　操纵系统

③图 1-4 所示为主仪表右的车速表及气压显示表，其作用为实时显示车辆的行车速度以及储气罐的气压。

④图 1-5 所示为车辆功能操作按钮位于主仪表台右边，具体功能如下：

A. 灭火器按钮是用于当驾驶员发现后舱或蓄电池舱有冒烟等异常情况时，且舱内灭火装置未自动爆破，驾驶员迅速按下此按钮，舱内灭火弹将爆破消除火灾隐患。

B. 除霜机控制开关是用于除霜机工作模式的开闭。

C. 驾驶员灯开关是用于控制驾驶区照明灯的开闭。

D. 车内顶灯开关是用于驾驶员控制车内乘客区照明灯的开闭。

E. 投币机翻板开关是用于驾驶员控制投币机翻转电磁阀的开闭,乘客钱币未完全掉入投币机内时使用。

F. 乘客门开关用于驾驶员控制前、后乘客门的开闭。

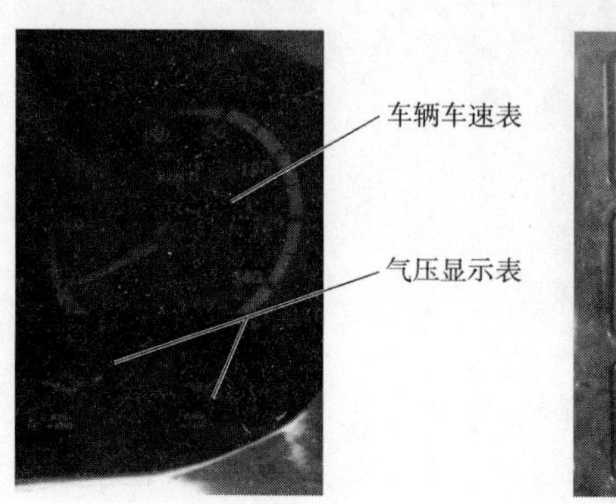

图 1-4　车速表及气压显示表　　图 1-5　车辆功能操作按钮

⑤汽车润滑控制器与车载电热式除霜机如图 1-6 所示,它位于主仪表台右边,具体功能如下:

A. 汽车润滑控制器是车辆集中润滑系统的面板。

B. 车载电热式除霜机是用于前风窗玻璃结霜或结雾使用,驾驶员可选择单独吹风或加热吹风模式,消除前风窗玻璃上的霜或雾气。

⑥车载监视系统与空调系统如图 1-7 所示,以上操作部分位于主仪表台右边,具体功能如下:

A. 车载监视屏是用于驾驶员实时监测中门状态,倒车时自动切换为倒车视角,方便驾驶员观看车后情况。

B. 空调面板是用于控制电动空调的工作,驾驶员可根据实际情况设置吹风、制冷或者制热。

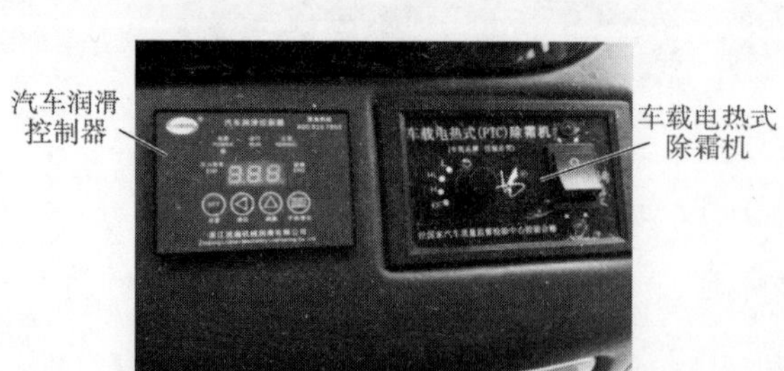

图 1-6　汽车润滑控制器与车载电热式除霜机

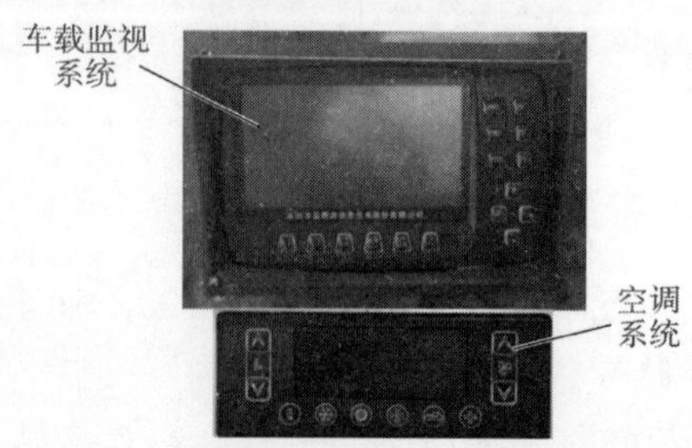

图 1-7　车载监视系统与空调系统

⑦灯光开关操纵杆如图 1-8 所示,它位于方向管柱左侧,驾驶员可使用此组合开关控制

车辆转向灯、示廓灯、前照灯的开闭。

⑧刮水器操纵杆如图 1-9 所示,它位于方向管柱右侧,具体功能如下:

刮水器的使用

A. 驾驶员可使用此组合开关车辆刮水器的高速、低速、间歇或关闭等状态。

B. 右侧按钮为刮水器喷水开关,驾驶员可在风窗玻璃上有污物时洗涤风窗玻璃。

图 1-8 灯光开关操纵杆

图 1-9 刮水器操纵杆

2)转向盘的调整

转向盘松开锁紧手柄如图 1-10 所示,可根据驾驶员的需要调整转向盘的倾角及高度。

注意:

车辆在行驶中禁止调整转向盘,以免危及行车安全。

图 1-11 所示为点火钥匙位置,“K”代表 KEY:此位置为起动钥匙插入和拔出位置;“OFF”为电源关闭位置;“A”代表 ACC:在此位置仪表上电源被接通,“ON”为正常行驶位。

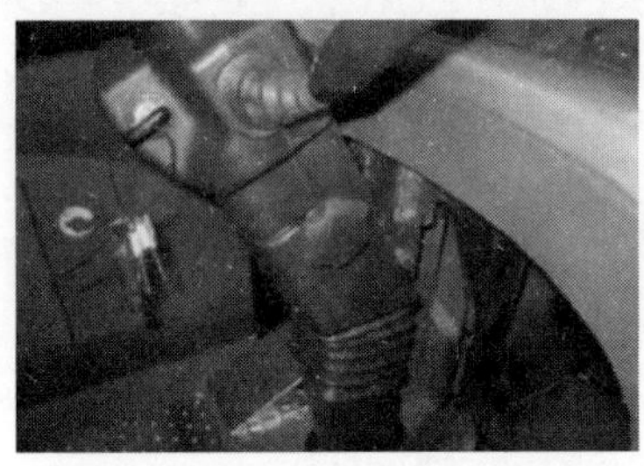

图 1-10 转向盘位置锁止手柄

图 1-11 点火开关挡位

3)安全出口

安全出口位于客车顶棚上,当发生事故时,请按上面图示和说明打开安全出口,以便乘客从出口脱离危险(图 1-12)。

图 1-12 车辆安全出口位置及开关

4)动力蓄电池管理系统

动力蓄电池管理系统相关信息位于仪表盘中部的显示屏,实时显示蓄电池组的运行工况。其显示蓄电池组总电压、电流、蓄电池组剩余电量及单体蓄电池最高电压、单体蓄电池最低电压、单体蓄电池最高温度、单体蓄电池最低温度、车辆已行驶里程等参数。

1.1.1.3 汽车的主要技术参数

汽车的主要技术性能通常用技术参数来表示。

1)质量参数

(1)整车装备质量。

汽车完全装备后的质量,包括发动机、底盘、车身、全部电气设备的质量;车辆正常行驶所需辅助设备的质量及润滑油、燃料、冷却液的质量;还要加上随车工具、备用车轮及其他备用品的质量。

(2)最大总质量。

汽车满载时的总质量。

(3)最大装载质量。

最大总质量与整车装备质量之差。

2)几何参数

(1)车长。

车长是指垂直于车辆纵向对称平面并分别抵靠在汽车前、后最外突出部位的两平面间的距离 L(mm)。

(2)车宽。

车宽是指平行于车辆纵向对称平面并分别抵靠车辆两侧最外刚性固定突出部位(除后视镜、侧面标志灯、转向指示灯等)的两平面之间的距离 B(mm)。

(3)车高。

车高是指车辆最高点与车辆支撑平面之间的距离 H(mm)。

(4)轴距。

轴距是指汽车处于直线行驶位置时,同侧车轮前轴中心至中轴中心的距离 L_1(mm)、中轴中心至后轴中心的距离 L_2(mm)。

(5)轮距。

轮距是指在支撑平面上,同轴左右车轮两轨迹中心间的距离 A_1(mm)。轴两端为双轮时,轮距为左右两条双轨迹的中线间的距离 A_1(mm)。

(6)前悬架。

前悬架是指汽车处于直线行驶位置时,通过两前轮中心的垂面与抵靠在车辆最前端并垂直于车辆纵向对称平面的平面之间的距离 S_1(mm)。

(7)后悬架。

后悬架是指通过车辆最后车轮轴线的垂面与抵靠在车辆最后端并垂直于车辆纵向对称

平面的平面之间的距离 S_2(mm)。

(8)最小离地间隙。

最小离地间隙是指满载时,车辆支撑平面与车辆最低点之间的距离 C(mm)。

(9)接近角。

接近角是指汽车前端突出点向前轮引的切线与地面的夹角 α_1(°)。

(10)离去角。

离去角是指汽车后端突出点向后轮引的切线与地面的夹角 α_2(°)。

(11)最小转弯半径。

最小转弯半径是指转向盘转到极限位置时,外侧前轮滚过的轨迹中心至转向中心的距离 γ(mm)。

3)使用参数

(1)最高车速。

最高车速是指汽车满载在平坦公路上行驶时能达到的最高速度 v(km/h)。

(2)最大爬坡度。

最大爬坡度是指汽车满载时的最大爬坡能力 θ(°)。

(3)平均燃料消耗量。

平均燃料消耗量是指汽车在公路上行驶时平均的燃料消耗量 Q(L/km)。

(4)驱动方式。

驱动方式用“车轮总数×驱动轮数”来表示。例如,4×2 表示该车共有 4 个车轮,其中 2 个车轮是驱动车轮的驱动方式;4×4 表示该车总共有 4 个车轮,其中 4 个车轮都是驱动车轮的驱动方式。

驱动方式有时也用“车桥总数×驱动桥数”来表示。例如 2×1 表示该车共有 2 个车桥,其中 1 个车桥是驱动车桥的驱动方式;2×2 表示该车总共有 2 个车桥,其中 2 个车桥都是驱动车桥的驱动方式。

4)汽车行驶基本原理

要使汽车运动,必须在汽车行驶方向作用一个推动力,以克服汽车行驶中遇到的各种阻力,这个推动力称为驱动力,也叫作牵引力。汽车在不同路面状况和不同工况下运行时,受到的阻力有滚动阻力、空气阻力、上坡阻力和加速阻力。这四个阻力加起来就是汽车行驶的总阻力。

(1)滚动阻力。

车轮滚动时,由于轮胎与路面之间的摩擦以及轮胎和路面各自的变形而产生的阻力就是滚动阻力。汽车在松软路面上行驶时,滚动阻力主要是由路面变形引起的;在硬路面上行驶时,滚动阻力主要是由轮胎变形引起的。只要汽车运动,滚动阻力就存在。其大小与汽车的总质量、路面性质、轮胎的结构及气压等有关。

(2)空气阻力。

汽车行驶时,汽车前部受到空气的压力、后部因形成真空而产生向后的拉力,车身表面与空气间形成摩擦力,这些力总称为空气阻力。只要汽车运行,空气阻力就存在。其大小与车速、汽车迎风面积和外观形状等有关。

(3)上坡阻力。

汽车上坡时,其重力沿路面方向形成一个与汽车行驶方向相反的阻力,即上坡阻力。汽车只有在上坡时才受到上坡阻力的影响,其大小与汽车总质量和道路的纵向坡度有关。

(4)汽车加速时,根据牛顿第一定律,必须克服其质量加速运动时产生的惯性阻力,这就是加速阻力。只有在加速时,汽车才受到加速阻力的影响,其大小与汽车的总质量和加速度有关。

5)汽车正常行驶的驱动条件

汽车行驶过程中,受到各种阻力的作用。为保证汽车正常行驶,汽车必须具有功率足够的发动机,以产生足够的驱动力,克服各种阻力,从而维持汽车行驶。

6)汽车行驶的附着力与附着条件

(1)附着力。

汽车行驶时,路面阻止驱动轮滑转(打滑)的最大反作用力叫作附着力。它与轮胎和路面的性质以及作用在驱动轮上的压力有关,驱动轮对路面的附着系数取决于路面的性质和轮胎的结构与状态。在较平整干硬的路面上行驶时,附着系数的好坏决定于轮胎和路面摩擦力的大小。汽车所能获得的最大驱动力不能超过轮胎与路面的最大静摩擦力。附着系数实质上就是路面与轮胎的摩擦系数。当汽车行驶在松软的路面时,阻碍车轮相对路面打滑的因素就不单是车轮与路面间的摩擦作用,还有被挤压而嵌入轮胎花纹凹槽中的路面抗滑作用。

(2)附着条件。

汽车在冰雪、泥泞或松软的路面上行驶时,附着系数小,使附着力很小,汽车的驱动力受到附着力的限制而不能克服较大的行驶阻力,出现打滑现象。若继续踩踏加速踏板,则驱动轮只会加速滑转,而驱动力并没有增大。显然,附着力对驱动力起着制约作用,即驱动力的大小不仅与发动机动力有关,还受到附着力的限制。要使驱动轮不产生滑转,附着力必须大于或等于驱动力。当驱动力大于附着力时,则车轮打滑,汽车不能前进。由此可见,保证汽车正常行驶要满足两个条件:一是发动机有足够大的功率,二是驱动轮与路面间有足够的附着力。

1.1.2 车辆驾驶知识

本小节首先介绍了驾驶机动车上道路行驶,驾驶员首先要确保自己处于良好的驾驶状态,避免身心方面出现不利于安全行车的情况,同时还应了解行车中有哪些危险源,掌握防御性驾驶方法,提前预测和识别险情,及时采取有效的防范措施,保证行车安全。其次,驾驶员要学习跟车、变更车道、会车、超车、掉头、倒车、停车及通过各种路口、人行横道、学区、公交车站、居民小区的安全行车知识,可以学会分析各种情况下的典型险情、掌握安全驾驶方法,有利于全面提高驾驶员的安全意识,养成良好的安全驾驶习惯。

1.1.2.1 驾驶操作流程

1)行驶前操作

本部分操作流程以纯电动汽车为例。

(1)汽车起动前要合上动力电源总开关和低压电源总开关,即先把动力电源总开关转到"ON"挡,然后再把低压电源总开关开启(开关在驾驶员座椅左侧/以实际车型为准)。

(2)将点火钥匙逐挡转到"ON"挡,此时确认仪表盘低压电源表显示表为(27 ±0.5)V,如低压电源表显示低于25V,禁止车辆行驶。同时挡位指示灯亮,然后挂挡运行(图1-13)。

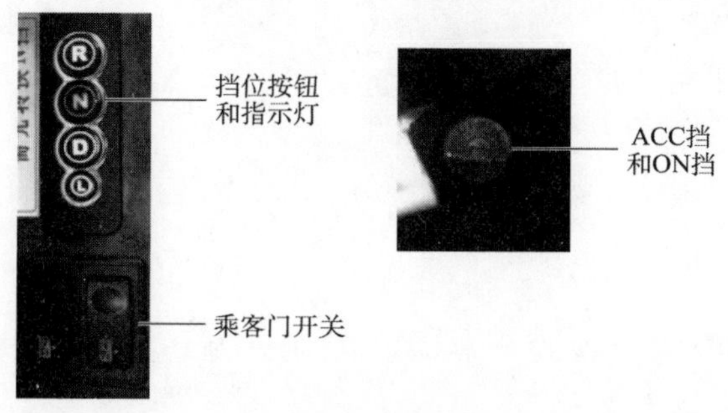

图1-13 车辆挡位按钮

注意:

行驶前,先观察气压表,气压应不低于6.5bar[1];气压低于6.5bar时,气泵会自动起动待气压达到8.5bar左右;气压低于6.5bar时气泵不能自动起动运行时或气压处于报警,驾驶员要禁止起动车辆运行,直到维护修复完毕。出于驾驶安全,请每次开车前确认气压。

(3)观察电量表,电量在正常范围内。

(4)观察单体电压,电压在正常范围内(LFP单体显示不低于3.2V,LTO单体显示不低于2.2V)。

车辆外观周边情况检查

2)行驶操作

仪表显示对照表见表1-1。

仪表显示对照表 表1-1

内　容	参　数
总电压	SOC%在60%以上或总电压在576V以上
低压电源电压	(27.5 ±0.5)V
动力蓄电池单体电压	LFP不低于3.2V,LTO不低于2.2V
动力蓄电池单体温度	LFP≤65℃(YL32650-5A·h),LTO≤55℃
气压	6.5~8.5bar,同时能正常工作/行驶前踩制动踏板,重新起动确认
仪表信息	蓄电池信息、电动机信息、气压信息
前进、空挡、后退功能	与挡位一致,同时正常工作
数据显示	无故障信息提示/显示

[1] 1bar=0.1MPa。

注意：

驾驶员应随时关注仪表和仪表中的指示灯和警告灯，以及警告声音提示信息。出现图 1-14 所示的问题禁止行驶。

图 1-14　禁止行驶的情况

(1)向前行驶。

解除驻车制动，必须把拉起的驻车制动手柄(驻车制动器操纵杆)完全放下，否则会使制动片严重磨损，导致制动器损坏。

①在行车操作面板上按下 D 挡，踩下加速踏板，车辆即向前行驶。

②按操纵常规自动变速汽车的操纵方法控制汽车行驶速度及停车。

(2)倒车行驶。

汽车在完全静止的状态下，行车操作面板在 D 挡时，先按下 N 挡，再按下 R 挡，再按常规汽车操作方法操纵汽车倒行。

(3)停车。

在车辆平稳停下后将挡位操作面板按至 N 挡，长时间停车时踩住制动踏板或同时拉起驻车制动手柄(驻车制动器操纵杆)。按常规操作停稳车辆。

(4)电量监察。

车辆运行过程中，应注意观察仪表显示屏上的电量、电压、电流、温度等参数信息，驾驶的里程越长，相应的动力蓄电池电量随之减少。

3)减速制动过程

车辆制动在踩制动踏板时，电动机控制器控制驱动电机以最大制动能回收发电量，车辆受较大的制动力制动迅速减速，需要紧急制动在完全踩下制动踏板时，电动机制动和机械制动同时作用即可达到紧急制动的制动效果。

4)长时间(大于 72h)停车要求

将动力电源总开关拨到“OFF”位置，切断动力电源。切断动力电源之前，先关闭低压电源总开关。

5)空调操作说明(根据实际车型为准)

汽车的动力电源总开关和低压电源总开关都打开的情况下才能开空调。空调控制面板如图 1-15 所示。

注意：

建议当电动空调瞬间断电停止运行后，应隔 3min 才能再次启动。

按" "键，开/关空调；按" "键，设置系统制冷；按" "键制热（有制热功能时有效）；按" "键打开风扇；按" "键调整空气循环模式。

在工作状态及功能设定显示界面，按温度"加""减"键设定车内控制温度；按" "风速"加""减"键，设定送风风速。

图 1-15　空调控制面板

1.1.2.2　注意事项

1）上电顺序

在低压电源总开关关闭的状态下，先合上动力电源总开关，再合上低压电源总开关，启动车钥匙，车钥匙在"ACC"位置时，稍停 2～3s 后，旋到"ON"挡。整车系统在 10s 内自检完成。

2）下电顺序

先关闭车上辅助用电器，如空调、除霜、灯光等，将车钥匙旋至"OFF"挡。每天正常运营车辆，不需关闭低压电源总开关和动力电源总开关。

3）行车注意事项

（1）看仪表信息。各参数正常，汽车起动前车门先关闭，仪表无门标显示，中央显示挡位状态，"D"代表前进，"N"代表空挡，"R"代表倒车挡。换挡需先选择空挡"N"，再选择"D/R"。

（2）前进或倒车时，建议不要原地把转向盘转到极限位置，大角度转动转向盘当左右旋到极限时，快到极限位时往反方向回 15°，防止转向器卡死，转向助力泵电机卡住不转。

（3）严禁驻车制动下驱动车辆，电动机在此状态下处于停转状态。

（4）严禁双脚同时踩制动踏板和加速踏板。

（5）严禁在低气压状态下拖动制动状态的车辆行驶。

4)充电注意事项

(1)充电时,应在通风干燥,无火处进行,远离易燃易爆物品。

(2)插拔充电枪插头时,手必须干燥,并按要求配戴绝缘手套。

(3)禁止在不充电的情况下,长时间将充电枪连接在车上充电座。

(4)禁止在充电时,对车上相关电器部件进行维护。

(5)对于无电加热系统的LFP蓄电池,充电温度要求在5~45℃之间;LTO蓄电池,充电温度要求在-40~55℃之间。

(6)确认充电枪与车上充电座连接可靠。

(7)整车相应保护功能等工作不正常时,请勿开机充电,应等待维修处理。

(8)禁止在非紧急情况下,充电过程中突然断开电源或充电枪。

(9)充电时发现异常,应立即停机处理,记录故障现象并及时反馈给相关人员,待相关人员处理。

(10)若动力蓄电池出现温度过高、冒烟、着火或爆炸等情况,应按照应急处理的相关措施执行。

(11)充电过程中如发现充电机内部响声异常、电流电压显示异常、充电机内有不正常气味或烟雾产生、液晶显示异常、各信号指示灯显示异常等,请立即停机处理,以免造成更多的元器件损害。

(12)充电结束,将充电枪放回充电桩固定支架上。

1.1.2.3 车辆驾驶知识

驾驶汽车所遇到的交通情况千变万化、错综复杂。掌握车辆各种动态的运动规律,及时、准确地做出有效处理,是职业驾驶员应特别注意的问题。

1)特殊行人动态分析及处理

(1)老年人、残疾人。

特点:行动迟缓,耳目不灵。

处理方法:提前减速慢行,留有一定安全距离。

(2)儿童。

特点:活泼、幼稚,缺乏交通知识。遇有情况,或四处乱跑,或不知所措。

处理方法:提前减速,必要时停车避让,切忌鸣喇叭进行驱赶。

(3)聋哑人、盲人。

特点:因听觉或视觉功能障碍,听不见汽车的声音或看不见汽车。

处理方法:不可用喇叭催促,应降低车速,耐心等待,安全避让。

(4)精神失常的人。

特点:道路上行走毫无规律,甚至手舞足蹈,横卧马路。

处理方法:不可用喇叭催促,应降低车速,耐心等待,安全避让。

(5)负重物的人。

特点:遇到车辆驶来,有时只顾避让身体而不顾重物。

处理方法:应缓行通过,并注意重物的位置。

(6)雨天行人。

特点:由于行人撑伞或穿雨衣,听觉、视觉和行动都会受到影响。

处理方法:注意行人动向,随时做好停车准备。

2)车辆动态分析及处理

(1)机动车。

行车时应随时注意各种机动车的动向,尤其要注意转向灯、制动灯的变化,随时调整行车路线和行驶速度。驶近停放在路边的车辆时,应预防其突然起步;保持一定的横向距离,防止车门突然打开,造成碰撞。发现机动车违法装载或有车身倾斜、扭曲等现象,应格外注意。

(2)摩托车。

摩托车体积小、加速性能好、速度快、机动性强,但稳定性差,具有自行车和机动车行驶时的双重特点,所以,行车时遇到摩托车要保持足够的间距,不宜长时间尾随,以防摩托车突然制动或摔倒。

(3)人力车。

人力车结构简单、速度慢、灵活性差、起步困难、控制能力差。遇到人力车时应提前示警,保持合适间距,不要与其争道,要安全避让。

(4)自行车。

不同骑车人有各自的特点:老年人骑车较稳妥,但反应慢,遇事处理不及时;青少年骑车,交通法规意识不强,好争道抢行,急转猛拐,危险性较大。

(5)电动自行车。

电动自行车与轻便摩托车的交通特点相似,相同的是两者均有动力装置,驾驶方式类似;不同的是电动自行车骑行无须机动车驾驶证,国家法律规定电动自行车按非机动车管理。电动自行车与自行车同属非机动车,相同的是均应在非机动车道行驶,不同的是电动自行车有动力装置,在操控方式、行驶速度上与自行车存在较大差异。

由于骑行电动自行车不需取得机动车驾驶证驾照,骑车人没有经过专业道路交通法律法规培训,导致部分骑车人守法意识较差,自身缺乏安全意识,不能自觉遵守交通法规,加之电动自行车速度较快,造成个别电动自行车在道路上随意变道、突然猛拐、闯红灯、逆行、酒后驾驶、侵占机动车道等交通违法行为较为普遍。

驾驶车辆行至无机、非车道物理隔离的路段时,要认真观察道路情况变化,实时关注交通参与者动态,特别电动自行车。

1.1.2.4 驾驶途中安全操作

驾驶车辆时跟车、变更车道、会车、超车、掉头、倒车、停车及通过各种路口、人行横道、学校区域、进出公交车站的安全行车非常重要,学会分析各种情况下的典型险情、掌握安全驾驶方法,有利于全面提高驾驶员的安全意识,养成良好的安全驾驶习惯。

"3s"法则

1)跟车与变更车道的安全驾驶

(1)跟车的安全驾驶。

①保持安全跟车距离。

跟车行驶,不能将注视点固定在前车上,要随时观察前方 2～3 辆车的动态。控制好与前车的安全距离,这是避免发生追尾、剐蹭、碰撞等事故的前提。

跟车行驶时,必须与前车保持安全距离,即保证前车制动时,本车随之制动而不与前车相撞的停车距离(图 1-16)。

图 1-16　车辆行驶中的安全距离

在干燥路面上,速度在 30～60km/h 之间时,安全距离应大于车速表读数减 15m(例如:以 40km/h 的速度行驶时,纵向安全距离为 40 - 15 = 25m);当车速超过 60km/h 时,安全距离(m)约等于车速表(km/h)的读数。雨天时安全距离是干燥路面上的 1.5 倍,冰雪天时安全距离是干燥路面上的 3 倍(表 1-2)。

车速与安全距离的关系　　表 1-2

速度(km/h)	安全距离(m)	速度(km/h)	安全距离(m)
慢行	5 以上	60	45 以上
30	15 以上	70	70 以上
40	25 以上	100(高速公路)	100 以上
50	35 以上	—	—

②跟车时的险情判断及处置。

A. 预防前车突然停车。注意观察前方车辆的行驶动态及路面状况,预防前车突然停车或遇上制动灯有问题的车辆等情况,提早发现前车紧急制动的隐患,保证与前车的安全距离,以便有足够的反应时间来决定是否变更车道或是减速停车。

B. 警惕异常车辆。前方车辆行驶轨迹异常时,首先要与其保持足够的距离,跟在后方注意观察,在保证安全的情况下尽可能地超过前车,要注意防范前车驾驶员可能存在酒驾、毒驾、疲劳驾驶等情况。

C. 跟随大型车辆行驶要注意交通信号灯的变化。前方有大型车时会导致视线不佳,会挡住路口的交通信号灯或路边交通标志。可以通过加大跟车距离来扩大视野范围，预防跟随大型车辆通过时，交通信号灯突然变化；同时还可避免大型车辆紧急制动时与其追尾。

D. 如果后车跟车过近，可以采用轻踩制动踏板的方式来警示后车，不需用力踩踏，只要能使制动灯亮起即可。如果警示后，后车还是跟车过近，则可以适时打开右转向灯靠右让行，让后车先行。

(2) 变更车道的安全驾驶。

不得连续变更车道

驾驶车辆在超车、避让障碍、转弯、掉头或停车需变更车道时，要分析道路交通流的状态，正确地选择行驶车道和变更时机，安全变道行驶。

①“两次变更法”。

为保证安全，驾驶员在变更车道时可采用“两次变更法”。具体做法如下：

A. 两次观察。

“两次变更”方法

在变更车道前打开转向灯示意3s以上，先通过内外后视镜观察后方车辆和将驶入车道的交通状况。

车辆的侧方存在盲区，因此在确认自己的前方安全后需再次侧头观察驶入车道一侧有无其他车辆。

B. 两次变更。

车流量大的路段变更车道

侧后方安全时，在不妨碍驶入车道内车辆正常行驶的情况下将车身靠近要变更的车道。

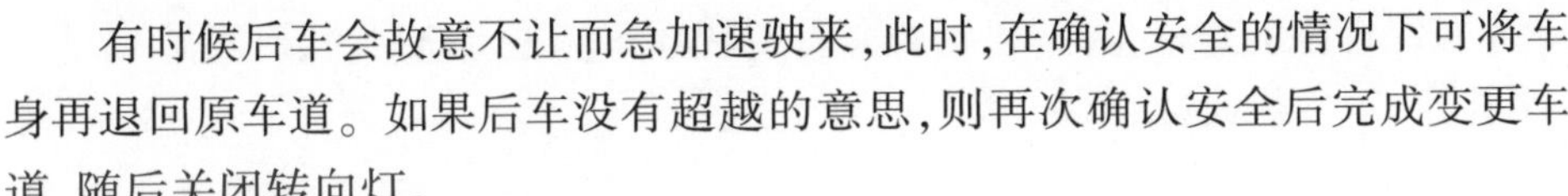

有时候后车会故意不让而急加速驶来，此时，在确认安全的情况下可将车身再退回原车道。如果后车没有超越的意思，则再次确认安全后完成变更车道，随后关闭转向灯。

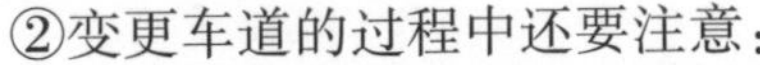

②变更车道的过程中还要注意：

A. 不得连续变更两条以上车道。

B. 左右两侧车辆向同一车道变更时，左侧车辆让右侧车辆先行变更。

C. 在车道分界线为虚实线的路段，实线一侧的车辆严禁变更车道。

D. 变更车道不宜过缓，长距离压车道线行驶会影响其他车辆安全行驶，一般情况应用50～60m的距离变更车道。

E. 每变更一次车道，就会隐含着一次风险，因此禁止频繁变更车道。

变更车道时，不观察车辆两侧和后方道路交通情况，不开启转向灯，随意频繁变更车道或强行突然变道，连续侵占正常通行车辆的行驶路线，会严重扰乱道路通行秩序，影响其他车辆的正常通行，容易导致道路拥堵和车辆剐蹭、碰撞事故的发生。

(3) 转弯时变更车道。

左转弯或右转弯前需要变更车道时，需按导向箭头的指示在虚线区变更车道，进入实线区后不能变更车道。

①驾驶员应按照以下顺序安全变更车道：通过左侧或右侧外后视镜观察后方车辆行驶情况→扭头观察后视镜盲区的情况→确认安全后变更车道。

②左转弯前变更车道时,应注意左后方车辆的速度和距离,确定是加速变更车道还是减速变更车道。

③右转弯前变更车道时,要充分利用后视镜和侧头观察确认右后方安全后,再向右变更并转弯。右转时,还要特别注意右侧的行人及非机动车,以免发生剐蹭事故。

(4)在车流量大的路段变更车道。

在车流量大的路段尽量不要变更车道,确需变更车道时,要提前打开转向灯,然后观察后方来车的反应,待后车速度降低驶入。后车速度不降低不能驶入。

2)通过路口的安全驾驶

(1)直行通过路口。

①直行通过有交通信号灯的路口。

A. 驾驶机动车通过有交通信号灯控制的交叉路口时,应减速慢行,注意观察左、右方交通情况。红灯(红色箭头灯)亮时,要停在路口停止线以外等待放行信号。

注意:

等红灯时也要预防后车可能带来的危险。

B. 在路口等红灯时,后方来车可能会因各种原因追撞自己,如果是在铁路道口被追撞,则更加危险;如果被追撞至路口中央,被放行方向的转弯车辆可能会剐蹭本车;当路口处于上坡路段时,前车也可能会溜车。因此,在路口等红灯时,最好距路口停止线前1~2m停车;如有前车,不要距前车太近,同时也要时刻关注周围车辆动向。

C. 驾驶机动车在绿灯亮的路口直行,遇到对向有左转弯车辆进入路口时,已过路口中心点时,要减速停车礼让,不抢行通过。

注意:

红灯变绿灯时切勿着急起步。

车辆在路口左右转弯时,需要遵守以下速度要求:

a. 左转:当车辆准备左转时,需要减速慢行,保持足够的安全距离,避免与其他车辆或行人发生碰撞。通常左转速度应该小于或等于20km/h。

b. 右转:当车辆准备右转时,同样需要减速慢行,保持足够的安全距离,避免与其他车辆或行人发生碰撞。通常右转速度应该小于或等于15km/h。

c. 停车等待:在路口附近需要停车等待时,需要遵守相应的停车规定,例如禁止停车、禁止倒车等。此时应该将车辆保持在安全的位置,等待转弯信号完成后再继续前进。

需要注意的是,路口转弯时车速过快或过慢都可能导致交通事故发生,因此需要谨慎驾驶,保持足够的安全距离。同时,注意观察路口周围的环境,遵守交通规则,确保行车安全。

通过路口时,应控制车速,依次行驶,匀速通过不得超车;直行车速不得超过30km/h,左转弯车速不得超过20km/h,右转弯车速不得超过15km/h,保持足够的安全距离,避免与其他车辆或行人发生碰撞。

②城市交叉路口。

A. 在城市交叉路口,当交通信号灯由红变绿时,车辆准备起步前应先进行安全确认,预防相交的道路上可能有未完成通行或抢行的车辆；与其他车辆并排停车时，绿灯刚亮时，两侧车辆前方的道路上可能还有行人（尤其是行动缓慢的老人、儿童或行动不便的残疾人）、非机动车正在通过，因此，一定要左右观察，确认安全后再起步，切勿着急起步。

通过路口注意横穿者

B. 驾驶机动车在黄色交通信号灯亮的路口，已越过停止线的车辆可以继续通行；没有越过停止线的车辆不得加速抢行通过，要在停止线以外停车等待。

C. 驾驶机动车通过设有箭头交通信号灯的路口，要注意观察交通信号灯的指示方向，当本车道对应的绿色箭头交通信号灯亮时，可以通过。

注意：

绿灯通行时也要预防危险。

交叉路口绿灯亮时，只代表可以通行，但并不表示路口处安全无风险。在接近绿灯放行的路口时，驾驶员还应预测到可能存在以下情况：

A. 前方可能会有非机动车、行人违法横穿。

B. 前方车辆可能会突然变更车道，准备转弯或掉头。

C. 对向准备左转弯的车辆可能会占用部分直行车道或强行左转。

D. 对向直行车辆后方可能突然出现横穿的非机动车、行人。

E. 右侧车道有车辆等待右转时，其后侧车辆可能突然向左变更车道。

驾驶员应明白，绿灯亮时不能改变交叉路口处固有的危险性质，因此，行经路口时一定要提前减速、仔细观察、全面预防险情。

③直行通过没有交通信号灯的路口。

在没有交通信号灯控制的路口直行，应在距路口 50 ~ 100m 时减速，行至路口时仔细观察左、右两侧道路交通情况，减速或停车瞭望，做到“一看，二慢，三通过”，直行车辆优先通行。遇到有停车让行标志的路口，要停车观察主路情况，确认安全后再通过。

通过路口时，注意避让正在通行的车辆和行人，随时做好停车的准备。即使有优先通行权，也不能忽视对面来车抢先左转弯或左右车道车辆抢行带来的危险。遇到有减速让行标志的路口，要减速让行、缓慢通过。

驾驶机动车在交叉路口，遇到行人不走人行横道横穿道路时，应及时减速停车让行，不得加速从行人两侧绕行通过。

人行横道前的礼让

（2）交叉路口转弯。

①交叉路口左转弯。

驾驶机动车在有导向箭头的路口左转弯时，要提前按导向箭头指示向左变更车道。在变更车道时，注意观察前方和左侧车道内的情况，不能影响左侧车道内车辆通行。

在有交通信号灯控制的路口左转弯时，要提前进入左转弯车道或靠道路左侧行驶，等待放行信号，有左弯待转区线的路口，应在直行绿灯亮时进入待转区。

在交叉路左转弯时，一定要遵守交通信号指示通行，同时要注意预防以下险情：

A. 对向车道车辆侧方可能有非机动车或行人被遮挡。

B. 对向车道右转弯车辆可能不让行。

C. 其他车道的车辆可能超越自己抢先左转弯。

D. 跟随其他大型车左转弯时,其周围盲区内可能有其他交通参与者。

E. 车辆左前侧立柱盲区内可能有行人和非机动车。

预防以上险情,最重要的就是减速、观察和礼让,要重点观察被其他车辆遮挡的盲区和侧头观察左前侧立柱盲区的情况。

②交叉路口右转弯。

驾驶机动车在路口右转弯时,要注意观察后方和右转弯方向道路交通动态,同时观察右转弯的车辆和行人。驾驶机动车在路口右转弯遇到红灯亮时,可减速靠右侧转弯通过,但不应影响被放行方向的其他车辆和行人通行。

在交叉路口右转弯时,要重点预防以下险情:

A. 可能会有非机动车、行人闯入车辆右侧的内轮差区域。

B. 右侧可能有直行的非机动车和行人。

C. 窄路口转弯时,路边停放的车辆或高大建筑物等造成的盲区内可能有行人或非机动车。

D. 相邻车道的车辆可能超越本车抢先右转弯。

E. 大型车辆为了改善转弯空间,可能先向左侧转向再进行右转弯操作,不要贸然从其侧面转弯。

(3)通过复杂路口。

①通过复杂路口时,低速行驶,按规定避让行人和优先通行的车辆,并做好随时停车的准备,不能加速通过路口。

②通过视线不好的路口时,更要谨慎驾驶,以防视线盲区内出现突然情况而措手不及。在路口遇到其他机动车违法变道时,要及时减速避让,礼让通行。

③遇有路口交通阻塞时,即便是绿灯亮,也要停在路口外等候,不得进入路口或停在路口内等候,以免加剧阻塞或被夹在路口内进退两难。

④在复杂的交叉路口,遇到路口内车辆较多时,要减速观察路口内车辆的通行情况,随时准备停车礼让。

(4)通过环岛路口。

①环岛是交通事故多发地点,通过时应在距环岛 50~100m 处减速慢行,适时控制车速,以逆时针方向进入环岛。驶近环岛时,注意观察左侧已在环岛内行驶车辆的动态,适时汇入车流,必要时减速或停车让行。

②驶出环岛前,打开右转向灯,注意观察右侧车辆、行人的动态。在有两条或两条以上车道的环岛驶出时,应提前开启右转向灯变更至外侧车道,严禁直接从内侧车道驶出环岛。

通过环岛时的险情预防环岛连接着多个方向的道路,遇车辆较多时,很容易出现以下危险情形:

A. 可能遇到不让行而强行驶入环岛的车辆。

B. 而刚刚驶入环岛的车辆可能占据外侧车道,妨碍本车变道驶出。

C.最内侧车道的车辆有可能急减速或突然变道，为驶出环岛做准备。

D.外侧车道的前车驶出环岛时可能减速过急。因此，通过环岛时一定要提前用信号告知自己的行驶方向，减速慢行，保持安全间距，随时预防其他车辆的异常行为。

(5)通过立交桥。

通过立交桥

立交桥的形式多种多样，行驶中稍不注意或仅凭以往经验，经常会走错路。通过立交桥时，需要注意以下事项：

①接近立交桥时，要认真观察限高标志，确认驾驶车辆高度符合限高规定，并应适当减速，以便有充足的时间准确地确认出口的方向。

②直行时，按原方向从桥上或桥下行驶，应注意给驶出或驶入的车辆让出右侧车道。

③右转弯时，应按照交通标志、标线的指示减速行驶，提前进入右转弯匝道完成右转弯。

④左转弯时，通常要驶过跨线桥才能转弯，不能直接左转弯。

⑤通过立交桥时，必须按照限速标志标线规定的速度行驶。

⑥通过立交桥时，如发现选择路线错误，应继续行驶至下一立交桥或允许掉头的路口掉头，不得立即在原地掉头或倒车更改行驶路线。

(6)通过铁路道口。

①通过有交通信号控制的铁路道口，在道口外提前减速、减挡，按照交通信号灯的指示低速通行，不得在路口内变换挡位。遇报警器鸣响或红灯亮时，停车等候，不准抢行通过铁路道口。

②通过无信号控制或无人看守的铁路道口时，要在道口外停车观察，做到一停(在停止线以外停车)、二看(观察左右是否有驶来的列车)、三通过(确认安全后，低速通过)。

③通过双股轨道的铁路道口时，遇一侧列车驶过后，还要提防从另一个方向驶来的列车。如果发现有危险情况，立即在安全处停车等待，不能强行通过。

④驾驶机动车跟车通过铁路道口时，注意观察前车的动态，确认道口对面有足够的停放空间后才能通行，不得在道口内停车等候。遇前方堵车时，即使交通信号允许通行也不应驶入，以免因堵塞在道口而与火车发生相撞事故。

⑤在铁路道口内车辆出现故障时，应迅速设法将车移出道口。如果短时间移出道口有困难时，第一时间将人员疏散到安全区域，立即通知道口看护人员，并告知列车之后，再尽快设法将车辆移出道口。

3)通过人行横道、学校区域、公交车站和居民小区

(1)通过人行横道。

文明驾驶风尚

人行横道线是为行人横过道路而设置的安全通道上的标线，常被称为“生命线”。驾驶员驾车行经人行横道时，应减速观察，礼让行人。

①驾驶机动车接近人行横道线时，提前减速观察，注意观察人行横道左右两侧是否有行人通行，随时准备停车礼让行人。遇行人或非机动车通过人行横道时，及时停车让行，不得抢行或绕行。右转弯通行时，更要注意应将车辆停在停止线外等候行人和非机动车先行通过。

②如果看到人行横道前有停止的车辆时，一定要停车，不要盲目通过，前车可能是停车避让行人。不要在人行横道及其附近直行超车和变向超车，尤其要提防有些行动缓慢的人

可能还滞留在人行横道上。

(2)通过学校区域。

①驾驶车辆行至学校附近或有注意儿童标志的路段时,一定要及时减速,注意观察道路两侧及周围的情况,时刻提防学生横过道路。

通过学校区域,避让校车

②驾驶机动车在学校区域,遇到上学或放学时段,随时准备避让横过道路的学生和儿童。遇学生或儿童横过道路时,应及时停车礼让,不可从他们中间穿行或从两侧绕行通过,避免发生事故。

③看到道路一侧有家长或大人招手时,要及时减速,注意观察,做好随时停车的准备,预防对面有学生或儿童突然横穿道路奔向家长。

(3)通过公交车站。

①通过公交车站,要提前减速行驶,注意观察车站内候车人的动态,不得占用公交专用车道,距离公交车站30m内的路段不能停车。

②超越停在公交车站内的车辆时,要减速慢行,与公交车保持较大的安全间距,预防车站上下车的乘客从车前或车后横穿道路,同时注意对向公交车前后是否有行人横穿道路,做好随时停车的准备。

③驾驶机动车在公交车站,遇到停在站内的公交车或有非机动车超越公交车时,要低速行驶,与其保持较大的安全间距,预防公交车突然起步或非机动车突然摔倒。

(4)通过居民区。

①通过居民小区,要遵守限速标志的规定,低速行驶,随时注意观察两侧情况,遇到突然情况,要停车让行,不得连续鸣喇叭警示或加速抢行。

②借用居民小区通行时,要注意避让行人。遇两侧有行人或行人占道行走时,要与行人保持安全距离低速行驶,待行人让路后再通过。

③在小区内遇到非机动车横穿道路时,要及时减速让行,不能在非机动车前方或后方加速通过。

④在居民小区遇到在路边玩耍的儿童时,要注意观察儿童的动态,减速缓慢通过。

1.1.2.5 安全行车基本原则与注意事项

1)基本原则

(1)右侧通行原则。我国和世界上大多数国家一样,采用右侧通行制度,即靠道路的右侧选择自己的行驶路线。

(2)各行其道原则。行车中在坚持右侧行驶的同时,还必须严格遵守"各行其道"的原则,切实做到车不越线。

(3)通过交叉路口按信号灯指示行止原则。各种车辆行经交叉路口,应按交通指挥信号通行。

(4)尊重非机动车和行人的优先原则。道路交通安全法律明确规定了各行其道的原则。机动车、非机动车和行人都拥有各自的通行道路,并且在此道路内享有绝对路权。但是机动车必领尊重非机动车和行人在法定的道路内通行的优先权。如机动车行经人行横道,应当减速行驶;遇行人通行,必须停车让行。在无交通信号情况下行人横过道路时,机动车要主动避让行人。

(5)确保车辆安全设备齐全有效的原则。道路交通安全法律规定:“机动车的总成、组合件、附件、制动器和反光镜等设备必须装备齐全,机械状况良好。各种车辆的制动器、转向器和各种灯光中途发生故障时,必须修复后方准行驶”。

(6)安全第一原则。遇有交通安全法没有规定的情况下,车辆、行人必须在确保安全的原则下通行。

(7)紧急避险原则。驾驶员在驾驶行车途中,有时会遇到不可预见的突发险情。汽车驾驶员对本车上的一切人员及财产负有保护的责任,不能借口因汽车遇险而不顾车上其他乘员和财产的安全弃车或跳车逃命,否则,就要负刑事和民事责任。

(8)人民交通人民管的原则。交通安全关系到人民的切身利益,是一项涉及面广、社会性很强的工作,必须依靠全社会的共同努力,才能做好这项工作。

只有人人参与、人人遵守才能保证行车安全。

2)注意事项

安全行车注意事项概括起来就是“稳、准、狠”三个方面。

(1)稳。行车方向要稳。汽车在平直路上行驶,驾驶员要双手稳住转向盘。修正方向,左右手动作要平衡、协调配合,要杜绝不必要的转动转向盘,以减少汽车左右晃动。

汽车转弯,要稳转转向盘,使其自然过弯,避免侧滑。方向转过后,要早回、慢回转向盘,直到汽车直线行驶。道路不平时,要把稳转向盘,在不平道上驾驶汽车,驾驶员尽量不要让身体随汽车摆动或跳动,以防汽车方向失去控制。雨、雪、泥泞等道路驾驶时,要把稳转向盘。驾驶员要尽量保持直线行驶,不可过度地来回转动转向盘,不可急转、猛回转向盘,要早转、少转转向盘。否则,会使汽车侧滑。

(2)准。首先,驾驶员的驾驶姿势和操作动作要准。驾驶员驾驶汽车要两眼平视正前方,胸部稍挺、背部微靠在靠背上,双手应握实转向盘,但不可握得过紧,也不可握得过松,肘关节和膝关节要自然放松,以保持准确的驾驶姿势。起步、挂挡和行驶过程中加减挡、操纵离合与加速踏板双脚配合时机要准,变速器操纵杆推、拉要准确到位,手脚配合要一致协调。行驶中严禁低头注视变速器操纵杆。其次,汽车行驶车辆之间的安全距离和汽车制动时制动距离的把握要准;汽车同向或逆向行驶两车之间的侧向安全距离要根据车速和路面情况判断准;汽车前后行驶,两车之间的安全距离要根据天气、路况和车速保持准;制动停车距离要根据车速和附着系数预测准。

(3)狠。汽车紧急制动要狠。汽车在行驶中,当遇到预想不到或事先没有发现的紧急情况时,为避免事故的发生,驾驶员踩制动要狠(踩到底)。同时用力拉紧驻车制动手柄(驻车制动器操纵杆),使汽车立即停住。

注意:

时刻警惕汽车盲区。

由于汽车设计的原因,行车时不可能看到汽车四周的所有情况,汽车周围是存在盲区的。加上道路上还有其他行驶车辆以及路旁的树木、建筑物等,都会遮挡驾驶视线,形成驾驶盲区。因此,开车时要时刻认识到存在许多盲区,多体会、总结,积累驾驶经验。

(1)车内观察车体感觉。

从驾驶座位上看不到区域为车内视线盲区。盲区是一个立体范围空间,即驾驶员的视线通过车窗延伸到地面所形成的封闭立体空间内。盲区内的儿童、物体及路面,驾驶员是看不到的,驾驶员在驾驶时必须小心对待。

盲区的范围同样会因座位的前后、高低,车种的不同而略有差别。右侧的视线盲区大于左侧视线盲区,因此,右转弯、向右变更车道、超越右侧的障碍物时,应该特别小心。

(2)路外盲区。前方大车、路旁树木、建筑物等都会形成一定盲区,难以观察到可能突然出现在前方道路上的情况。

(3)弯道盲区。转弯时弯道出口方向存在盲区,最好鸣喇叭示意,让对向来车注意减速、避让,同时自己也要减速慢行。

(4)坡道盲区。上坡时坡顶存在盲区,上坡时超车应谨慎小心。

对于视线盲区,其防范方法如下:

坡道驾驶

(1)驾驶员应保持高度警觉,估计到视线盲区可能出现的各种险情,随时做好应对各种突发情况的准备。

(2)在行驶中,如果道路上有停驶的车辆就会形成视线盲区,一些行人和骑车人常常从停驶的车辆旁边横过道路,他们看不见驶来的车辆,驾驶员也看不见这些人。因此,当驾驶员通过路边停驶的年辆时,应提前减速慢行并鸣喇叭,保持较大的侧向间距。

(3)小车遇到大车时,大车会挡住其后小车驾驶员的视线,形成视线盲区,特别是尾随大车行驶时。这时应适当拉开跟车距离,以防前车突然制动而发生追尾事故。超车时,要看清前方道路是否安全后再超。

(4)通过有视线盲区的路口时,双方车辆驾驶员与行人都在视线盲区内,双方都很难看到对方。因此,进入路口前要提前减速、鸣喇叭并做好随时停车准备。

3)交通事故的预防

(1)驾驶员应养成良好的驾驶习惯。

①良好的驾驶习惯。

汽车的行车安全在很大程度上取决于驾驶员的态度和习惯。因此,驾驶员应养成良好的驾驶习惯。

A. 每次行车前系好安全带,按身高调整好头枕高度。

B. 驾驶舱内的地板上严禁堆放任何物品,尤其是制动踏板的下面不能有任何物品,以免妨碍操作踏板。

C. 行车速度必须与当时的交通及道路情况相适应。如在湿滑的路面上,汽车的行驶稳定性和制动性会因道路附着系数的降低而降低,且车速很高时,车轮与路面之间会产生“液面效应”,使汽车失去转向和制动能力。因此,汽车在湿滑路面行驶时应适当放慢速度。

②八大驾驶陋习。

A. 强行插队。看到前面堵车，便驶入非机动车道，等快到路口时再强行并线。既妨碍了自行车和行人，又妨碍其他车辆，还容易造成碰擦或堵车。

B. 远光灯和雾灯长亮。远光灯的强光会造成对面驾驶员的短暂失明，容易使人失去方向感，发生危险。

C. 抢行。左、右转弯的车辆非要抢在直行的车辆前通过，支线上的车辆不让干线上的车优先通过。

D. 不开启转向灯。在起步、停车甚至并线，都经常有不开启转向灯的人，令后车措手不及。

E. 随意停车。这种现象更为常见，不管周围状况就在路旁随意停车，很容易妨碍交通，并可能造成自己被罚款扣分。

F. 在快车道里慢行。在快车道上慢慢开，虽然不违规，但会影响道路的通行能力。

G. 欺软怕硬、猛停急转。对在道路上欺软怕硬的现象恐怕那些新驾驶员们最有体会。令新驾驶员们战战兢兢的是一旦有丝毫差错，周围定会喇叭声此起彼伏，不绝于耳。另外，个别高档车的车主还自恃车的性能好，在路上猛停急转。

H. 雨后行车不减速，随意丢废物。

(2)避免6项危险操作。

①跟车超车。当跟车超车发生在双向两车道且不封闭的国道或省道、乡村公路上时，由于单向车流过多，行驶缓慢，当出现超车机会，通常会有几辆车同时准备超车。如果超车时遇速度很快的对面来车，非常容易发生正面冲撞。

②组合开关。所谓组合开关即是可以不停地开灯和关灯的开关。这种方式每一位驾驶员都经常使用，当在高速公路上超车时，或是在车喇叭起不到应有的作用时，变换几下远光灯是在所难免的。但如果不停地进行手动开、关动作，既容易引起其他驾驶员的反感，且开关触点在打开和关闭的一刻通过的电流要高出平常许多，也极易将开关触点烧毁。

③入错挡位。相对于自动变速器来说，变速器操纵杆的"容忍度"要更高一些，偶尔入错一次挡位也并无大碍，只是长时间保持半离合状态会降低手动变速器的寿命。但对于自动变速器，如果在车还没有完全静止的状态挂入P挡就是非常有害的操作，严重时将损坏变速器。

④弯路制动。日常驾车还是应尽量在转弯之前留出制动提前量。另外，出于下意识对弯路驾驶的谨慎，一些新驾驶员往往会习惯在弯道中踩着制动踏板，以使心理更为踏实。这里有两个弊端：入弯带制动会导致左右轮的轮胎磨损有明显差异；制动将加大各轮之间的力量差别，影响车的左右平衡，加大了侧倾幅度。

⑤油箱警示灯亮继续行驶。油箱警示灯亮起意味着油箱内的燃油已经所剩无几。但有经验的驾驶员都知道，凭借着余下的燃油，一般的车辆都还可以行驶40～50km。殊不知，这其实是很冒险的行为。由于汽车的汽油泵直接安装在燃油箱底部，汽车泵依靠汽油进行润滑和降温，如果汽油量缺失过多，在行驶状态下(汽油泵运转)，汽油泵不能得到正常润滑和降温，很容易对泵体造成损害。

⑥颠簸路段不减速。在乡村土路上更不必说，其实在城市中也存在许多颠簸路段，例如

横跨道路的铁路线以及学校等场所门前的减速带。这些地段如果高速通过,不仅会给车内乘客带来不适,而且容易发生事故,同时,对前后减震器以及车辆悬架也会造成严重的损伤。

1.2 安全文明驾驶

本节主要介绍一般道路的安全文明驾驶。一般道路往往车辆流量大,交通情况相对复杂,要求驾驶员具备娴熟的驾驶技术。在一般道路上行驶,总体要求是认真观察道路上的各种情况,根据实际需要,合理地控制车辆的位置及车速,正确进行会车、超车、让车、转弯、跟车、掉头等操作。

1.2.1 一般道路文明驾驶

在一般道路上行驶,应合理选择行车路线,以减少对车辆的磨损和燃料的消耗,提高车速,减轻驾驶疲劳。靠道路右侧行驶,有分道线时应按规定各行其道。行驶中应尽量避开道路上的凹坑及各种障碍物,对活动障碍物的变化或可能出现的情况要有充分估计,做好采取相应措施的准备。当需要改变行驶路线时,要根据道路情况,选择一条预定路线并尽量保持直线行驶,避免频繁改变车道。在一般道路上行驶时,行驶速度应根据车型、车况、道路、气候、环境及视线等客观条件以及交通流量和驾驶技术等因素确定,要严格遵守有关限速的规定。正常行车,应以经济车速行驶。车速过高,会造成视野变窄、操作难度加大,并使车辆的经济性下降,还易发生交通事故;车速过低,会降低行车效率,增大成本。需要减速时,可适当松抬或完全抬起加速踏板,利用发动机低速运转的牵阻逐渐降低车速;如不能满足减速要求,可辅以行车制动器来达到减速目的。加速时,必须根据当时车速情况,或直接加速,或降一级挡位加速,以保证发动机有足够的动力。在小范围内调整车速,只需适当踏下或抬起加速踏板即可。总之,车速应控制在能从容地观察和处理道路上各种交通情况和正常发挥操作水平,严禁盲目加速或减速。

1.2.1.1 转弯

汽车转弯时,应注意道路的宽窄、弯度大小、地形条件和交通情况。根据需要合理确定转弯路线、行车速度和转向时机,做到"减速、鸣喇叭(允许鸣喇叭时)、靠右行"。减速是为了便于观察弯道或道路两侧情况,避免造成转向过急而引起汽车横滑或翻车。鸣喇叭是示意行人注意,尤其在视线死角,观察不到弯道另一端的情况时,更要鸣喇叭示意;在禁鸣路段则应缓行,不得鸣喇叭。靠右行是为了避免侵占对方来车的行驶路面而发生意外。

交叉路口转弯

1)右转弯

车辆右转时要降低速度,给自己和其他人留出更多时间,以免发生事故。在开始右转弯前要开启右转向灯,尽早告知他人(车辆)自己的行车意图。如果所驾驶的车辆(如大型客车、铰接车、拖挂车等)不拐入别的车道就不能顺利转弯时,可进行大转弯,以便安全顺利通过。如果右转弯必须通过反向车道才能实现时,要观察对面车道车辆行驶状况,为对方留下足够的通过间距,需要时要停车待对方车辆通过后再转弯。

2）左转弯

向左转弯时，靠路口中心点左侧转弯。转弯时开启转向灯，夜间行驶开启近光灯。若转弯过急，车辆左侧可能与其他车辆发生碰撞。在转进多车道路口时，要进入安全可行的车道。驾驶大型车辆在有两个转弯车道的路口应尽量使用右侧转弯车道。这是因为左转弯时有可能先向右摆，而车辆右侧的情况不如驾驶员一侧观察得清楚。

3）连续转弯

遇到连续转弯时，要按照左、右转弯的要领操作，控制好车速、转弯时机和行车路线，沿中线右侧行驶。转弯时，特别是连续转弯时要控制车速，尽可能避免紧急制动，以免车辆侧滑和甩尾。

窄路转弯

1.2.1.2 会车

车辆交会时，应根据双方车辆的速度、车型、车况、装载情况（或乘人情况）、天气、视线、交通情况和驾驶技术等，及时调整车辆的速度及行驶方向，选择有利的会车地点，适当降低车速，握稳转向盘；同时顾及道路两侧情况，保持两车之间有足够的横向安全间距。

（1）在视线良好而又无限速标志的宽阔道路上会车时，可适当加大两车的横向间距，不降速交会。会车后，注意从后视镜观察确认无车辆超越时，再缓缓地驶向道路中心。

（2）会车时，如果前方遇有障碍物和来车，应判明来车的速度距离障碍的远近和前方道路情况，再根据条件采取合理的交会方法。来车速度较慢或离障碍物较远时，应果断加速越过障碍物后，驶入右侧；也可根据需要适当降低车速，在超越障碍前与来车交会。在两车之间出现障碍物或狭窄路段时，应让距离较近、车速较快、前方无障碍的一方先行通过，不得抢行。若障碍物在来车前方，应注意观察对方的动向。当对方车辆强行超越（或打开左转向灯示意）时，应立即减速或停车让行，切不可抢行，避免造成“三点并排”交会。

有障碍物会车

雾天会车

狭窄路段会车

夜间会车

注意：

不提前减速或在道路中心高速行驶；待对方来车临近时，突然向右转动转向盘后，又立即向左转动转向盘，驶向路中。

（3）行车中，在没有划中心线的道路上遇到对面车在较近距离内超车时，应靠右减速慢行，做好停车准备。若突遇对方车辆强行超车，占据自己车道时，较好的处理办法是尽可能让出车道，千万不要斗气而照直行驶。

1.2.1.3 超车

1）超车的定义

超越前方同向行驶车辆的过程称为超车。超车应严格遵守交通法规中“禁止超车”的有关规定，在道路条件允许的情况下，选择道路宽直、视线良好、对面又无来车，且道路两侧均无影响超车的障碍物的路段进行。

2)安全超车

夜间超车

超车前,应根据双方的车速及车长,充分估计超车所需的时间和距离。准备超车时,应当提前开启左转向灯,逐渐驶向道路左侧,鸣喇叭,待前车让超后,加速从左侧与被超车保持足够的横向安全间距超越。超车后,仍循左侧行驶一段距离,在不妨碍被超车正常行驶的情况下,变左转向灯为右转向灯,逐渐驶回正常行驶路线。

3)超车时的注意事项

(1)准备超越前方非机动车时,若非机动车前方有车辆突然停车,造成非机动车占道行驶时,要及时减速让非机动车先行。

(2)行经交叉路口、铁路道口、隧道、弯道、窄路、窄桥或遇前方车辆正在左转弯、超车、掉头时,不得超车。

(3)行车中超越右侧停放的车辆时,为预防其突然起步或开启车门,最有效的方式是预留出横向安全距离,减速行驶。因为长鸣喇叭、加速通过和保持正常速度行驶,都无法预防突然出现的危险。

(4)驾驶机动车发现后车发出超车信号时,若具备让车条件,及时开启右转向灯,减速靠右让行,必要时辅以手势示意让超,不得故意不让或让路不让速。

(5)遇后方车辆强行超车后,不给留出安全距房便向右变道时,要减速或靠右停车避让,千万不要开赌气车!

不允许超车的情形

夜间让超车

不应让超的情形

让超车

4)超车安全提示

(1)超车时避免"三点一线"状况。

有经验的驾驶员都知道超车的时候千万不能形成"三点一线"的状况。也就是说,本车、被超车与对向来车千万不能在一条横向的直线上。一旦发生这种情况,被夹在两辆车中间完全没有躲避的条件。

超车前不但要观察前车的情况和路上其他交通参与者的行为,还要从后视镜看一下后车,看后车是否正准备超越本车。如果发现后车也在打算超车,则应让后车先行超车。

(2)预防对向车辆后面有来车。

借道超车时要注意与对向来车之间的距离是否能足够完成本次超车,同时也要想到对向来车后面是否还有其他车辆,不要盲目地在对向车辆过去后就马上准备超越。尤其是如果对向来车是大型车辆,则其后方很可能有多辆被挡住的小车。计划超车时先观察对向来车的状况以及距离,等有充分把握时再超车。同时,超车时切忌犹豫不决,不要超到一半又放弃,落得进退两难的地步。因此,超车之前一定要观察好超车条件,能够保证万无一失再开始超越。

1.2.1.4 掉头

1)安全掉头

(1)掉头地点的选择。

①应根据道路条件或交通情况,选择不妨碍正常通行的车辆和行人的允许掉头的安全路段,以及交通流量小、道路较宽、能一次完成掉头的地段和路口进行掉头。

②不得在图1-17所示的路段掉头。

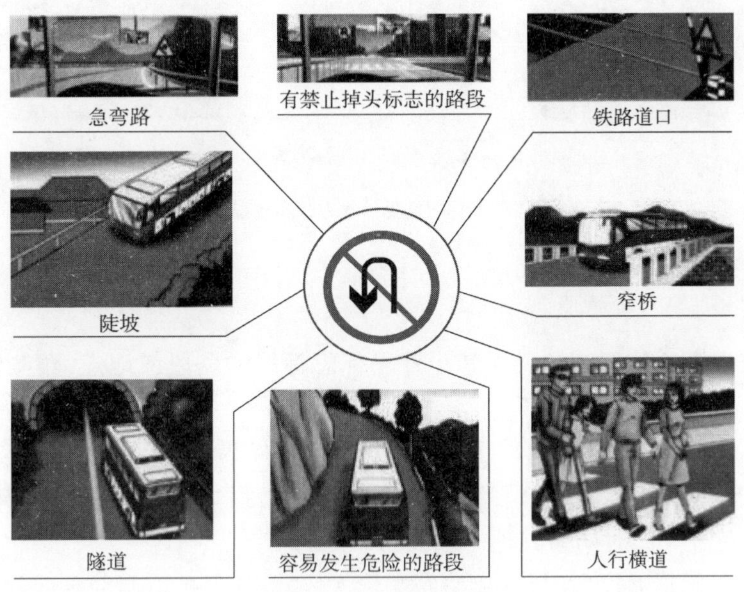

图1-17 车辆不能掉头位置

(2)掉头方法。

①在设有隔离设施允许掉头的路段或路口掉头,应提前打开左转向灯,在不影响其他车辆正常行驶的情况下向左侧变更车道,按交通标志的指示完成掉头。掉头时,应严格控制车速,认真观察道路上的交通动态,确保安全通行。

②在无隔离设施允许掉头的路段掉头,应仔细观察道路上的交通情况,必要时应停车进行观察,确认所驾车辆前后无其他车辆或行人通过时,方可开启转向灯进行掉头。

③掉头的每一次前进或后倒过程中,都应认真观察车辆后侧及两侧道路的交通情况并确认安全,充分考虑车辆的前端和后端与道路上障碍物的距离,以防发生意外。

2)掉头时的注意事项

(1)观察是否有禁止掉头的标志,严禁在不允许掉头的路段掉头。

(2)掉头时,应严格控制车速,并仔细观察道路上的交通情况,确认安全后才可以行驶。

(3)掉头过程中,无论前进还是倒车,不要挂错挡位。

(4)迫不得已必须在坡道上掉头时,每次停车均要拉紧驻车制动手柄(驻车制动器操纵杆)。

常见的掉头方式如图1-18所示。

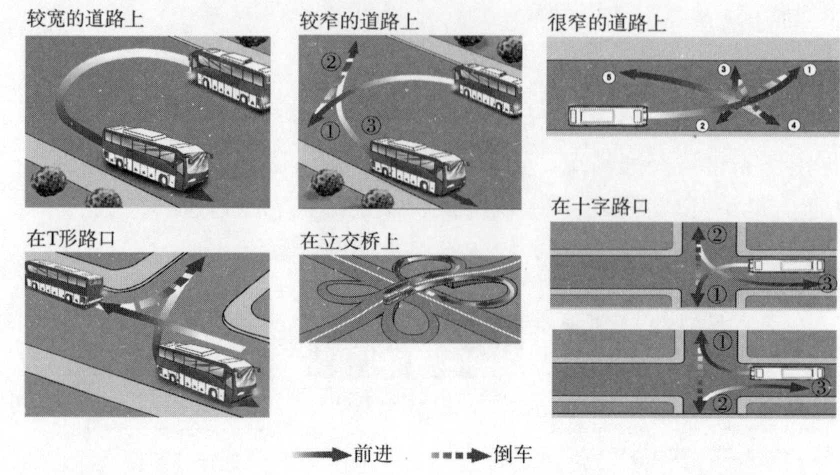

图1-18　常见掉头方式示意图

1.2.1.5　安全停车

1)停车

(1)停车要选择不妨碍交通又无禁止停车标志标线的路段或地点,路侧停车时,车身距路缘石30cm。不得在设有禁止停车标志标线的路段停车。

(2)停车后,应先拉紧驻车制动手柄(驻车制动器操纵杆),再松抬行车制动踏板,将发动机熄火。对于左侧留有驾驶室门的车辆,要先观察侧后方和左侧交通情况,确认安全后,再缓开车门,以免开车门时妨碍其他车辆及行人通行。

(3)多辆车一起临近停车时,靠道路右侧依次停放,并保持适当的纵向间距,不得与其他车辆并排停放。在城市街道上临时停车,应按指定的位置停放,不得在道路两侧并列停放或逆向停车。

(4)在道路上临时停车时,不得妨碍其他机动车和行人通行。夜间或遇风、雨、雪、露天在路边临时停车,要关闭前照灯,开启示廓灯和危险报警闪光灯。驾驶员下车后关好车门,不要远离车辆,妨碍交通时要迅速驶离。

(5)车辆停放时间较长时,选择停车场或准许长时间停放车辆的地点,在规定的位置内依次停放。车辆长期停放时,尽量停入车库,或停车场安全停车,不准在车行道、人行道和设有禁止长时停放标志的地点停放。

2)"靠边停车"的注意事项

(1)在减速靠边停车时将右侧自行车、行人挤倒。

(2)不加观察猛然开启车门而将车后行进中的自行车和摩托车剐倒。靠边停车时,驾驶员必须通过车上后视镜或车窗侧向探出头观察一下后方交通情况,就完全能够避免类似事故,同时驾驶员要注意提醒车内其他乘员下车时注意观察。

1.2.1.6　通过凹凸路面

在凹凸路面上行车,由于路面不平,容易引起车身振动。若车身振动过大,会造成机件损坏或转向难以控制。因此,必须根据凹凸路的特点,灵活缓慢地采用不同驾驶方法。

1.2.1.7 重车驾驶

1)重车驾驶定义

重车驾驶是指在载物或载客后,在车辆总质量有所增加的情况下进行驾驶。由于车辆总质量增加,会导致车辆惯性加大,行驶阻力加大,从而增加驾驶的难度。例如,起步时加速缓慢,增挡加速时间长,制动减速困难,转向与通过性能变差等。

2)重车驾驶的操作方法

(1)起步。

起步必须用1挡。重车驾驶时,车辆总质量增大,起步时离合器半联动点的位置要比空车起步时稍高,而且半联动点的停顿时间要比空车的时间长,加速踏板踏下的程度也要比空车加大,只有这样才能保证平稳传递足够大的动力,避免起步熄火和起步不稳的现象发生。

自动挡车辆起步时,需要注意以下几点:

①打开钥匙门:将钥匙插入钥匙孔,转动钥匙至起动位置,然后打开钥匙门,让车辆开始自检。

②慢慢加速:在加速前需要先挂入一挡,然后慢慢加速,避免突然加速造成车辆不稳定。

③保持平稳:在加速过程中,需要保持平稳,避免突然加速或减速,以免造成车辆抖动或失衡。

④避免急制动:在行驶过程中,需要避免急制动,以免造成车辆抖动或失衡。

自动挡车辆起步需要细心和耐心,确保操作规范和平稳,才能确保车辆安全行驶。

(2)换挡。

重车加挡时,各挡间的加速时间与距离比空车时加长,不可急踏加速踏板提速,以避免传动机件及连接部分损坏。减挡时机要比空车提前,减挡的动作要较空车时更加敏捷、迅速,以防止汽车动力的迅速下降,被迫连续换挡。

(3)转向。

由于载物、载客,重车的车辆重心比空车时高,所以转弯时更要注意减速,尽量选择大转弯半径的路线行驶。重车在会车、让车和避开障碍时,应提早转动转向盘,尽量少转缓回,不可转动过急、过猛,以保证车辆行驶的稳定性。

限高

(4)制动。

重车驾驶时,相同情况下踏制动踏板的力度应该比空车时强,采取制动减速的时机要比空车提前,以适应重车惯性大、制动距离长的特点。驾驶重车时,更应加强制动预见性,在弯道、险路、滑路上行驶时尽量避免紧急制动。

(5)停车。

停车要选择路沿坚实、宽阔的安全地带停车,不宜过分靠边,同时要保证货物的装卸和乘客的上、下方便。

1.2.2 山区道路驾驶

山区道路多顺地势修筑而成,坡长而陡,盘山绕行,弯道多而急,路面狭窄,隧道桥多,气候多变,危险路段多。车行山区道路时,应尽量多了解地势、山形、气温、气象,做好必要、充分的准备。

1.2.2.1 上坡道路驾驶

(1)上坡过程中,要经常观察仪表的工作情况,特别是冷却液温度的变化情况,冷却液温度过高时应停车发动机减速(不可熄火)降温,必要时补充冷却液和润滑油。上陡坡时,要加大与前车的纵向安全距离,防止前车突然熄火后溜,否则躲避不及易造成撞车事故,雨雪天行驶更应注意。要注意两侧地形,便于在发生意外时能及时采取安全措施。行近坡顶时,由于视线盲区增大,无法预知对面来车及行人的情况,此时务必靠右行驶,并鸣喇叭示意,不能超车。具体驾驶方法如下。

驾驶机动车上陡坡时,要在坡底提前减挡,加速冲坡。要观察路况、坡道长度,在车速下降前减挡,使车辆保持充足的动力平稳地上坡。

注意:

①当发动机动力不足时,应迅速减挡,不可强减速,以防发动机因拖挡熄火。

②如错过换挡时机,可越级减挡。

③若遇换不进挡或发动机熄火时,应立即联合使用行车制动器与驻车制动操纵装置强行停车,然后重新起步。

(2)上坡时车辆应靠右行驶,为来往车辆让出通行路面。但由于山路上容易遇到如突出的岩石或伸出的树干等障碍,路边和水沟边土质比较松软,稍有不慎,便会发生压陷事故。因而对路面的选择,应当随机行事,特别是在停车或避让时,要选择平坦、宽阔的坚实之处,确保行车安全。

(3)上陡坡时,要注意两侧地形,便于在发生意外时采取安全措施。若遇车辆出现失控倒溜,应把车尾转向靠山的一侧,使车尾让山抵住。此时转向盘决不可转错方向,以免发生严重的交通事故。

(4)坡度太陡时,同行人员应下车与驾驶员密切配合,手持三角木、大石块等硬物,走在靠山的对侧后轮旁边,紧跟车辆,看到车辆行进缓慢接近停住时,速将三角木等垫入后轮的后方,并贴住轮胎,保证车辆停住后不致倒溜。

1.2.2.2 下坡道路驾驶

下长坡前,应先检查制动系统和转向系统是否安全有效(包括检查制动液和动力转向液的液面高度),如下坡道路较滑,应装好防滑链条。下长坡时,必须挂入低速挡,充分利用发动机的低速牵阻作用,合理使用行车制动器控制车速,不准熄火滑行,必要时采取间歇点制动,但不可单独依靠行车制动器制动。下坡车应给上坡车以充分的便利,要经常注意上坡车辆的动向,有时可以通过山下道路扬起的灰尘来作出判断。会车时要给上坡车留出较宽的路面，必要时，主动选择安全地点靠边等让。

(1)汽车下坡时，由于汽车的重心前移，其惯性力也随之增大，应注意检查制动器的工作情况。要严格控制车速，不能过快，运用发动机和低速挡的牵阻作用控制车速，并要合理使用制动器稳定车速，严禁熄火、空挡或踏下离合器踏板滑行。

下坡时，应尽量利用发动机低速时的牵阻作用，合理使用制动器控制车速。如下陡坡或路面滑溜时，更应使用较低挡位缓慢行驶。

下坡路段不得超车，且跟车距离要充分保证能够有效观察路面状况。山区道路情况相对复杂，尤其是当坡长弯急视距不足时，跟车应降低车速，加大与前车的安全距离，原则上不要超车。

(2)运用制动器的时机，要有预见性，当车速刚刚接近道路情况所容许的限度时，便应施加适当的制动力，使车速均匀地降低并保持稳定。如果在车速已经很快，急需减速时再开始制动，势必使用紧急制动，这就影响车辆的稳定性和损害零件，降低转动系统使用寿命。下陡坡以前，可先用较大的制动力使车辆接近停住，然后将变速器换入低挡位，这样就可避免下陡坡时车辆速度过快了。

(3)在狭窄的坡路，上坡的一方先行，但下坡的一方已行至中途而上坡的一方未上坡时，下坡的一方先行。这是因为考虑到上坡时车辆停止容易熄火，从而可能发生交通事故。因此，下坡车应给上坡车以充分的便利条件，要经常注意上坡车辆的动向，有时可以通过喇叭声和山下道路扬起的灰尘来作出判断。会车时要给上坡车留出较宽的路面，必要时，主动选择安全地点靠边等让。

(4)在感觉到制动效能发生变化时，应当及早停车检查，找出原因，排除故障。行车制动器突然失效时，应沉着处理，用“抢挡”的方法增强发动机的制动作用，同时，灵活正确地掌握好转向盘，运用驻车制动操纵装置减速。使用驻车制动操纵装置时，驻车制动操纵杆不可一次拉死。要逐渐增大制动力，并按下驻车制动操纵杆按钮，使制动力的大小随时可以调节，直到车辆接近停住时，方可拉紧驻车制动器操纵杆。

(5)当使用上述措施仍不能使车辆停住时，应果断利用自然障碍以增大道路阻力，损耗汽车的惯性力，达到车辆最终被障碍挡住的目的。情况紧急时，可以将车辆与山体摩擦减速或驶入路边浅沟，以减少损失。

1.2.2.3 傍山险路驾驶

傍山险路地势险、道路窄、弯道急、行车难度大，驾驶员必须认真掌握傍山险道的操作特点，谨慎驾驶。

(1)注意交通标志，遵守标志规定。行车中要重点观察靠山一边的路面，尽量选择道路中间或靠山的一侧谨慎驾驶，不要注视崖下深洞，以免精力分散和产生紧张心理。

山路会车与会车规则

(2)在山区道路遇对向来车时，观察好前方道路和右侧路面情况，选择好会车地点，主动做好停让车的准备。对面来车占路面较大时，要减速靠右行驶，不得加速或紧靠道路中心会车，以防发生剐蹭事故。如在会车时靠近山崖边或河崖一侧，驾驶员应停下来观察路基情况，在确保安全的情况下才能通过。特别在山区公路的雨季行车时,由于公路狭窄,会车时不能太靠近,应选择适当地点,提前让车。

注意:

山区道路会车时应注意路缘路况,需特别小心,路缘有可能松动。狭窄坡道相当于窄路和坡路的双重情况,因此,狭窄坡道会车首先应降低车速,同时遵守窄路会车和坡路会车优先通行规定,合理安排会车。

(3)转弯前应减速、鸣喇叭、靠右边,特别是下坡车应在转弯前平稳降低车速,随时做好停车准备,以防转弯中与对向来车交会或转弯后遇到路障。边转弯边上陡坡时,应提前减挡,使车辆有足够的动力,避免转弯过程中换挡。

(4)在山区道路上,弯多且急,经常出现视线盲区,看不清对向有无来车,为使对向来车提前知道有车临近,应在进入弯道前及时鸣喇叭(夜间用断续灯光),并注意倾听对方是否有鸣喇叭的声音。喇叭不是可鸣可不鸣,而是必须要鸣,其目的是引起对方车辆和行人的注意,使其在心理上和操作上都有所准备,以便采取相应措施,从而避免事故发生。

夜间路面的识别与判断

坡道转弯

弯道会车

弯道驾驶

(5)特别提醒。遇到"回头弯"急弯坡道时,如果转弯前能清楚看到对面无车,则应提前换入低挡,保持足够的动力,避免在转弯中换挡,同时可以适当借道,并用两手交替法操纵转向盘,务必一次性顺利通过。若在转弯前看到来车,且弯道路面较宽,不致影响会车时,则应各行其道,互不超过中心线;如果是下坡,则应降低车速,靠边行驶,以照顾转弯上坡车,并与之安全交会。如果弯急道窄会车困难时,刚下坡车应让上坡车先转过急弯,以免影响上坡车的转向,而发生相互剐蹭事故。

1.2.2.4　危险地段驾驶

(1)驾驶机动车通过傍山险路,要靠右侧谨慎驾驶,避免停车。在较窄的山路上行车时,如果靠山体的一方车辆不让行,要提前减速并选择安全的地方避让。

(2)驾驶机动车通过经常发生塌方、泥石流的山区地段时,减速慢行,注意观察,尽快通过,不能停车。

(3)进入危险地段应认真观察,若前方路面有杂乱的大小石块、泥块或土堆时,应考虑前方道路是否会有塌方、滑坡或泥石流出现,此时应选择安全地带及早停车,细心观察,查明原因。待确认可以安全通过时再通过,切忌犹豫不定或在可疑地段停车。

(4)确认可以安全通过时,应一次性通过,万一在行进中突然遇到坍塌,应视情况后退或加速前进,不可停车。遇到塌方严重、短时无法排除时,应及时掉头迂回或找安全场地停车等待。

(5)遇到施工地段,要注意路面是否有爆破工程,听从安全人员的指挥。

1.2.2.5 通过气候多变的山路

(1)出车前和临近气候多变地区时,要注意当地气象预报,力求掌握该地区气候变化的一般规律,学会当地"识天"常识,作为行车必需的准备。

(2)行车途中,遇到恶劣天气时,应当首先做好人、车、货物的安全防护工作,然后再考虑行车方案。遇到暴风雪、暴雨、大雾时,应驶向附近有食宿的站点或就地停车等待,不可冒险行进。但遇暴雨时,车辆必须驶离山顶、山脚或泄洪地段及有山脊凸出的道路,以防雷电、飓风、山洪、塌方和滑坡。

(3)特别提醒:

①跟车不能过近。在山区公路行车时,跟车距离应大于一般公路。上坡时前后车之间距离不少于90m;下坡时车距应增大到120m。若前车为重车拖挂、半挂牵引车,则车距还应再适当加大,以防前车或本车突发故障,造成相撞事故。

②不能下坡空挡滑行。汽车下坡时应利用发动机牵阻制动和行车制动器联合制动,随时控制车速。

③不能强行超车。在山区道路上超车时,要选择宽阔的缓上坡路段,开启左转向灯,提前鸣喇叭,在确认前车让超后超越;严禁在禁止超车或不具备超车条件的路段超车。更不能强行超车。在雨天超车时要注意控制车速,防止前车飞溅雨水,遮挡视线,导致意外事故。

④车速不能太快。由于山区道路弯道多,如果车速过高,一旦碰上危险,不易控制车辆,容易发生事故。

⑤警惕车辆失控。注意连续长下坡弯道路段是事故多发路段,由于车辆自身惯性,如果不对速度加以控制,很容易出现超速行驶的状态。在前方有车辆的情况下,更应注意控制车速,与前车保持较大的安全距离。

山路跟车与超车

⑥气压制动的汽车,下山时要随时关注气压储备情况,因下山时制动较多,消耗气量较大,如气泵工作欠佳,往往会出现气压不足的现象。一旦发现,就要立即停车,等待储气筒气充足后继续行驶。

1.2.3 泥泞路驾驶

泥泞路面较软、变形较大,行驶阻力增大,同时转向盘难以掌握,控制行驶路线难度大。泥泞或松软路面附着力下降,车轮易发生滑转,制动效能降低,制动时制动力很容易超过附着力,车轮会被迅速"抱死"而使车辆发生侧滑。

1.2.3.1 行驶路线的选择

在泥泞道路上行驶应注意观察路面情况,尽量选择路面平整、路基坚实、泥浆较浅的路面行驶。如道路上有车辙,可循车辙行驶,因为车辙路面一般比较坚实,而且能一定程度限制车辆侧滑的摆动范围。遇有两边低、中间高的路面时,要骑在道路中间行驶,保持左右车轮高低一致。

1.2.3.2　转向盘的运用

转向盘的转动要匀顺和缓,尽量保持车辆直线行驶。需要转向时,转向盘的操作要均匀缓和,瞬时转动角度要小,以避免惯性离心力的作用。车辆要靠边时,应在路中减速或换入低挡,再逐渐缓慢向右转动转向盘驶向路边。转弯时必须提前减速,缓慢地操作转向盘,防止车辆发生侧滑。

1.2.3.3　制动踏板的运用

减速时应以发动机的牵阻作用为主,尽量避免使用行车制动器,更不可采取紧急制动。必须制动时,应采取间歇制动的方法,若发生制动引起整车滑移时,要迅速放松制动踏板,并握稳转向盘,以免发生事故。

1.2.3.4　起步

特殊天气起步

在泥泞、翻浆道路上起步时,应选择比一般道路起步高一级的挡位,如果一次起步不成,应稍向后倒车,然后再起步,同时还应轻踩加速踏板,放松离合器踏板要比一般道路起步时快,使汽车向前猛窜一下,但要掌握好尺度,不能前冲太猛,使用次数不宜过多,以免损坏传动零部件。

1.2.3.5　泥泞路驾驶

泥泞路驾驶和侧滑处置

通过泥泞、翻浆路段前,应尽早换入适当挡位,以保持足够动力顺利通过。在泥泞较浅的道路上,应选用低速挡平稳行驶;在泥泞较深、路途短而又无危险的地段,可用中速挡加速通过;在不宜冲过的地段,可用低速挡以保持足够的动力,一次通过,尽量避免中途变换挡位、制动、转向和停车。如中途必须换挡,换挡时机要比平路正常情况提前,动作要敏捷,联动要平稳。行驶中加速踏板的控制要平稳,使汽车减速行驶,以防车轮滑动快而产生侧滑。若产生侧滑、甩尾,此时应立即松开制动踏板,并将转向盘转向甩尾一侧,侧滑就会停止,然后再修正方向继续前行。

在泥泞路上坡时,切不可急加速爬坡,坡度大时也不能认为挡位越低车越有劲。恰恰相反,急加速会造成车轮速度太高而空转。这样不但爬不了坡,严重时还会造成车辆后滑失控的险情。此时应试试用2挡拖挡爬坡,从而增大车轮与路面间的摩擦系数。

1.2.3.6　泥泞翻浆路的防滑措施

通过泥泞翻浆路时,可采取以下的防滑措施。

(1)通过泥泞路段以前,除去车轮上的泥土,清除轮胎花纹中嵌入的石子和泥沙。

(2)泥泞浅而路基坚硬的道路,可铲除表面的浮泥。

(3)如果行驶中驱动轮被陷打滑,可在车轮下垫木板、干土、石块或杂草等。

(4)必要时可适当降低轮胎气压,加大轮胎着地面积,驶出泥泞路段后,及时充气。

(5)长期在泥泞区域行车时,应设法将轮胎更换成大花纹的防滑轮胎。

(6)在驱动轮上装上防滑链或缠上草绳。

(7)若泥泞路段不长而条件许可时,可在选定的行车路线上铺设碎石、沙子、禾草或木板等，构成防滑轨道。

1.2.4 通过桥梁

1.2.4.1 通过窄桥

通过桥梁

行车中看到窄桥标志时，说明前方桥面变窄且宽度不超过6m，应提前观察是否有对向来车，桥上是否还有其他非机动车、行人、作业区标志等（有时桥面施工时，会限制单向通行），要减速慢行，谨慎驾驶。遇对向来车时，离桥远的一方主动让行；遇对向来车已在桥面行驶时，未上桥的一方要注意选择安全地点靠右侧让行。

1.2.4.2 通过跨线桥

行车中，经过一般公路跨线桥时，要注意观察桥上车辆的通行情况，提前观察标志标线，按照标志标线指引的车道和限定速度行驶。上桥后，尽量靠右侧行驶，不得在桥上超车或超速行驶。

1.2.4.3 通过公路大桥

汽车在通过跨江、湖、海或跨河公路大桥时，可能会遇到横风，要控制好行驶方向，遵守限速规定，以防横风造成车辆行驶方向偏离。冬季雨雪后在桥上行驶时，要注意桥面结冰或残留的积雪，低速通过，以防车辆发生侧滑失控等危险情况。

1.2.5 雨天驾驶

涉水驾驶

雨天影响安全行车的主要因素是视线受阻和路面湿滑。雨滴会使前风窗玻璃和后视镜变得模糊，前车溅起的水等使后车驾驶员视线受到严重影响，潮湿的路面不但反光，还容易使车辆打滑，因此，雨天一定要合理控制车速。同时，雨水会引起路面变化，久雨天气，要注意路基是否疏松及是否出现坍塌，选择安全路面行驶。山区傍山路段还要注意，因下雨导致的山体滑坡。

1.2.5.1 正确使用刮水器

在下雨之前，驾驶员应检查刮水器能否正常工作及刮水器是否有效，如发现有问题，要及时维修，没有维修好不能上路行驶。雨天行驶，应根据雨量的大小合理选用刮水器的挡位，确保视线清晰。当大雨、暴雨天气，靠刮水器难以改善视线时，要选择安全地点停车，开启示廓灯和危险报警闪光灯，待雨小或雨停后再继续行驶。

1.2.5.2 合理控制车速

雨天行驶，路面滑湿，车轮的附着力随车速的增加急剧变小，车辆很容易发生侧滑，当车辆高速行驶时也易发生“水滑”现象，因此，一定要合理控制车速。当车辆发生侧滑或水滑时，切记不要急转转向盘或紧急制动，应松抬加速踏板，充分利用发动机牵阻作用减速。需注意的是，刚开始下雨时，路面最容易打滑。

1.2.5.3　保持安全距离

雨中避让行人和非机动车

雨天行驶,一定要选择安全车速,同时要与其他车辆、行人等保持足够的纵向、横向安全距离。遇行人和骑车人时,要提前减速、鸣喇叭,确认安全后,与其保持一定的安全距离低速通过,不得抢行或从其身边急加速绕过。要密切注意行人和骑车人动态,预防车辆临近时,其突然转向或滑倒,同时避免积水溅到行人身上。

1.2.6　雪天行驶

雪天驾驶,积雪路面行驶阻力增大,路面被积雪覆盖,驾驶员很难辨别方向。雪融化后会结成薄冰,路面非常滑,因此雪天及冰雪路行车,一定要加大安全距离,低速行驶。

1.2.6.1　选择行驶路线

在有积雪的道路上行车,为预防积雪反射引起眩目,驾驶员可以佩戴墨镜。当路面被积雪覆盖或道路轮廓难以辨别时,可根据路边树木、电线杆等参照物判断行驶路线,控制车辆低速行驶。在有车辙的路段要循车辙低速行驶。在弯路、坡道及河谷等危险地段行驶,更要注意选择好行驶路线,路况可疑要立即停车察看,确认安全后再继续行驶。在冰雪道路行车,要避免紧急制动和急转转向盘。

1.2.6.2　减速行驶

在冰雪道路上行车,有条件的要安装防滑链或使用雪地胎,挂低速挡缓慢行驶,避免紧急制动和急转转向盘,以防车辆侧滑驶出路面。当车辆发生侧滑时,应立即缓慢、适当地向后轮侧滑的一侧转动转向盘,可连续数次回转转向盘,以便调正车身。雪天跟车行驶要与前车保持较大的纵向安全距离,处理紧急情况不能使用紧急制动和急转转向盘的方法躲避,应充分利用发动机牵制作用或间隙制动辅以驻车制动的方法减速或停车。遇前车正在爬坡时,不得紧随或超越前车爬坡,要等前车通过坡顶后再上坡,避免前车突然停车或后溜造成事故。

1.2.7　雾(霾)天行驶

雾(霾)天能见度低,驾驶员的视线模糊、视距变短、视野变窄;浓雾天时方向难辨,行进中很难看清前方障碍(如慢行车、行人、故障车、凹坑等),容易发生交通事故。

1.2.7.1　正确使用灯光和喇叭

雾天行车,应开启雾灯、示廓灯,及时让其他车辆驾驶员发现自己;在雾较大时,可开启近光灯照明,以便看清前方路况,同时开启危险报警闪光灯,不能使用远光灯。当风窗玻璃上凝有小水珠时,可使用刮水器清除,内侧的小水珠可用风窗玻璃除雾功能清除或在安全地点停车后用干毛巾擦干。雾天停车时,一定要开启危险报警闪光灯。雾天在道路上行车,可多使用喇叭引起对向车辆注意,听到对向车辆鸣喇叭时,要鸣喇叭回应。

汽车远光灯的灯光是照向前上方的，射出的光线被雾气反射后，会在车前形成白茫茫一片，这不但不能起到照明作用，还会严重阻挡驾驶员视线、视野，当后面车辆使用远光灯时会严重地影响前车驾驶员观察后方情况。因此，雾天行车，不能使用远光灯。

1.2.7.2 减速并增大安全距离

雾天驾驶，要将车速控制在能及时停车的范围内，行驶过程中要时刻注意提早松抬加速踏板，利用发动机牵阻作用先降速，要保持足够的横、纵向安全间距，谨慎缓慢行驶。如果发现前车紧急制动时，可以连续几次轻踩制动踏板，达到控制车速的目的，并可以有效地提醒后车注意。

雾天行车时，还应该注意以下险情，提前预防：

(1)雾天行车很容易将前面停驶车辆的后位灯误认为是行驶车辆的后位灯，进而引起追尾，因此，一定要密切注意前车动态，严格控制车速，加大行车安全距离。

(2)会车时，要选择宽阔路段低速交会，保持足够的横向间距。同时要关闭雾灯，适当鸣喇叭，对向来车车速较快时，要主动减速让行或靠边停车。

(3)前车靠右行驶时，不可盲目超越，要防止前车可能在避让对面来车。

1.2.8 大风天驾驶

1.2.8.1 稳住行车方向

大风天气，因风速和风向不断地发生变化，行驶中，驾驶员常常会有转向盘突然“被夺”的感觉，此时一定要双手握稳转向盘。当突遇狂风袭来，感觉车辆产生横向偏移时，应降低车速，微微转动转向盘调正车头，不可采取急转转向盘的方式恢复行驶方向。

1.2.8.2 注意观察远方

大风可能会吹起沙尘，影响驾驶员视线，同时，强风可能携带沙石、断裂的树枝、倾覆的广告牌等砸坏风窗玻璃或车辆，对驾乘人员人身安全造成威胁，因此，驾驶员一定要注意观察远方情况。

大风来临时伴随的飞沙走石会严重影响驾驶员的视线，此时应适当降低车速，以保障为躲避风沙而奔跑的行人的安全。如顺风行驶，车借风势，跑起来比平时更加轻松，所以制动距离也会因此延长。因此，要注意拉大与前车的距离，提前判断，给处理情况留出余量。

1.2.9 高速公路驾驶

1.2.9.1 驶入高速公路

1)驶入高速公路的步骤

从一般道路驶入高速公路，必须按照以下原则安全行驶。

(1)匝道行驶。

驶入收费口

首先应根据指路标志，确定目的地的行驶方向，路标会提示驾驶员要去的地方,是进入左侧匝道,还是进入右侧匝道,一旦驶错方向无法掉头,只能在下一个出口驶离高速公路。《中华人民共和国道路交通安全法实施条例》明确规定,严禁在匝道上超车、停车、掉头、倒车,以免酿成交通事故。

(2)加速车道行驶。

要充分利用加速车道尽量提高并接近主干道上行进车辆的车速,以防后续车与本车发生追尾碰撞。驶入加速车道后,开启左转向灯,沿加速车道加速行驶,尽快将车速加速到60km/h以上。如果跟随前车行驶,还要注意观察前车的行驶速度和加速情况,并与其保持能够在加速车道上充分加速的安全距离,在充分利用加速车道约二分之一以上路程,注意并观察前后车辆情况,选择驶入行车道的时机。

(3)驶入行车道。

从加速车道驶入高速公路行车道时应集中精力,观察左侧行车道上行驶车辆的车速和车流情况,在不妨碍行车道车辆正常行驶的情况下,安全平顺地汇入车流。

2)驶入高速公路的注意事项

(1)在合流三角地带之前开启左转向灯,汇入行车道时,转向盘的操作不要过急、过猛。

(2)密切注视高速公路行车道的行车情况,并通过后视镜观察行车道后面驶来的车辆动态。

(3)应正确估计行车道上的车流速度,以调整和控制好行驶速度。

(4)主车道车辆稀少时,也应尽量避免抢在正常行驶车辆前驶入主车道。

(5)如果主车道上的车辆相距较近或以车队状态行驶时,欲驶入行车道的驾驶员应考虑本车的加速性能和首车的速度。首车速度较低,本车加速性良好,在不影响首车的正常行驶条件下,应从容加速从首车前方驶入;首车开得较快,其他尾随车辆与其有近有远时,可选择一个有利时机插入车队,但一定不能影响其他车辆正常行驶。如果首车开得较快,尾随车辆一辆跟一辆相距很近时,本车应控制好车速,在所有车辆通过后再驶入。

1.2.9.2　驶离高速公路

驶离高速公路也是分三步进行,即驶离行车道、在减速车道上减速行驶和匝道行驶。

1)驶离高速公路行车道

在驶离高速公路时,当看到最初的出口标志后,应迅速做好驶离前的准备。

驶离高速公路时的注意事项

(1)高速公路每一出口前,2km、1km、500m及出口处都设有预告下一出口的标志,应尽早变更到最右侧行车道。见到1km预告标志牌后,严禁超车。

(2)驶离高速公路主车道的最佳时机是行至离出口500m处,开启右转向灯,适当调整车速,逐渐平顺地从减速车道始端驶入减速车道。

(3)如果因疏忽已驶过出口,只能继续向前,行驶至立交桥掉头,或行驶至下一出口驶离,千万不能在高速公路上紧急制动、停车、倒车、掉头、逆行、穿越供紧急使用的中心隔离带缺口,以免发生危险。

2)减速车道行驶

驶入减速车道后,注意观察车速里程表显示的速度,进入匝道之前,车速应降到约40km/h。

3)匝道行驶

(1)驶入匝道后,根据匝道的弯度掌握好转向盘,并将车速控制在限定时速以下。

(2)驶离匝道与驶入匝道一样,不可以在匝道上超车、停车、掉头、倒车等。

(3)注意从其他车道合流的车辆。

(4)不得未经减速车道减速,直接进入匝道。

1.2.9.3 高速公路路段驾驶安全注意事项

汽车驶入高速路段后,具备了可以充分发挥其性能的条件。但是,如果驾驶员不懂或不严格遵守高速公路的行驶法规,盲目追求高速行车,势必会扰乱高速公路正常的行驶秩序,埋下严重的事故隐患,使危险时刻威胁着自己和他人。

1)对车辆行驶速度的控制

(1)确认车速。

在宽阔固定参照物少和高速车流的高速路段上行驶,一定要通过车速里程表确认车速,不要盲目地加速,严格按照高速公路的行驶速度要求驾驶。

(2)最高时速和最低时速。

最低车速为60km/h,最高车速为120km/h。遇恶劣气候条件下行车时,必须减速或按高速公路指示牌要求的速度行驶。

(3)速度的选择。

①严格遵守最高和最低时速的规定。

②根据道路交通情况和需要确定车速,超车时不要超过最高时速,让超车时不能低于最低时速。

③注意高速公路上的限速标志。

2)严格遵守分道行驶的原则

高速公路行车道分为双向四车道、六车道、八车道。机动车在高速公路上行驶时,必须严格遵守分道行驶、各行其道的原则,不得穿行越线、变更车道,不准骑轧行车道分界线。城市公交车应在最右侧车道行驶,车速为白天不得超过80km/h,夜间不得超过70km/h。

(1)同方向有两条车道的行驶。

所有机动车在行车道上行驶,左侧车道的最低车速为100km/h。

(2)同方向有三条车道的行驶。

①车速高于110km/h的汽车在最左侧车道上行驶。

②车速高于90km/h的汽车在中间车道行驶。

③右侧车道车速不得低于60km/h。

(3)特别说明。

①除因停车驶入或驶出紧急停车带或路肩外,不准在紧急停车带和路肩上行车。

②道路限速标志标明的车速与上述车道规定不一致的,按照道路限速标志标明的车速行驶。

3)必须保持足够的安全距离

(1)同车道两车间的前后安全行驶距离。

汽车在高速公路上正常行驶时,同车道的前后车辆必须根据行驶速度、天气和路况保持足够的安全距离。

按路况调整车速

①正常情况下,当车速为80km/h时,安全距离为80m以上;车速在80km/h以下时,安全距离可适当缩小,但最小距离不得少于50m。

②如遇大风、雨、雪、雾天或路面结冰时,应当减速。在非正常情况下,前面讲到的安全距离,不足以确保行车安全,所以应在规定安全距离的基础上留出避开危险的余量。

高速公路安全停车

A.能见度小于200m时,开启雾灯、近光灯、示廓灯和前后位灯,车速不超过60km/h,与同车道前车保持100m以上的距离。

B.能见度小于100m时,开启雾灯、近光灯、示廓灯、后位灯和危险报警闪光灯,车速不得超过40km/h,与同车道前车保持50m以上的距离。

(2)瞬时两车横向间的左右距离。

①正常超车,车速在80km/h时,横向车间距应为1.5m以上;70km/h时,应为1.2m以上。

②如遇大风、雨、雪、雾天或路面结冰,在减速行驶的同时,应适当加大横向车间距。

4)正确变更车道

变更车道时,要注意观察道路上设置的标志或警示牌,按照标志或警示牌上的要求行驶,提前减速并开启转向灯,确认安全后,再驶入要变更的车道。在高速公路上变更车道,不外乎是需要超车、前方行车道发生交通事故、前方修路或施工三类情况。变更车道时,尽可能采用大的曲线半径,具体方法如下:

(1)通过后视镜观察后方车辆动态,距前车80m以上开启转向灯。

(2)再次观察前后车辆动态。

(3)开启左转向灯3s确认安全后,平稳转动转向盘,驶入左侧行车道行驶,注意不要猛转转向盘。

(4)超车时不要把车速加速到不必要的速度。

(5)超车后继续行驶,直到超过被超车辆80m以上的距离。

(6)在保证被超车辆安全的情况下,打开右转向灯,平稳转动转向盘,返回原行车道。

1.2.10 道路安全驾驶影响因素

1.2.10.1 道路安全水平与人的行为因素

道路交通安全是世界各国普遍关注的社会问题和科研热点,也是我国机动化和城市化进程中面临的主要挑战之一。根据世界卫生组织的调查报告,全球每年约有135万人因道路交通事故死亡,也就是说,平均每24s就有一人在道路上失去生命。道路交通事故是国际排名第八位的死亡原因。道路安全水平在不同国家、地区间存在极不平衡的情况,相比机动车保有量占世界40%的高收入国家,低收入国家机动车保有量仅占全世界的1%,但交通事故死亡人数却占总数的13%，而对于高收入国家，该数据为7%。此外，弱势道路使用者的安全形势依然十分严峻，事故伤亡统计信息表明，行人、非机动车骑车人、摩托车驾驶员占交通事故伤亡人数的54%。

道路交通系统是由人、车、路（环境）构成的复杂耦合系统，每一起事故均不同程度地涉及人、车、道路、环境要素，驾驶员作为道路安全的主要维护者和实施者，其行为决定了相当一部分系统性能。据统计，在事故致因中，90%以上与驾驶员的因素有关。在各种道路环境中，驾驶员以不同的个人特征和驾驶技能来控制车辆经过交通态势多变的路段，往往导致驾驶行为和人车路系统状况更加复杂。从10万车公里死亡率的降低趋势在近年来逐渐减缓的情况来看，发展被动安全技术进而提高人车路系统安全水平的效果有限，只有不断发展智能化的主动安全，在交通事故的初始就采取措施，才能达到减少事故的目的。然而，主动安全策略总是与驾驶员的活动密切相关，两者有机结合，相互作用影响。

确定了驾驶员因素在人-车-路系统中的要素地位，接着就需要对其驾驶任务、场景等进行定义，有针对性地开展事故率较高的危险场景及其驾驶任务的分析。有研究表明（图1-19），最频繁的碰撞发生在纵向交通中，例如快速接近同一车道内的前车，由于安全距离过低导致碰撞，此类事故占总事故数的29.5%。驾驶员单独行驶时发生的事故占21.8%，如由于行车方向控制不当而发生偏离路面的事故等。驾驶员左转时与对向或侧向来车发生碰撞的事故数占14.9%。除左转事故外平面交叉口内发生的其他冲突事故约占比24.6%。与静止物体以及行人发生碰撞的事故比例较低，分别为1.6%和1.3%，但该类情况下事故后果都相对比较严重。试想，如能通过智能化的支持手段降低驾驶员纵横向控制行为的风险，改善险态场景的不当驾驶行为，拓展驾驶员的能力边界或弥补人为因素的缺陷，将能够对除其他以外的六类事故风险进行有效控制。

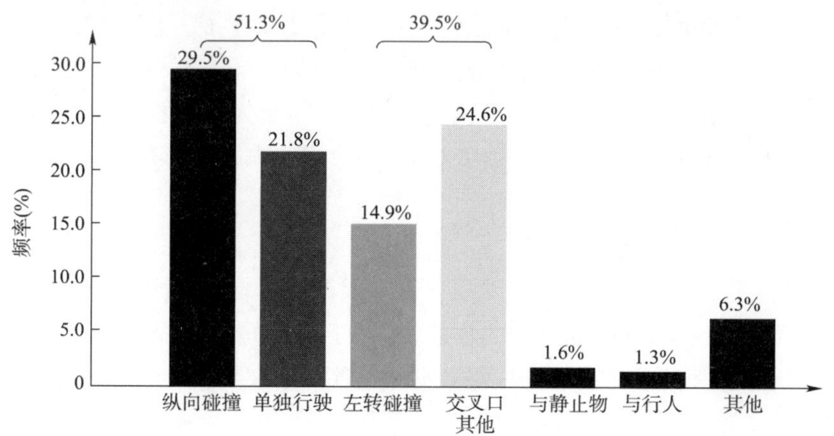

图1-19 各类事故分布情况

考虑到驾驶这一行为本身是人车路系统事变乃至事故的最根本诱因，复杂环境下高度容错的驾驶行为才是人车路系统安全水平和可持续运行的根本保障，因此，人-车-路系统驾驶行为分析与安全研究的关键在于：对驾驶任务、驾驶行为生成演化机理以及失误进行定义；通过数学物理模型实现人车单元纵横向安全行为的量化表征，进而规范在诸如跟驰、换道等特定驾驶任务中的时序化操作;同时,结合事故频率高、风险大的驾驶场景以及由于智能网联化发展带来的新的交互形态,从“以人为中心”的角度对驾驶行为特性、认知规律、不良状态进行辨识,为智能汽车安全策略的应用提供理论支持。本书的后续章节也是按此思路展开。

1.2.10.2　驾驶员基本特性

人-车-路系统中的人即道路使用者,包括驾驶员、乘车人、摩托车驾驶员、非机动车驾驶员和行人,而驾驶员又是其中最为关键的要素。充分认识和掌握驾驶员的基本特性对于确保人-车-路系统的安全有效运行十分重要。

1)视觉特性

视觉器官是人体最重要的感觉器官,人类从外界环境获得的信息75%来自视觉系统,对于驾驶活动而言,该比例能达到80%甚至更高,如驾驶员观察车内仪表,跟踪与之进行交互的其他道路使用者的运动、查看路侧交通控制信息等。驾驶员的视觉特性包括视力、视野、周围视觉、立体视觉、色觉等。

(1)视力。

人眼辨别物体细节的能力,通常是指视网膜中央四处注视点的视力,采用标准对数视力表(E字视标)对视力进行测定。在视网膜中央四处以外的各点视力称为周边视力。《机动车驾驶证申领和使用规定》第十四条规定,申请大型客车、牵引车、城市公交车、中型客车、大型货车、无轨电车或者有轨电车准驾车型的,两眼裸视力或者矫正视力达到对数视力表5.0以上;申请其他准驾车型的,两眼裸视力或者矫正视力达到对数视力表4.9以上。视力受到物体的对比度和亮度、照明水平以及观察者与物体之间的相对运动等因素的影响。另外,视力会随着视角的增加而降低。

(2)视野。

视野是注视点两侧可以看到的范围,又分为静视野和动视野。正常人双眼的视野在水平方向上约为180°、垂直方向约为130°、中心视线上方60°、下方视线70°、标准视线约10°的范围内物体此像落在视网腹黄斑上,能够看清物体,该区城为最优视野,最清晰的视觉则集中在人眼3°附近的视锥内。视野受到视力、速度、颜色等影响,随着车速的增加,驾驶员视野变窄,注视点远离,两侧场景越模糊。

(3)周围视觉。

中央视觉用来观察物体的细节,而周围视觉则展现视野中的其他区域,即人眼能看到的周边区域,能用于观察空间范围或运动的物体,人对于场景的认知很大一部分来自此周围视觉。一般情况下通过周围视觉较难观察静止物体,但出现在周围视觉的运动物体会吸引视觉注意,如驾驶员在交叉路口通行时察觉到侧向来车、出现在后视镜的接近车辆,或发现有儿童突然跑进街道等。一旦驾驶员注意到此类事件,将会通过头部或眼部转动进一步观察细节以判断是否对安全行车造成威胁。

(4)立体视觉。

驾驶员需要具有对物体纵深的感知能力,即形成立体视觉,才能判断距离和速度。用于深度感知的主要机制是通过双目视觉,通过单眼视差和其他提示也可以辅助这一过程。

(5)色觉。

不同颜色的刺激能够产生不同的视认效果,从而提高视认能力。颜色的组合配置、颜色的情感反应和心理影响对于交通标志标线、信号等设计具有重要作用。

2)听觉

听觉也是驾驶员从外界获取信息的重要途径,驾驶员通过对发动机、车轮、警报系统提示音、鸣喇叭声、广播等声音信号的辨识,与视觉通道一起,为驾驶员提供安全行车的保障。研究发现,听觉有损的驾驶员发生交通事故的比例是听觉正常驾驶员的1.8倍。由于听觉信息传递具有方向任意、不受光环境影响、反应快、易于交流等特点,在车辆智能预警系统设计中具有重要作用。

3)感知-反应特性

反应是由外界刺激引发的行为过程。人体首先感受到场景刺激,然后推断出适当的行动方案,最后执行该方案,这个过程即感知-反应过程。处理该过程所需的时间就是感知-反应时间,由对刺激的察觉、检测、识别并作出决策的感知时间和引发动作反应的反应时间构成。驾驶员的感知-反应时间受多种因素影响,如驾驶员的年龄、驾驶经验、酒精、场景复杂性等,对于不同的情况,反应时间长短不同。对于高速公路上的制动反应,测得90分位数的感知-反应时间值约为2.5s,对于交通信号的反应时间,建议为1.0s(85分位数)。

心理特性与个性化特征心理状态稳定、理性谨慎的性格是安全驾驶的最佳特征。影响行车稳定性和安全性的驾驶员心理与个性化要素主要有以下几类。

(1)动机。

对安全驾驶的重视将促使驾驶员高质量地完成驾驶任务,动机与驾驶员的不同意识、感受等有关,如对伤亡事故及财产损失的恐慌、追求完成驾驶任务的完美表现、社会责任感、逃避惩罚等。

(2)知识或信息。

通过学习、培训、观察等各种途径获得人-车-路综合系统多方面的信息,例如道路路面、线形、标志标线信息,车辆维修、性能方面的信息,以及交通规则、控制设施、其他道路使用者通行行为等信息。

(3)技能与习惯。

通过实践获得,但习惯较难改变,亦可通过一定的培训进行改善,例如驾车的基本操纵规律、识别道路条件、遭遇不良驾驶时的处理方式、保持注意力和避免分心等。

其他影响驾驶行为的因素还包括性别、年龄、车辆性能、光照、疲劳、酒精、药品、警察执法等。

1.2.11 驾驶员安全行车适应性要求

1.2.11.1 安全行车

驾驶员要随车携带有效驾驶证、上岗证以及随车工具、有效票据等,保持情绪平稳。驾驶员有以下情形时,应及时上报车队,调整发车任务。

(1)身体感觉不适或酒精检测异常。

(2)因病服用药物后,产生困倦、嗜睡、视力模糊等症状。

(3)因家庭矛盾等产生明显暴躁、抑郁、焦虑等不稳定情绪或心理健康问题。

(4)每天出站前,驾驶员都要认真检查车辆及车上的设施设备技术状况,发现异常情况应及时排除或报修,保持车辆与设施设备技术状况良好、车容整洁。

①起动车辆前,主要检查项目及要求:

A. 散热器、冷却液、玻璃水、驱动桥壳无渗漏。

B. 车内外后视镜、广角镜和补盲镜完好、镜面洁净,并分别调整合适位置。

C. 轮胎气压正常、轮胎花纹深度不低于深度标记,胎冠无严重磨损,胎侧无割裂伤,轮胎间无异物;车轮螺栓、螺母齐全完好、无松动。

D. 冷却液、制动液、风窗玻璃洗涤液的液面高度在储液罐 Max、Min 刻度线之间;机油的油面高度在机油尺的 Max、Min 刻度线之间,油质无乳化等异常现象。

E. 发动机传动带松紧度适当,无起皮、无开裂、无脱线、无破损、无老化现象;蓄电池无漏液,极桩电缆连接牢靠,无腐蚀。

F. 转向盘无松旷、窜动,最大自由转动量正常(左右不超过 15°);制动踏板、离合器踏板下无异物,自由行程正常;变速器操纵杆无松旷,各挡操作有效;驻车制动手柄(驻车制动器操纵杆)拉紧、放松有效;缓速器操纵装置有效。

G. 刮水器完好,洗涤液能正常喷出,刮水器刮片能回到起始位置。

H. 前照灯、制动灯、转向灯、倒车灯、危险报警闪光灯等完好,工作正常。

I. 各安全门正常。车窗以及发动机舱盖能正常开启和关闭;车厢内安全锤齐全,乘客座椅完好,无松动,栏杆、扶手完好、牢固;设有轮椅区的公交车,轮椅区的扶手和安全带等安全装置齐全、有放。

J. 铰接式公交车,刚性段地板与转动部位地板之间的缝隙宽度、水平高度差正常。

K. 灭火器在有效期内,压力指针处于绿色区域,铅封完好,喷管无老化,放置在指定位置,车辆随车工具、危险警告标志和三角垫木等齐全。

L. 车门踏板、乘客区、铰接车的铰接段等区域的车内照明设备完好,工作正常。

M. 监控摄像头、语音报站器、刷卡机、电子显示屏等电器设备完好,工作正常。

N. 驾驶室内安全带齐全有效。

②起动发动机后,主要检查项目及要求:

A. 察听发动机怠速运转平稳、无异响;观察仪表指示灯、报警灯正常,无报警信号。

B. 散热器、驱动桥壳、油底壳等无渗漏。

C. 尾气排气颜色正常。

D. 起动发动机一段时间后,冷却液温度逐渐上升,制动气压表在规定时间内达到正常范围。

车辆检查项目

制动冷却洗涤液　机油燃油燃气管
灯光信号后视镜　轮胎气压车外观
仪表踏板安全带　转向变速刮水器
车门车窗安全锤　栏杆扶手乘客椅
照明监控显示屏　语音报站刷卡机
备胎工具灭火器　警告标志三角垫

③纯电动公交车除了进行上述常规车辆日常检查，还需进行以下电动系统专用装置日常检查：

A. 仪表、信号指示装置功能正常，无异常报警。

B. 驱动电机清洁，润滑油无渗漏，运行平稳，无异响。

C. 冷却系统无异响、无渗漏，风冷过滤网洁净无破损，冷却液液面高度在 Min、Max 刻度线之间。

D. 充电插孔清洁、干燥、无异物，防护盖锁闭完好。

E. 动力蓄电池舱、电器舱无异味，锁闭完好。

F. 蓄电池剩余电量高于规定值。液化石油气（Liquefied Petroleum Gas，LPG）、压缩天然气（Compressed Natural Gas，CNG）、液化天然气（Liquefied Natural Gas，LNG）等燃料公交车除了进行上述常规车辆日常检查，还需进行以下日常检查：

储气瓶与支架、供气管路与支架固定牢固；各阀门清洁、牢固、无泄漏；各管路和接头无泄漏，管路无弯折且与车辆其他部分无碰触；燃气压力表等仪表指示正常；储气瓶燃料剩余量高于规定值；燃气汽车专用标志完好。

1.2.11.2　规范进出站，有序上下车

1）车辆进站

（1）在没有设置公交专用车道的站点停靠，要提前变更至最右侧车道行驶。在设有公交专用车道的站点停靠，公交车要在专用车道内行驶。

（2）驶入站台前，驾驶员要提前减速，开启右转向灯，注意观察站台内候车乘客的动态，预防站台内候车乘客因急于上车而出现推搡、摔倒等突发情况，并通过后视镜观察右侧及后侧的交通情况，确认安全后，平稳地靠右行驶缓缓进站。

（3）公交车进站时，乘务员要提醒乘客抓稳扶好，不要走动，车停稳后再有序下车。下车需要刷卡（码）的，要告知乘客提前准备好票证，在下车时刷卡（码）或向乘务员出示。同时注意观察进站时是否对其他车辆和行人构成危险，应重点观察候车人的情况，随时提醒驾驶员注意各类危险情况；可借助手势或指挥旗提醒其他车辆和行人公交车即将进站；告知站内乘客依次排队等待，不要着急和拥挤。

（4）遇多辆公交车同时进站或站内已经有车辆停靠时，要依次排队进站，并与前车保持

足够的安全距离。

(5)铰接式公交车要尽量提前向右侧变更车道,避免妨碍其他车辆正常行驶;双层公交车进站时,要注意路侧树木、电线等低空障碍物,避免发生剐蹭。

(6)站台内有引导员指挥时,要按引导员的手势或指挥旗低速驶入和停靠。

(7)尽可能对准路侧设置的停车标识停车或使乘客门对准上下车位置,车身尽量与站台边缘平行,与路缘石距离不超过30~50cm。车辆停稳后,驾驶员要拉紧驻车制动手柄(将驻车制动器操纵杆置于空挡位置),防止车辆发生溜滑。

(8)要在规定站点停靠,不得在站点外的路段甚至道路中间停车上下乘客,不强行进站或“截头”停车。

(9)常见进站驾驶陋习。

A. 野蛮驾驶,强行进站,截头斜插。

B. 与其他正常进站的公交车抢占站位。

C. 进站不开启转向灯。

D. 停车不平稳、制动过急。

E. 不在站内指定地点停车,无故甩站或在道路中间停车上下客。

F. 停车位置与前车距离过近或与站台距离过远。

2)上下乘客

(1)公交车停稳后,驾驶员方可开启车门,驾驶员或乘务员提醒乘客“先下后上”,按顺序上下车,并提醒下车乘客注意观察车下的交通情况。

(2)驾驶员或乘务员要提醒乘客严禁携带易燃易爆危险品和违禁品上车,要注意观察上车乘客随身携带的行李,对可疑行李要及时进行询问和检查,对拒不接受检查的乘客可拒绝其乘车。对拒不配合的乘客及时拨打110报警。

易燃挥发物监测报警装置可以自动识别附近的汽油、松节油、酒精、环乙烷、石油醚、乙酸乙酯等易燃挥发物。该装置一般装在车门附近,当乘客上车时可以实现自动检测,当监测到车厢内出现易燃挥发气体超过报警阈值时,会在几秒内发出声光报警,提醒驾驶员、乘客注意。

(3)乘客上车时,驾驶员或乘务员要引导乘客尽量向车厢内移动,缓解车内通道、车门附近拥挤状况;双层公交车,还要提醒乘客上下楼梯时注意安全。

(4)乘客上车后,驾驶员或乘务员要提醒有座位的乘客坐好、握稳扶手,站立的乘客站稳扶好;提醒其他乘客给“老、弱、病、残、孕”乘客让座,不得拒绝享受免费乘车待遇或者持优待票乘车的乘客上车。

(5)驾驶员或乘务员要提醒乘客妥善放置随身携带的行李,禁止在车门、车窗、通道等位置堆放行李,保持车内通道畅通。

(6)驾驶员或乘务员要提醒在前侧车门附近站立的乘客,不要挡住驾驶员观察右后视镜的视线。

(7)若车辆刚起步,遇有奔跑赶车的乘客时,在不影响其他车辆安全运行的情况下,可停车耐心等待乘客上车。

3）车辆出站

(1)有乘务员的公交车,乘务员负责观察乘客上下车情况,确认无乘客上下车后,提示驾驶员关闭车门。无乘务员的公交车,驾驶员通过监视系统或后视镜观察右侧车门乘客上下车情况。驾驶员应注意乘务员的关门提示,同时确认无乘客继续上下车后,再关闭车门,然后起步。

(2)驾驶员开启左转向灯,通过补盲镜、后视镜并向左前方侧头观察车前下侧盲区、左右两侧的交通情况,注意准备进站的车辆和行人,确认安全后,平稳起步,驶离站台。

(3)前方如有车辆未出站,要注意观察前车的转向灯和制动灯,当前车开启左转向灯且制动灯熄灭时,开启左转向灯,确认安全后,尾随前车缓慢起步离站,不得强行超车出站。

(4)公交车离站向左变更车道时,转向角度不要过大或者车身侵占两条以上车道,禁止连续变更多条车道。

(5)常见出站驾驶陋习。

A.起步时,不开启左转向灯。

B.操作配合不当,起步不平稳。

C.起步后,迅速向左大角度驶出,甚至侵占两条以上行车道。

D.出站时,连续变更多条车道,或者强行向左侧贴靠,影响其他车辆正常行驶。

E.在站内随意倒车。

F.不依次出站、强行出站。

1.2.11.3 驾驶需谨慎,行车多礼让

1）驾驶

(1)行车途中,驾驶员要严格遵守道路交通安全法律法规和交通信号,按照规定的线路、站点、时间运营,禁止甩客、敲诈乘客或站点外上下客。

(2)驾驶车辆时,驾驶员要集中精力,行车中不闲谈、不使用手机、不吃东西、不吸烟、双手不同时离开转向盘、不做与驾驶无关的动作、不开斗气车,及时化解乘客的不良情绪。

遇乘客抱怨、生气、无理取闹,甚至无端指责时,驾驶员要从保护自身和乘客人身安全的角度出发,保持心态平和,不与乘客发生冲突。必要时安全停车,耐心解释,化解乘客的不良情绪。

(3)选择右侧车道或公交专用车道行驶,保持安全行车速度(城市道路一般要按规定速度行驶)和安全行车距离,注意“鬼探头”等危险情况,尽量避免急转转向盘或紧急制动。无轨电车通过分线器、并线器、交叉器时,应减速行驶。

(4)遇前方车辆行驶缓慢时,及时平稳减速或安全超越,不要鸣喇叭催促。

(5)通过学校、交叉路口、人行横道等路段时,要注意安全,文明礼让行驶。

遇非机动车的礼让

对行为异常行人的礼让

遇道路、路口拥堵时的礼让

(6)在车辆转弯、遇交通拥堵或路况较差时,要提醒乘客扶稳、坐(站)好,不要在车内随意走动。双层公交车还应提醒乘客不要随意上下楼梯。

(7)公交车(尤其是铰接式公交车、双层公交车)转弯时,要注意前后内侧车轮轨迹差及重心过高的影响,提前降低车速,缓慢转动转向盘,采取转大弯的方法通过,避免后侧车厢发生侧滑或车辆侧翻。

遇特种车辆的礼让

遇牲畜的礼让

注意:

什么是内轮差?

机动车在转弯时,转弯一侧的前后轮不在一条轨迹上。前内轮转弯半径与后内轮转弯半径之差就是机动车的内轮差。车身越长,内轮差就越大。公交车转弯时,如果只注意前轮通过,而忽视给后轮留有足够的空间,后内轮就可能驶出路面或剐蹭行人和车辆。

内轮差

后视镜盲区

(8)在黄昏时段行驶或者在雾、雨、雪、沙尘、冰雹等低能见度气象条件下行驶时,要开启近光灯、示廓灯、后位灯,适当降低车速。

(9)行车过程中,要合理使用公交车辆安全辅助设施设备。正确对待公交车辆安全辅助设施设备的提醒,更不能随意关闭安全辅助设施设备。

2)预防措施

(1)严格遵守安全驾驶操作规程。

常见的安全驾驶操作规程包括:

①进出车站“七必须七不准”。

A. 车辆进站,必须注意避让非机动车,不准强行截头进站;

B. 进站前,必须提前减速,车速不准超过15km/h;

C. 串车进站时,必须依照先后顺序靠边停车,不准横向挤占道路;

D. 遇有乘客拥、扒、拦车时,必须立即停车,不准驾车冲、挤乘客进站或强行通过;

E. 必须严格执行“停稳开车门、看好关车门、关好车门后再起动车辆”的制度,不准在车辆未停稳或起动后开启车门总开关和分开关;

F. 出站前,必须看好三面反光镜,不准盲目行驶;

G. 出站时,必须注意左侧机动车和非机动车,不准强行挤进机动车道。

②进出车站“523”操作法。

“车辆进站提前50m减速,停稳2s开门,关好门3s走车。”

③礼让斑马线“321”操作法。

“车辆行驶至斑马线前30m时，抬起加速踏板预备制动，20m时车速减到15km/h，10m时制动停车礼让。”

保护乘车人

(2)努力提升应急处置水平。

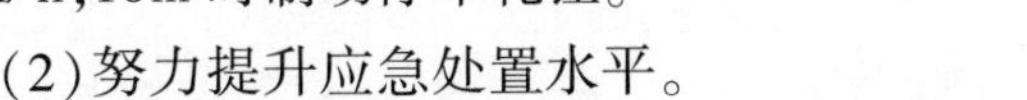

1.3 绿色驾驶

本节介绍了低碳出行的意义与途径、节能驾驶的影响因素以及操作方法等内容，让驾驶员了解绿色驾驶的重要意义。

1.3.1 低碳出行

本小节主要介绍低碳出行的定义、内容及途径。

低碳出行，顾名思义，即是一种降低“碳”的出行方式，即在出行中，主动采用能降低二氧化碳排放量的交通方式。其中包含了政府与旅行机构推出的相关环保低碳政策与低碳出行线路、个人出行中携带环保行李、住环保酒店、选择二氧化碳排放量较少的交通工具甚至是自行车与徒步等方面。这种出行方式环境影响最小，既节约能源、提高能效、减少污染又益于健康、兼顾效率，如多乘坐公共汽车、地铁等公共交通工具，合作乘车，环保驾车，或者步行、骑自行车等。只要是能降低自己出行中的能耗和污染，就叫低碳出行，也叫绿色出行、文明出行等。低碳出行，是一种低碳生活方式，应当成为我国新时期经济社会可持续发展的重要经济战略之一。

当前已有越来越多的城市居民，开始自觉地把低碳作为出行的新内涵，出行时多采用公共交通工具；自驾外出时，尽可能地多采取拼车的方式；在出行目的地，多采取步行和骑自行车的游玩方式；在旅途中，自带必备生活物品，选择最简约的低碳出行方式，住的时候选择不提供一次性用品。

低碳出行是一种低碳生活方式，应当成为我国新时期经济社会可持续发展的重要经济战略之一。其中包括3个重点：

(1)转变现有出行模式。

倡导公共交通和混合动力汽车、电动车、自行车等低碳或无碳方式，同时也丰富出行生活，增加出行项目。

(2)扭转奢华浪费之风。

强化清洁、方便、舒适的功能性，提升文化的品牌性低碳出行。

(3)加强出行智能化发展。

提高运行效率，同时及时全面引进节能减排技术，降低碳消耗，最终形成全产业链的循环经济模式。

1.3.2 汽车驾驶节能技术

本小节主要介绍车辆经济性增高的原因、驾驶节能技术的操作方法，帮助驾驶员了解具体操作,更好地做好节能减排。

1.3.2.1　驾驶节能技术的概念

汽车作为现代社会最重要的交通工具,每天要消耗大量的能源,因此,节能减排已成为应对制约我国经济发展的能源短缺和环境污染问题的主要手段,是应对当今世界范围内经济挑战和减排压力的重大课题。在上述事件的促进下,许多发达国家及我国对降低车辆燃料消耗采取多项节能措施,其中汽车驾驶节能技术作为成本最低、见效最快、效果较明显的节能措施得到了深入的研究与广泛的应用。驾驶节能是一项与人、车、路等相关的复杂系统工程,它通过驾驶员科学合理的驾驶操作,实现车、路的高效、和谐,用最少的能源消耗创造最大的生产力,用最少的汽车污染物排放营造低污染的环境。

汽车是现代社会最重要的交通工具,也是造成能源消耗和环境污染的源头之一。随着节能减排行动的开展与低碳生活理念的普及,降低汽车燃料消耗、减少环境污染成为全世界发展的一项重要课题。其中,汽车驾驶节能技术作为一种见效最快、收效最明显、成本最低的节能措施,成为汽车节能减排技术的主要发展方向。驾驶节能技术是指通过驾驶员科学合理的驾驶操作,用最少的燃料消耗创造最大的生产力,用最少的汽车污染物的排放营造低碳的环境,实现车、路的高效和谐与人-车-环境的最优化,是一项具有整体性特征的系统工程。

1.3.2.2　影响汽车能耗的主要因素

影响汽车能耗的主要因素如下。

1)汽车的质量

汽车的加速阻力、坡道阻力与滚动阻力受到汽车质量的影响,并严重影响着汽车燃油消耗量的大小。现在的汽车厂商,在进行汽车制造时采用了大量的轻型材料,这在很大程度上减轻了汽车的质量,从而降低了汽车的耗油量。

2)汽车的外形

发动机的功率消耗量与驾车的速度存在一定的数值关系。当行驶速度较慢的时候,抵抗空气的阻力造成的燃油消耗量较小。但是在行驶速度为50km/h的情况下,抵抗空气的阻力造成的燃油消耗量会逐渐增大。对汽车空气阻力的系数进行控制能够有效地减少空气的阻力,汽车制造商应对汽车的外形进行最优化设计。

3)传动系统

汽车有较高效率的传动系统,所以动力传动的一个完整过程当中损失能量就会相应减少,汽车的能耗也就相应降低。现阶段,大部分汽车的变速器均采用机械齿轮具,有比采用液压自动系统更高效的传动效果。采用了机械齿轮的变速器的汽车,设置了更多的挡位,能够使发动机有更多的机会处在较为经济的工况下进行工作,从而能更好地控制并降低汽车的燃油量。

4)汽车技术与汽车耗油量的影响和关系

随着汽车使用年限的增加,汽车自身的性能也会逐渐地发生着变化。在驾车的过程中,察觉到车辆行驶状况较差时,应对车辆及时地进行检修。汽车故障多、车况差,很大程度上导致了汽车耗油量的增大。

5)汽车的驾驶和维护水平

汽车的驾驶和维护水平对汽车的油耗是有着必然联系的。在驾车的过程中,发动机冷却系统温度不当,也会造成汽车油耗量较为明显的上升。同时汽车的油耗量也和驾驶者驾车技术有关。

1.3.2.3 汽车驾驶节能技术的具体操作

1)宏观驾驶节能技术

行车前预见性驾驶就是提前规划好行程,针对天气、路况等信息对行车信息进行预先的估计,借助地图和全球导航卫星系统(Global Navigation Satellite System,GNSS)等手段,避开可能出现的堵车高峰期,避免迂回绕远,实现行车路径的最优化。行车过程中的预见性驾驶就是要求汽车驾驶员凭借自身经验对行车途中的路况进行分析判断,提前预测出可能发生的情况,选择合适的换挡、减速等时机,使车辆能够与交通道路较好地融合,达到系统最优。主要体现在以下六个方面。

(1)动态交通的观察和处理。

通过对动态交通的观察与合理判断,避免事故的发生,减少燃油消耗。

(2)交叉口路况感知。

行至交叉路口时,若遇到交通信号灯,尽量利用发动机的反拖实现制动,保证平顺停车;车辆起步时应该提前准备,平顺起步。

(3)特殊路段预见。

在汽车上下坡时应提前根据坡度与坡长预测出爬坡的挡位,避免破路停车重新起步。

(4)合理变更车道。

在变更车道之前,首先观察道路上车辆的行驶状况,在合理的变道时机下,平稳地转向另一车道,避免急加速和急转弯,在降低危险的同时减少油量消耗。

(5)保持适当车距。

车距太近会使得制动的次数增多,无疑会增大能量的消耗。

(6)预见性停车。

提前对停车点与汽车所处位置之间的距离进行预测,实现车辆靠行驶阻力减速,减少制动的使用。

(7)保持良好平和的心理。

驾驶员保持良好平和的心理,有助于平稳驾驶车辆,实现驾驶节能。因此,驾驶员应该锻炼自己不争不抢、虚心学习的品质,不强行超车、不猛踩加速踏板,熟悉所驾车辆的技术特点,达到人车之间的和谐。

2)微观驾驶节能技术

(1)微观驾驶节能技术。

①发动机起动。

普通的发动机常常会出现温度不够而无法起动的现象。而现代电喷发动机起动时不再依赖温度,起动时的燃油供给已由计算机控制,不需要提供额外燃油,从而达到良好的节能效果。

②发动机预热。

过长的怠速预热不但消耗燃油,还造成了尾气中污染物浓度的升高,不利于节能环保。因此,在发动机预热方面,增压电喷发动机原地怠速运转预热20~60s,增压发动机怠速预热1min以上,且避免发动机高速空转。底盘部分预热时,使发动机怠速运转控制在1min以内,低速行驶1~2km,促进发动机、变速器、轴承的共同预热,使车辆达到全面润滑的效果,在节省燃油的同时减少对车辆的损耗。

③汽车起步。

在平路起步时尽量减少低速挡行驶的时间;坡道起步时做到手制动与离合器、加速器踏板的配合得当,确保汽车不倒退、不熄火。

④汽车转向。

汽车转向的时候要注意动作的平顺,避免急转弯,尽量减少频繁变更车道行驶。

(2)挡位选择及变换。

驾驶车辆时应尽量使用高速挡,升挡时应自低挡依顺序换入高挡,做到准确、及时。

(3)加速、减速。

加速分为两种方式,即急加速方式和缓加速方式。急加速会造成机械结合部的冲击力增大,对车辆造成磨损,应该尽量选用缓加速的方式,达到节约燃油、减小磨损的目的。减速分为制动器制动和滑行减速。在平时减速过程中尽量采取滑行减速的方式,遇紧急情况时应采取先急后松的方法进行制动。在车辆行驶过程中,如发现路口、红灯、障碍等暂不能通过的地段,采用滑行减速的方式,充分利用汽车的惯性,达到节约燃油、减少污染的目的。

(4)车速控制。

在车辆驾驶的过程中,驾驶员应该根据车辆的荷载情况和道路的状况选择合理的车速。为了更好地控制车速处于其经济车速附近,可以通过参考发动机的转速是否处于经济转速作出判断。一旦车速趋于稳定,就不宜频繁地更换车速。保持好该状态下的加速踏板位置,避免因控油量的变化造成油耗的增加。

(5)空调使用。

在气温适宜的时候,尽量采取开车窗通风的方式,避免空调压缩机的使用带来发动机功率的消耗。在气温较高需使用空调压缩机时,空调温度不宜过低。在气温较低需要开暖风时,空调压缩机不工作,只是利用汽车内部的热循环。

(6)行车温度控制。

发动机温度过低,会引起燃油不易雾化,燃烧不充分,机油黏度增大,摩擦阻力变大,增大油料的消耗;发动机温度过高,会造成充气效率降低,燃烧不充分,机油黏度降低,磨损加剧,同样也会增加油料的消耗。因此,应该合理利用温度报警装置,将发动机温度控制在合理的范围内。如果由于长时间高速行驶,若发动机温度报警,应尽快低速行驶或停车怠速,使发动机温度降到正常区域。

(7)熄火停车。

结合停车时间的长短决定是否熄火。发动机长期处于大负荷运转状态之后,应当先怠速30s左右后进行熄火,避免因突然熄火造成局部升温,从而引起发动机热起动困难,增加油料消耗。另外,在停车的位置上也应该有所选择,尽量选择坡度较低、地质较为坚硬的地面上熄火停车,防止起步困难造成的油料消耗。

3)汽车节能减排技术

汽车的能耗一般比较大,并且汽车尾气还会污染周围环境,甚至影响人们的身心健康。为降低能耗,提高汽车的运行效益,落实节能减排是一项不可忽视的工作。具体来讲,汽车节能减排的影响因素包括以下方面。

(1)汽车自身质量。

汽车体积大,需要的钢筋材料数量会增加,车身质量也会增加,油耗通常大一些。而如果汽车的车型小,质量轻,油耗也相对比较低。为实现节能减排的目的,选购汽车时可以根据实际需求选用相应体积和质量的汽车,并熟练掌握驾驶技术,降低能耗。

(2)车身风阻系数。

以旧款的大众桑塔纳为例,该车具有方正的车头、方形的车位,但从节能减排角这款汽车不符合动力学设计要求。它在行驶过程中会受到大量的空气阻力,加大车身风阻系数,增加能耗,不利于节能减排。

(3)发动机技术。

评价车辆性能和质量的重要指标是看该车的发动机性能如何。随着汽车制造技术发展,发动机技术取得不断改进和创新。新型发动机不仅技术先进,性能优良,而且能耗较低,满足节能减排的要求,值得推广和应用。

汽车驾驶节能技术从宏观层面上要求驾驶员具有良好的预见性、平和的心理,在微观层面上要求驾驶员在每个环节都要掌握正确的驾驶方法、养成良好的习惯。此外,汽车驾驶节能技术的提高还需要增强驾驶员的节能意识,提高他们的驾驶素质,真正将节能环保的理念运用到平时的工作生活之中。

1.3.2.4 绿色驾驶技巧

1)方法一:慢车热车减少损失

通常情况下,很多驾驶员会在冷车起动后,在原地停留怠速热车。但这样做超过1min,对发动机的损耗便会非常大。调研数据显示,这样做不仅增加了2.7%的发动机故障风险,而且原地热车还会增加11.3%的二氧化碳排放,实属“损人不利己”的举动。而且,原地热车还会使排气管内的积水无法排出,导致排气管生锈,严重的甚至会被腐蚀穿孔。

绿色驾驶建议:无须在原地预热汽车。车辆刚起步时,不要立即加速,减速几分钟,让发动机逐渐升温,然后匀速加速。

2)方法二:停车超1min要熄火

堵车或者等红灯的时候,大部分驾驶员都会挂上空挡,拉下驻车制动手柄(驻车制动器操纵杆),然后静静等待。但是从测试得到的数据证明,空挡怠速发动机3min消耗的燃油足够汽车多行驶1km。正因如此,目前,在欧洲,为了减少汽车尾气排放,停车立即熄火已经作为交通法规强制执行。

绿色驾驶建议:遇到等红灯停车时间超过1min、堵车怠速行驶4min以上以及停车等人的情况,一定记住要熄火。即使只等1min,重新起动也比怠速更省油。

3)方法三:车速超过60km/h时不要开窗

一直以来,所有汽车制造商都在竭尽全力地降低车辆风阻系数。但是,敞开的车窗绝对会让厂家所做的这些努力毁于一旦。试验表明,打开车窗,汽车的风阻将提高至少30%。

绿色驾驶建议:车速高于60km/h或风力较大时,尽量关窗驾驶。

4)方法四:下车后要关闭电器、熄火

如今,车内的耗电设备越来越多,让每个人都感到舒适和方便,同时也不自觉地增加了人们的燃油支出。测试结果显示,使用后风窗玻璃电加热器10h后,整车油耗将增加1L。所以,不要以为在车上用电不花钱,不像在家里。事实上,平日里,车里的用电比家里的要贵得多。

绿色驾驶建议:下车时记得关闭所有电器,包括收音机、空调、车窗加热系统等。否则下次起动汽车时,它们可能自动打开。

5)方法五:正常胎压可节油3%

汽车的轮胎就好比人们穿的鞋子。想象一下穿拖鞋跑步时的情形,不仅费力而且还可能把脚磨坏。轮胎气压不够时,也会出现同样的情况。数据表明,只要有一个轮胎少打气40kPa,这个轮胎就会减少1万km的寿命,而且还会使汽车的总耗油量增加3%。而经过测试符合厂家规定要求的胎压,大约可以降低油耗3.3%。若轮胎气压降低30%,当汽车以40km/h的速度行驶时,轿车的油耗会增加5%~10%。

绿色驾驶建议:上车前检查轮胎。如果发现漏气,迅速测量胎压。另外,检查胎压时不要忘记备胎,以免需要换胎时发现备胎胎压不足。

6)方法六:缓加油能减少能耗及噪声

在相同速度下,油耗之差可达12ml,每公里会造成0.4g的二氧化碳排放。此外,快速加速引起的轮胎与地面剧烈摩擦产生的噪声污染比匀速行驶高7~10倍,还会使轮胎磨损增加70倍,追尾风险增加4.3倍。此外,公交车上的乘客也可能会感到明显不适。

绿色驾驶建议:有意识地管住自己的右脚,让其变得更加“温柔”。

即学即用

1. 结合自身工作,浅析坡道驾驶的注意事项有哪些?

2. 结合自身工作,浅析预防事故的方法有哪些?

3. 结合自身工作,浅析节能措施有哪些?

第 2 章　道路安全驾驶心理知识

本章介绍了道路交通安全心理学的概念、影响安全驾驶的生理因素、影响安全驾驶的心理因素以及公交车驾驶员能力训练及案例。通过对本章内容的学习，驾驶员能够深入理解和掌握道路交通安全心理学的基本知识，理解生理心理方面诸多因素对自身的影响，运用心理调适技巧，合理控制情绪，强化安全、责任意识，确保身心健康，为广大乘客提供优质高效的出行服务。

2.1　道路交通安全心理学的概念

本节介绍了道路交通安全心理学的基本内容，行人交通心理、驾驶员交通心理的特性以及运用交通安全心理指导驾驶技能学习的方法，帮助驾驶员理解道路交通安全心理学，从根本上树立对交通安全的敬畏之心。

2.1.1　交通心理学

随着道路运输行业的发展，道路上的车流密度越来越大，道路交通事故日益增多。为保证道路交通安全，需要对产生事故的原因进行分析，对组成交通系统的各要素做具体研究。交通心理学主要研究机动车驾驶员和交通参与人在交通过程中的心理活动规律和个性心理特征。驾驶员的活动是在人、车辆、道路、环境、气候等相互作用的因素组成的复杂条件下进行的。

驾驶员和交通参与人通过感觉器官认识交通环境，利用感知的材料和已有的知识进行分析、思考，进而作出正确判断，采取某种措施，以保证行为无误。在处理事物的过程中，驾驶员不但有各种心理活动，而且个人还表现出不同的特点，如技术水平高低、能力大小、性格差异等。

交通心理学主要研究驾驶视觉、听觉、触觉、平衡感觉、情绪、注意力、反应等特性及其与驾驶机能的关系；道路线形、坡度、道路设施、交通环境对驾驶员的心理作用；行人过街时的心理状态和行为，行人交通事故与本人年龄、性别、过街速度、过街地，点及道路宽度的关系等。

交通心理学主要采用观察与试验的方法，观察是对已有情况进行分析归纳，预测人的反应。试验是通过控制和改变条件，对发生的现象进行分析，判定驾驶员在行车过程中的情绪变化。

2.1.2　行人交通心理特性

1)行人交通特性

驾驶员并不是唯一的道路使用者，步行交通与人类生活密不可分，能够使个人与环境及他人直接接触,达到生活、工作、交往,娱乐等各种目的。步行交通系统的安全,所有的道路使用者之间应当是协调的,在交通系统中,行人是弱者,最易受到伤害。因此必须加强对行人交通的管理,例如对行人的教育等。

行人交通特征表现在行人的速度、对个人空间的要求、步行时的注意力等方面。这些与行人的年龄、性别、目的、教养、心境、体质等因素有关,也与行人所处的区域、周围的环境、街景、交通状况等有关。

在道路上的行人一般认为,避开车辆碰撞比遵守交通规则还重要。行人的想法往往是过高地信赖机动车(驾驶员)遵章行驶,而自己却愿意做一个自由者随便走。如一个行人为了穿越道路方便,可能就要在人行横道线以外斜穿,甚至在车辆前、后方危险穿过,这样的意识支配着腿脚迅速行走,生活中是比较常见的现象。

2)行人过街特点

行人在横过街道时,大多注意自己左方车辆的交通情况,很少注意右方车辆的交通情况,只有少数行人是左右兼顾的。从行人事故类型中,我们可以看到,多数行人事故是由于行人仅注意自己左方车辆情况而未注意右方向车辆情况所引起的。

由于过街行人在性别、年龄和人数上的差别,过街目的和心理状况各异,表现出的行为特征也明显不同。

(1)过街目的不同,选择路线不同。

上下班或去处理紧急事务,心里有紧迫感,希望赶快到达目的地,因此,选择抄近路、走直线;游览、散步等目的是休息,有轻松感,则喜欢走曲折的长路,以便边走边欣赏景色;购物时注意力集中在商店和商品上,步行线路、方向和步速随意性强。

(2)心理状况不同,行为方式不同。

行人群体是复杂的,有性别、年龄、职业、个性等差别,反映出不同的心理,他们在过街方式的选择上也有所不同。儿童过街喜欢快走,跑步,在不同方向上乱跑;老年人动作缓慢,总是选择安全的方式过街;成年人大多目的明确,喜欢抄近路、走最短路线等。

(3)行人在过街时的危险程度与过街人数有关。

行人数量多,驾驶员警惕性高,安全程度高;行人数量少,不易引起驾驶员的注意,危险程度更大。

(4)儿童交通特性。

由于儿童智力发育不健全,思想简单,缺乏在道路上安全步行的常识与判断能力,经常冒险从车辆前后穿越,公交车有盲区,孩童身高较低,极易发生交通事故。特别是10岁以下的儿童,对交通安全知识不够了解,而且他们的注意力很容易分散,对交通信号的理解也不一定正确。少数儿童对复杂交通环境不可能完全适应,对距离的判断也不准确,一般来讲,儿童对距离的判断差异性比成年人大两倍,也就是说,他们对距离的判断很少是正确的。在危险的情况下,儿童不能正确判断,甚至出现反复无常的状况,如在横过道路遇到车辆高速行驶过来时,不知道迅速避让,反而站在道路中间哭叫。成年人在进入平面交叉路口时能判断交通情况,懂得利用适当的交通间隙,而儿童在进入平面交叉路口时不能正确判断交通情况，不懂得利用适当的交通间隙，他们横过道路速度变化不定，不具备成年人的视情决策能力。

3）注意

注意是心理活动，是指心理活动对一定对象的指向和集中，是伴随着感知觉、记忆、思维、想象等心理过程的一种共同的心理特征。

在道路交通系统中，驾驶员面临的道路环境状况和物体都很多，但驾驶员并不需要感知所有的事物，而是带有选择性地感知其中与交通活动有关的事物。当驾驶员的感知觉器官指向这些事物，并且集中在这些事物上时，这种心理现象就是注意。而被注意的东西就成为一系列知觉和运动事件的“目标”。

注意是驾驶员心理活动处于积极状态的表现。对于驾驶员来说，重要的不是看见目标，而是要了解所看见的目标。不注意的驾驶员，其特点是不太关心道路和周围情况，而牵挂于其他事物，即使看见危险情况也不理解其状态。不注意是采取错误决定的原因之一，也是导致交通事故的原因之一。

驾驶员应当有分配注意的能力，以便同时接收几个信号，同时完成几个动作。试验证明，同一视线可容纳 4 ~ 6 个目标，驾驶员分配到各个目标上的注意量是不同的，它受外部的环境需要和内部的动机所影响，分配于驾驶员任务的注意取决于道路环境。当环境需要增加时，驾驶员分配与驾驶任务的注意量也相应增加；当环境需要减少时，分配的注意量也减少。注意力灵活程度对驾驶员来说很重要，依靠注意力的灵活性，驾驶员能把注意力从一个目标转移到另一个目标，从各种现象中分辨出最本质的现象。交通安全取决于这种性能。

驾驶员在道路上行车过程中，必须注意与道路有关的路边环境等因素；注意与交通有关的机动车、非机动车和行人等因素；注意与交通无关的建筑物、周围景观等因素。

驾驶员在单一环境中行车，注意力衰减幅度很大。试验表明，驾驶员在 15 ~ 20min 内得不到新的消息，便感到枯燥无味。因此，应在道路线形设计、道路环境的布置方面采取一些措施，以不断变换驾驶员的行车道路环境，引起驾驶员的注意及使之保持注意力稳定。

4）反应

反应是回答某种刺激所产生的动作，即从接收信息（感知）到反应产生效果的过程。反应有简单反应和复杂反应。

（1）简单反应。

简单反应是以某一种动作对单一信号的反应。这种反应，除该信号外，驾驶员的注意力不为另外的目标所占据。当驾驶员对外界某种刺激有反应的时候，很快地产生动作，这实际是一个过程，需要一定时间。试验证明，驾驶员从眼到手的这种简单反应，通常需要 0.15 ~ 0.25s，如要求按响喇叭；从眼到脚的这种简单反应，通常需要 0.5s 左右，如要求踩下制动踏板。

（2）复杂反应。

复杂反应是对几种信号中的某一种或几种信号作出反应，即根据选择出的信号，做出回答动作。如操纵车辆时，驾驶员要同时关注车辆和行人交通情况、道路状况、各种标志、停车位置等几个目标。驾驶员应当对外界这些刺激产生正确反应，并协调自己对诸多因素的动作。可见，操纵转向盘的动作属于复杂反应，复杂反映的复杂程度取决于交通流量大小，以及车辆速度快慢等多种因素。反应时间的长短取决于反应复杂程度，驾驶员的技能水平、心理与生理状态、疲劳程度等。

驾驶员的制动反应时间是影响车辆实际制动距离的一个重要因素。试验表明，在城市道路上驾驶车辆时，在驾驶员有思想准备的情况下，从发出制动信号到车辆制动指示灯亮，平均制动反应时间为 0.66s，最长制动反应时间达到 2s，最短制动反应时间达只有 0.28s。在制动过程中，车辆仍将以一定速度行驶，如果制动平均时速度为 40km/h，那么，0.66s 车辆将行驶 7.3m，2s 车辆将行驶 22m，因此，驾驶员必须根据自己的反应时间确定安全行车距离。

5)疲劳驾驶

驾驶疲劳是指驾驶员在驾驶车辆时，由于种种原因产生了生理机能或心理机能的失调，从而使驾驶机能降低和失误。驾驶员在长时间开车过程中会产生疲劳，这时感觉、知觉、判断、意志决定、运动等都受到影响。驾驶疲劳的症状有：驾驶员的视力下降，动作准确性下降、失误率增加，注意力不集中，对环境、高度、距离判断发生错误等。

从疲劳恢复的时间来看，可以把疲劳分为一次性皮疲劳、积蓄性疲劳和病态性疲劳三类。一次性疲劳是指短时期的休息，比如睡一夜觉就可以恢复的疲劳，这是一种由于日常劳动所引起的疲劳，正常驾驶疲劳就是属于这一种。积蓄性疲劳不能用短时间的休息来恢复，睡一夜觉后，第二天还是疲劳，要使这种疲劳得到恢复，必须经过长时间修养和充足的睡眠。积蓄性疲劳会发展到一定程度就会变成病态性疲劳。积蓄性疲劳和病态性疲劳者，都不宜驾驶车辆。

驾驶员的疲劳性程度直接影响行车安全。统计表明，因疲劳驾驶而造成交通事故的占事故问题的 15% ~20%。由于疲劳很难正确判断，所以，实际上因疲劳驾驶发生的事故比上述统计数字更大。试验表明，驾驶员以 100km/h 的速度行驶 2h 后，生理机能便进入睡眠状态；驾驶员一天行车超过 10h 以上，则事故率更高。

驾驶疲劳与气候、交通条件和道路条件有关。因此，驾驶员的驾车时间应根据这些情况酌量增减。驾驶员进行长时间或长距离驾驶时，影响最大的是与驾驶直接有关的各种机能。对于间接的机能如心脏活动能力，保持身体平衡的机能等也将受到影响。

6)酒后驾驶

(1)酒后驾驶与交通安全。

在我国，每年由于酒后驾车引发的交通事故达数万起，酒后驾车的危害触目惊心。公安部交通管理局网站公布，截至 2022 年底，全国酒后驾驶专项整治行动共查处酒后驾驶违法行为 17078 起，醉酒驾驶违法行为 2403 起，酒后驾驶区域特征明显。

酒后驾驶违法行为呈现一定的区域特征。浙江、山东、上海、江苏、北京、河北、河南、广东、辽宁、湖北等地查处的酒后驾驶行为较多，位居全国前 10 位。《中华人民共和国道路交通安全法》第九十一条规定，醉酒驾驶机动车的，依法追究刑事责任。

(2)酒驾心理。

酒驾者都有超乎寻常的“自信”,觉得自己就是喝了酒,也能把车开到目的地,在遇上突发的事情时,也能从容应对和处理。他们已经忘记了酒精会使人神经麻痹、反应迟钝,等出了交通事故,悔之晚矣。

侥幸心理作祟。有些驾驶员酒驾,总以为“不会那么巧被交警撞上”,这种心理其实忽略了一个最起码的前提,检查酒驾、罚款甚至追究刑事责任,其实并不是目的,禁止酒驾的目的是保护他人和驾驶员自身的生命安全,维护交通秩序、社会秩序,拒绝酒驾是驾驶员所要遵守最基本的社会公德。

(3)饮酒对人的影响。

驾驶员饮酒后,酒精溶解于血液中,通过血液循环流遍全身,进而影响中枢神经系统。当大脑及其他神经组织内的酒精浓度增大时,中枢神经的活动逐渐迟钝,视觉和知觉判断能力下降,驾驶动作不协调,导致事故率大幅提升。

7)驾驶员安全心理特性

驾驶员安全心理学就是研究机动车驾驶员在驾驶机动车过程中的感知,经验、决策,驾驶行为等心理活动的规律及其影响因素的科学,针对人、车、路、环境之间的相互作用制定预防和干预交通事故的方案,培养驾驶员有效、安全的驾驶。

常见生理疾病及预防

(1)生理因素。

影响驾驶安全的生理因素有很多,包括年龄、疲劳程度及药物影响等。

①年龄因素对驾驶安全的影响主要在于驾驶操作的灵活性和对道路信息处理的速度;其次,驾驶员驾驶技术的提高是需要累积一定驾驶经验的。

年轻驾驶员的行为特点是安全带使用较少、超速驾驶的情况屡见不鲜、驾驶过程中使用手机的频率较高。年长的驾驶员的行为特点是保守驾驶、判断力下降、容易出现失控的情况、转弯困难。

②驾驶疲劳容易导致驾驶员整体机能下降,是一种重要的影响安全驾驶的因素。所谓驾驶疲劳,是指驾驶员长时间驾驶车辆,引起的生理和心理上的疲劳以及出现的技能低落的现象。其特点是厌倦继续驾驶车辆、瞌睡、疲劳、动机降低。驾驶疲劳会导致认知和精神方面的表现下降,容易导致事故的发生。

③驾驶员在服用了某些可能影响驾驶安全的药物后,依然驾驶机动车出行,这些药物服用后容易产生一些不良反应,对驾驶员造成一定影响,因而容易导致车祸的发生。

(2)视觉因素。

①色弱和色盲。一些人因为先天遗传、后天病变或者是药物影响等,导致不能很好地识别颜色。色弱的人,在正常光线下可以识别颜色,但是在光线刺激较少的环境下几乎分别不出颜色。色盲主要指的是红绿或黄蓝色盲,不能分辨出红绿或者黄蓝颜色。存在这两种视觉缺陷的人,在日常驾驶车辆的时候,分辨不出暗色车辆的信号灯的情况,极易造成交通事故。

②暗适应。驾驶车辆由光线好的地方向光线昏暗的地方行驶(如隧道),驾驶员会暂时性地看不清前方道路的情况,过一会儿才能看清,这种现象称作暗适应。

③眩目。夜间驾驶车辆时,迎面驶来车辆的前照灯强光照射,容易使驾驶员的视觉出现短暂受损,这种现象称为眩目。驾驶员被迎面而来车辆的前照灯眩晕后,需要花费 10 ~ 30s 的时间才能恢复,对安全驾驶十分不利。

为防止夜间行车出现眩目,《中华人民共和国道路交通安全法》明确规定,夜间会车应当在相距 150m 以外改用近光灯。

(3)情绪因素。

不同的情绪表现会对交通安全产生影响,如酒精不仅能直接影响驾驶员对车辆的控制,也可诱导驾驶员产生不良情绪,从而增加了驾驶过程中的安全隐患。影响交通安全的常见情绪表现有愤怒、抑郁、焦虑以及压力。

2.1.3 非机动车及行人交通心理特性

城市道路交通系统中,非机动车、步行是人们最主要的交通行为方式,由于它的随意性较大加之交通管理重视不够或缺乏有力的管理措施,非机动车驾驶员、行人自觉遵守交通法规的意识相对薄弱,成为交通违法的"高发地"。

侥幸心理,就是无视事物本身的性质,违背事物发展的本质规律,违反那些为了维护事物发展而制定的规则,想根据自己的需要或者喜好来行事就能使事物按着自己的愿望发展,直至取得自己希望的结果。行人交通违法的心理大多是存有侥幸心理:非机动车驾驶员或行人为了缩短行走距离,随意抄近路穿行,侥幸地认为自己是弱势交通参与者群体,即使刻意违法,机动车驾驶员也会鸣喇叭示意,不会真正撞上来,这是我国大多数非机动车驾驶员、行人交通违法的普遍的心理状态。

2.1.4 其他典型交通参与者交通心理特性

1)摩托车驾驶员心理特性

摩托车以其轻便快捷、泊车占位小、价格适中等优点早已驶入寻常百姓家。在交通要道摩托车灵活机巧地穿梭于滚滚车流之中,显示出小巧玲珑的优越性。然而,事物总是一分为二的。摩托车相较形形色色的汽车而言,显得十分单薄弱小,且驾驶员的身体暴露在外,当遇到紧急情况时,其安全系数远低于汽车。毫无疑问,这对摩托车驾驶员的心理素质无疑是严峻的考验。

从心理学观点看,摩托车驾驶员的心理特点,属于驾乘过程中人、车及相对环境变化的一种动态系统。因此,探究人的情绪在各种环境下的变化,对安全行车十分重要。若发生下列情况,人的情绪会有变化。

(1)其他车辆及行人发生违章时。

①当驾驶摩托车在较窄的道路上行驶时,在其他车辆未发出任何信号的情况下,突然强行超车,或者身后的车辆不停地鸣响喇叭催促赶快让道,但车前方确实有行人、车辆或其他

障碍物一时难以避让,会使人感到愤怒和厌烦,人的情绪会有变化。

②行车途中,同向或相向方向的车辆未作任何警示突然改变原来的行车路线挡住了道路;行人、自行车突然拐弯、横穿马路等,使人不得不采取紧急措施停车避让,有时可能还会因此而翻车。此时,发火、发怒难以避免。

(2)意外事件发生时。

亲朋好友出现意外,急忙驾车前去探望,心中不免沉重万分。

2)大型客货车辆驾驶员心理特性

(1)松弛心理。

一般来说,城市繁华,车辆、行人高度集中,人与车的流量都很大,大型客货车辆驾驶员在城市行车其心理状况是紧张的。郊外和边远山区与城市相比,在行人、车辆密度、车流量人流量等方面都低于城市,加之郊外和边远山区的交通管理不如城市严格,因此,大型客货车辆驾驶员在行车中容易产生满不在乎的松弛心理。

(2)高速行驶心理。

大型客货车辆驾驶员由城市开车经过郊外直通边远山区,其心理状态也是由紧张转向松动进而转为麻痹。加之大型客货车辆驾驶员一般是执行长途运输任务,去时有尽快完成任务的想法,返回时有“早回家,早休息”的思想,因而个别大型客货车辆驾驶员在长途行车中较易产生高速行车心理。俗话说:“十次事故九次快。”由于大型客货车辆驾驶员思想麻痹,车速过快,对道路不熟,很容易发生车辆事故。

(3)疲劳驾驶心理。

大型客货车辆驾驶员由于担负着长途运输任务,一般驾驶车辆的时间比较长。在长途行车中因车速快、时间长、温度高、噪声大、姿势单调、心身紧张,需要消耗很大的能量,容易产生疲劳。大型客货车辆驾驶员疲劳后,反应迟缓、记忆力下降,分析、判断能力降低,动作不畅,这就势必给行车安全带来威胁。

2.2 影响安全驾驶的生理因素

本节介绍了驾驶员身体素质要求、驾驶员的视知觉、提高年轻驾驶员安全驾驶的方法、疲劳驾驶的自我评估方法以及疲劳驾驶的改善与预防方法。通过对公交车驾驶员进行安全驾驶方面生理因素的讲解,帮助驾驶员们了解自身情况,合理采用预防干预类方法,助力公共交通事业稳步发展。

2.2.1 驾驶员身体素质概述

2.2.1.1 驾驶员身体素质的要求

驾驶员通过感觉器官从交通环境中获得信息,经过大脑进行处理,作出判断,再支配手、脚的运动操纵车辆,使车辆按驾驶员的意志在道路上运行。如果在信息的收集、处理判断和操作的某一环节上发生差错,就可能引起交通事故。因此,驾驶员不但需要有健康的心理,更需要有健康的身体、充沛的精力和体力,以及人体各个器官功能的协调和配合。

1)道路交通安全法律法规

2021 年 12 月 27 日,中华人民共和国公安部发布修订后的《机动车驾驶证申领和使用规定》,自 2022 年 4 月 1 日起施行。申请机动车驾驶证人员的年龄和身体应符合以下规定:

(1)年龄条件。

①申请小型汽车、小型自动挡汽车、残疾人专用小型自动挡载客汽车、轻便摩托车准驾车型的,在 18 周岁以上。

②申请低速载货汽车、三轮汽车、普通三轮摩托车、普通二轮摩托车或者轮式专用机械车准驾车型的,在 18 周岁以上,60 周岁以下。

③申请城市公交车、中型客车、大型货车、轻型牵引挂车、无轨电车或者有轨电车准驾车型的,在 20 周岁以上,60 周岁以下。

④申请大型客车、重型牵引挂车准驾车型的,在 22 周岁以上,60 周岁以下。

⑤接受全日制驾驶职业教育的学生,申请大型客车、重型牵引挂车准驾车型的,在 19 周岁以上,60 周岁以下。

(2)身体条件。

①身高:申请大型客车、重型牵引挂车、城市公交车、大型货车、无轨电车准驾车型的,身高为 155cm 以上。申请中型客车准驾车型的,身高为 150cm 以上。

②视力:申请大型客车、重型牵引挂车、城市公交车、中型客车、大型货车、无轨电车或者有轨电车准驾车型的,两眼裸视力或者矫正视力达到对数视力表 5.0 以上。申请其他准驾车型的,两眼裸视力或者矫正视力达到对数视力表 4.9 以上。单眼视力障碍,优眼裸视力或者矫正视力达到对数视力表 5.0 以上,且水平视野达到 150°的,可以申请小型汽车、小型自动挡汽车、低速载货汽车、三轮汽车、残疾人专用小型自动挡载客汽车准驾车型的机动车驾驶证。

③辨色力:无红绿色盲。

④听力:两耳分别距音叉 50cm 能辨别声源方向。有听力障碍但佩戴助听设备能够达到以上条件的,可以申请小型汽车、小型自动挡汽车准驾车型的机动车驾驶证。

⑤上肢:双手拇指健全,每只手其他手指必须有三指健全,肢体和手指运动功能正常。但手指末节残缺或者左手有三指健全,且双手手掌完整的,可以申请小型汽车、小型自动挡汽车、低速载货汽车、三轮汽车准驾车型的机动车驾驶证。

⑥下肢:双下肢健全且运动功能正常,不等长度不得大于 5cm。单独左下肢缺失或者丧失运动功能,但右下肢正常的,可以申请小型自动挡汽车准驾车型的机动车驾驶证。

⑦躯干、颈部:无运动功能障碍。

⑧右下肢、双下肢缺失或者丧失运动功能但能够自主坐立,且上肢符合第⑤条规定的,可以申请残疾人专用小型自动挡载客汽车准驾车型的机动车驾驶证。一只手掌缺失,另一只手拇指健全,其他手指有两指健全,上肢和手指运动功能正常,且下肢符合第⑥条规定的,可以申请残疾人专用小型自动挡载客汽车准驾车型的机动车驾驶证。

⑨年龄在70周岁以上能够通过记忆力、判断力、反应力等能力测试的,可以申请小型汽车、小型自动挡汽车、残疾人专用小型自动挡载客汽车、轻便摩托车准驾车型的机动车驾驶证。

2)视觉

所谓视觉,就是外界光线刺激经过视觉器官在大脑中引起的生理反应。驾驶员在行车过程中,主要依靠两只眼睛收集信息,驾驶员对外界认识的80%来自视觉,所以,对视觉机能的检查是考核驾驶员的重要内容。

眼睛分辨两物点之间最小距离的能力叫作视力。视力有静视力、动视力及夜间视力之分。静视力就是静止时的视力;动视力就是驾驶员在行车过程中的视力;夜间视力就是在黑暗环境中的视力称为夜间视力。

3)感觉

驾驶员认识周围环境是从最简单的生理活动一感觉开始。感觉的敏感性指人的感觉器官对刺激的感受、识别和分辨能力。感觉的敏感性因人而异,某些感觉通过训练或强化可以获得特别的发展,即敏感性增强。

4)知觉

知觉是直接作用于感觉器官的事物的整体在人脑中的反映,是人对感觉信息的组织和解释的过程。例如,看到一个苹果、听到一首歌曲、闻到花香等,这些都是知觉现象。知觉是对整个物体的认识。通常我们指看见物体,不仅仅意味着判定了物体的特性和数量,只有知觉才能断定物体的性质。例如,驾驶员在行车过程中,首先要分辨道路上的物体是石头还是纸、是硬的还是软的、是尖的还是圆的,而后决定是保持还是改变行车方向或者改变行车速度。

视觉、听觉与安全行车

2.2.1.2 年龄与道路驾驶安全的关系

年龄因素对驾驶安全的影响主要表现在两个方面:一是影响道路信息加工的效率和驾驶操作的灵活性;二是驾驶员的驾驶经验往往与年龄密切相关,驾驶技术的提高需要积累驾驶经验,但驾驶经验并不一定与年龄成正比。

(1)年龄与交通事故的关系。

年龄是影响安全驾驶的重要因素,不同年龄阶段的发展特点使驾驶行为和事故率具有特殊性。

(2)年轻驾驶员的事故率分析。

在各国的事故统计表明,年轻驾驶员事故率都是最高的。相较于其他年龄段的驾驶员,年轻驾驶员的重大事故死亡率最高,比所有年龄的平均水平高出1.83倍。而在年轻驾驶员中,风险他是随年纪而变化的,随着年龄增长,事故率下降。独立的、缺乏监督的年轻驾驶员比年轻驾驶员更容易出事故。

刚拿到驾驶证就开车的驾驶员,在前6个月内事故率较高:在此后的阶段中,随着驾驶经验的增加,事故率降低。因此,年龄和驾驶经验交互影响事故率。

(3)老年驾驶员的事故分析。

老年驾驶员反应能力比年轻驾驶员差,由于年龄的增长老年驾驶员感知能力下降,接收信息和做出相应反应时存在困难,信息复杂性提高时反应时间过长,难以控制动作速度,使得老年驾驶员动作愈加迟缓、操作时间延长、操作能力下降等。因此,老年驾驶员事故率较高。

2.2.2 驾驶员的视知觉

2.2.2.1 驾驶员的视知觉概念

视知觉是人脑对直接作用于视觉器官的事物整体的反应,例如对物体的形状、颜色、大小,距离和运动的知觉。驾驶员的视知觉,即驾驶员在驾驶过程中,对直接作用于视觉器官的事物整体的反应。

2.2.2.2 驾驶员的视知觉的作用

1)获得信息

驾驶员需要在车辆(自身)位移情况下感知动态信息,在辨识某障碍物时,既要保证时间,又要考虑速度,这就需要驾驶员具有良好的视知觉,驾驶员可以利用的90%的信息是通过视知觉获得的。因此,驾驶员良好的视知觉对保证驾驶安全意义重大。

2)加工、反馈信息

视知觉不仅能够为驾驶员提供信息,并且能够对获得的信息进行加工。视知觉的意义不单单是把形象从眼睛传导到大脑,也不仅是“清理”或“感觉”视网膜之外的不完整的形象,同时能够对获得、加工的信息进行反馈。

当我们想在驾驶的同时调节收音机、与乘客聊天等,靠的就是知觉系统的多用途功能,这也是我们能够驾驶的基本能力。而在复杂的环境中,知觉能力仅仅能够快速而粗略地对周围信息提供简单的答案(危险或安全)。

驾驶中的大部分信息是通过视知觉获得的,注意、决策、判断等也都是在视知觉的基础上进行的,例如提前控制车速等,对提高道路交通安全水平具有重要的现实意义。

2.2.3 驾驶疲劳

2.2.3.1 驾驶疲劳概述

疲劳指从唤醒到睡眠的过渡,如果疲劳持续下去,它可能会导致睡眠的发生。疲劳的典型症状就是主观困倦,在唤醒和睡眠之间的过渡期,出现与睡眠的愿望或需要有关的感受和躯体症状,如打哈欠、点头、眼皮下垂。驾驶疲劳是指机动车驾驶员在驾驶车辆时,由于驾驶作业引起的生理上和心理上的疲劳以及客观上出现驾驶机能低落的现象。驾驶疲劳会导致驾驶员身体机能的整体性下降,是一种重要的影响驾驶安全的跨年龄、跨情境的生理因素。它的主要特点是:不愿继续驾驶、瞌睡、疲劳、动机降低。驾驶疲劳还会导致认知和精神方面的表现下降,如延长辨别和反应的时间,这些都可能会导致撞车事故的发生。驾驶疲劳是生理上的一种自我保护性反应,而并非一种病态,只要经过适当的休息,就可以解除,体力和能力都可以得到完全的恢复。

疲劳驾驶的影响、表现、原因及预防

驾驶员产生疲劳后，生理机能下降，一般会表现出以下症状：

(1)视觉系统：视觉模糊，视敏度下降，眼睑下垂，眼睛发涩，眼眶下陷发黑，眼球颜动，眨眼次数增多，目光呆滞。

(2)听觉系统：听力下降，辨不清声音方位和大小。

(3)呼吸系统：气喘、胸闷，呼吸困难，呼吸道、咽喉干燥。

(4)循环系统：心跳减慢，血压改变。如果心跳次数低于标准值的20%，就属于驾驶疲劳。

(5)面部表情：面部表情呆板，肌肉松弛，颜面无光、不活泼。

(6)肌肉骨骼：肌肉疼，关节痛，腰酸、背痛、肩痛，手脚酸胀。

(7)中枢神经系统：中枢神经系统代谢及功能水平下降，导致心智活动水平下降。驾驶员疲劳程度严重时，会出现头脑昏沉、困倦、闭眼时间延长甚至打瞌睡的现象。

2.2.3.2 驾驶疲劳检测指标

早在1935年，就能追溯驾驶疲劳检测了，当时借助医疗器械，主要从医学角度进行检测，直至20世纪80年代才有了实质性的研究工作，美国国会批准运输部研究交通安全与商业机动车驾驶之间的关系。20世纪90年代，许多国家开始开发研究驾驶疲劳车载电子测量装置，关于驾驶疲劳检测方法的研究得到了进一步的进展。

1)自我评估

在一些夜间或睡眠剥夺条件下的研究表明，人们有能力在驾驶过程中正确评估自己表现绩效的受损程度。因此，人们能够很好地意识到自己的疲劳水平。

驾驶疲劳主观评估主要通过量表来完成，量表包括主观调查表、自我记录表，睡眠习惯表、斯坦福睡眠尺度表以及皮尔逊疲劳量表等，分为自我评定与他人评定。例如，皮尔逊我劳量表是比较有代表性的主观调查表，该量表分为13级：精力极度充沛；精力特别充沛；精力非常充沛；精力很充沛；精力比较充沛；精力有点充沛；有点疲劳；相当疲劳；很疲劳；非常疲劳；特别疲劳；极度疲劳；快要倒下。

2)绩效测量

由于驾驶疲劳被定义为驾驶机能下降，使用绩效测量来评估疲劳状态具有很高的表面效度。绩效指标包括保持车辆的平稳性、转向盘转动的角度、制动反应时间、躲避障碍物的正确率等。出于安全的考虑，为了避免驾驶疲劳导致事故发生，绩效测量更加适用于基于驾驶模拟器的研究。

2.2.3.3 驾驶疲劳的影响因素

广义上疲劳驾驶，很难定义，可以把影响驾驶疲劳的这些变量划分为与工作任务相关的因素和与睡眠有关的因素，并且因素间相互影响。研究表明，睡眠缺乏会显著影响驾驶行为，驾驶员疲劳的高峰期在6:00、14:00以及22:00左右。

2.2.3.4 驾驶疲劳的改善措施

1)驾驶员自我唤醒

在驾驶时，驾驶员使用各种方法使自己保持清醒。一个瑞典的全国性调查显示，最常见的用于保持清醒的手段包括停下车来散步、听收音机、打开窗户、喝咖啡以及和乘客交谈。其中,打开窗口和听收音机被所有的驾驶员(职业和非职业)视为有效手段。非职业驾驶员也使用互动技术,如用手机交谈。

2)公路预警系统

道路两侧或沿中心线的减震带就是为了提高驾驶员的警觉而设计的,当驾驶员穿过或沿减震带驾驶时就会产生声响。磨砂的减震带是最常见的,并建造在沥青路的路肩上。考察中心线减震带有效性的研究表明,由于路面颠簸,乡村道路上的撞车事故明显减少。越野道路的减震带在减少越野撞车事故方面也表现出有效性。

在驾驶模拟器的研究中,国外研究者测试了磨砂减震带对疲劳和驾驶行为的影响。结果显示,减震带可以改善驾驶绩效和疲劳,困倦的脑电指标、眼闭持续时间、车道位置变化以及主观疲劳都有所缓解,而这种影响是短暂的,在驾驶员碰撞减震带后约 5m,衰减重新出现。这说明,减震带不能对抗疲劳或困倦,但可以提醒驾驶员有困倦的表现和行为水平下降,应该适当休息。

3)疲劳预警系统

基于驾驶疲劳和困倦的一些敏感指标,许多公司已经开发出针对疲劳的预警系统。常用的疲劳预警系统包括嗜睡预警系统、车道保持预警系统以及防撞预警系统(主动安全及疲劳系统)。

4)法律法规

2007 年美国睡眠基金会的报告指出,在美国的 27 个州中,有 9 个州对警官进行了疲劳驾驶相关知识的培训。例如,在弗吉尼亚州,在与疲劳驾驶或与睡眠相关的致命事故中,可以指控瞌睡驾驶员鲁莽驾驶和过失杀人罪。在弗吉尼亚州警方的报告中,驾驶疲劳被列为驾驶员注意力分散的一个复选框的选项,并且很多驾驶员会选择这一选项。该州法律明确规定,在驾驶员的教育课程中必须包括预防驾驶疲劳的内容。

《中华人民共和国道路交通安全法实施条例》第六十二条规定,驾驶机动车不得连续驾驶机动车超过 4h 未停车休息或者停车休息时间少于 20min;第一百零四条规定,机动车驾驶过度疲劳仍继续驾驶的,由公安机关交通管理部门依法给予处罚。

2.2.3.5 酒后驾驶

(1)酒精及其对人体的危害。

酒中含有酒精(乙醇),一般黄酒中酒精含量为 10% ~15%;白酒中酒精含量为 50% ~60%;啤酒中酒精含量为 2% ~5%;果酒中酒精含量为 16% ~48%;葡萄酒中酒精含量为 10% ~15%。人饮酒后,酒精很快被胃壁和肠壁(80% 在小肠上端)吸收,特别是空腹时,吸收更快,然后溶解在血液中,通过血液的循环渗透到人体各器官及组织中。一般在饮酒后 5min 可在血液中发现酒精,0.15 ~2h 血液中酒精含量达到最高峰。

酒精是一种麻醉剂,具有明显的细胞毒性,作用于人体的中枢神经系统,会对中枢神经产生抑制作用,影响其正常的生理功能。

(2)驾驶员酒后驾车对行车安全的影响。

驾驶员饮酒之后,特别是过量饮酒之后,会影响中枢神经系统的正常生理功能,产生头昏、乏力、言语增多、语无伦次、动作不协调、判断力降低等症状，导致感觉模糊、判断失误、反应失误，极易发生事故，严重威胁行车安全。

据有关资料表明：当体内酒精浓度在 0.3% 时，驾驶能力就开始下降；浓度达 0.8% 时，错误操作增加到 16%，以致不能正确操纵转向盘，不能控制车速；浓度达 1.0% 时，驾驶能力降低 15%；浓度达 1.5% 时，驾驶能力降低 30%，就会出现判断能力减弱，反应迟缓，动作迟钝、失调，有飘飘然之感，并出现激动、吵闹、手舞足蹈、失去控制能力现象，甚至可能把加速踏板当制动踏板而导致重大事故发生。

因此，严禁酒后驾车已被列入国家的法规，车辆驾驶员必须严格遵守。特别是饮酒后驾驶营运机动车的，处 15 日拘留，并处 5000 元罚款，吊销机动车驾驶证，5 年内不得重新取得机动车驾驶证。醉酒驾驶营运机动车的，由公安机关交通管理部门约束至酒醒，吊销机动车驾驶证，依法追究刑事责任；10 年内不得重新取得机动车驾驶证，重新取得机动车驾驶证后，不得驾驶营运机动车。

饮酒后或者醉酒驾驶机动车发生重大交通事故，构成犯罪的，依法追究刑事责任，并由公安机关交通管理部门吊销机动车驾驶证，终生不得重新取得机动车驾驶证。

饮酒驾驶的影响

吸毒对驾驶的影响

药物对驾驶的影响

2.3 影响安全驾驶的心理因素

本节介绍了影响驾驶员安全行车的相关心理因素，道路安全驾驶与性格特征、“路怒”症的行为特点，驾驶员个性与安全驾驶的关系，有意注意与无意注意之间的关系，驾驶员应具备的素质以及如何运用驾驶员情绪调节方法、驾驶员注意品质的定义及分类、驾驶员集中注意力的方法，驾驶员转移注意力的概念方法以及驾驶员分配注意力的含义方式，帮助驾驶员从基本概念入手，熟练应对行车过程中出现的多种情况，进而帮助驾驶员更好地从事道路运输驾驶员职业。

2.3.1 驾驶员心理特性

2.3.1.1 驾驶员心理变化的影响

驾驶员心理的变化支配影响着驾车行为。驾驶员在行车过程中，每时每刻都会因身体、车况、路况、气候、环境等因素的变化而产生一定的心理反应，并在诸多的反应下通过大脑的意识和心理量度来操控车辆。驾驶员的心理反应和变化因人而异，由于年龄、性别、文化程度、工作环境、驾驶经验的不同，也表现出很大的差异性。影响驾驶员行车安全的心理因素主要包括性格、情绪、意识、意志、注意力、心理压力、情理障碍等。

2.3.1.2　驾驶员心理障碍的表现

心理障碍属于一种不健康的心理状态,主要表现有四种,并在驾驶员处于不同阶段会出现不同心理状态。对应心理如图 2-1 所示。

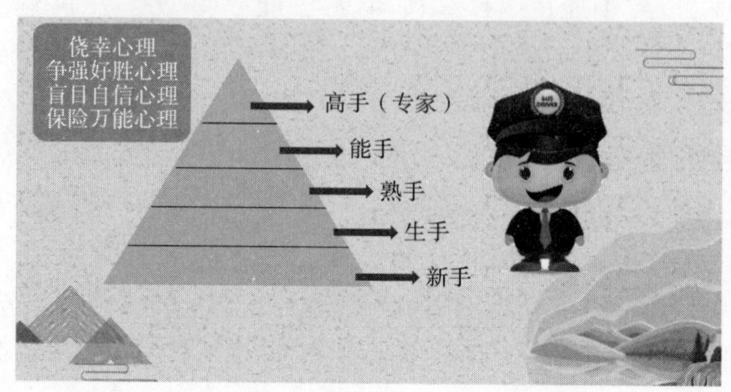

图 2-1　驾驶员心理障碍不同阶段表现

(1)侥幸心理:虽然知道自己的驾车行为有一定的风险,但总认为灾难不会落在自己头上,特别是驾驶员有过几次转危为安的经历,侥幸心理就会自然形成。

(2)争强好胜心理:有些驾驶员爱显示自己,好出风头,追求高速开车的快感和刺激,特别是遇到别人的车辆超过自己时,认为是对自己的蔑视和挑战,不顾车况、路况,危险驾驶,开"英雄车"。

(3)盲目自信心理:这类驾驶员多是驾龄长,驾车经验丰富,多年没有发生事故,天长日久产生的一种盲目自信心理。

(4)保险万能心理:在保险公司投保后就易产生这种想法,总觉得投了保险就如同进了保险箱,出了事故由保险公司包赔,不把安全放在心上,殊不知,保险只能保财产,而不能保生命。

2.3.2　驾驶员性格特征

2.3.2.1　人的性格概述

1)人的性格

一个人对现实的态度,在类似情景中不断出现而巩固下来,与之相应的行为方式不断重复而达到了习惯化的时候,这种对现实的稳固态度和习惯化了的行为方式所表现出来的个性心理特征,就是性格。

2)性格的分类

根据性格倾向的不同,性格可分为内向型和外向型两种。

(1)内向型。

内向型是指心理活动过程经常指向自己内心世界的个性。具有内向型的驾驶员,驾驶应变能力差,缺乏自信,不够果断,不敢快速行车,驾驶行为被动,临危避险易失误,制动过迟,超车缺少自我保护。

(2)外向型。

外向型的个性是指一种心理活动过程经常指向外在事物的个性。具有这种个性的驾驶员容易受情绪左右,喜欢冒险,盲目开快车,往往占线行车,强行超车,遇行人横穿加速绕行,跟车间距过近。

3)性格与行车安全

驾驶员由于性格不同,对安全行车的态度和行为方式也不同。认真细致、坚定果断的人在驾驶车辆时仔细、谨慎,遇事有预见、有准备、有措施,处理突发情况坚定、果断,发生交通事故的概率很小。相反地,马虎、粗心、优柔寡断的人,在驾驶车辆时粗心大意,遇事马马虎虎,处理突然情况优柔寡断,发生交通事故的概率大得多。

事故统计表明,协调性欠佳,情绪不稳定,不关心他人,而且容易冲动的驾驶员易发生交通事故;适应性强,情绪稳定,关心他人,在紧张状态下不惊慌失措的驾驶员不易发生交通事故。

根据我国对发生交通事故的驾驶员的研究,有下列性格的驾驶员极易发生事故:

(1)无视国家和人民的利益,不关心别人,工作中得过且过,没有事业心,对工作不负责任,不重视生命,轻视社会道德和法规。

(2)性格粗暴,随意蛮干,容易冲动,冒火斗气。

(3)粗心大意,遇事马马虎虎、轻率被动,对自己估计过高。

(4)协调性不好,以自我为中心,爱批评别人,孤僻、顽固,群众关系不好。

(5)反应迟钝,遇事优柔寡断。

(6)遇困难、挫折想不开,死钻牛角尖,容易被一事吸引而一意孤行。

4)驾驶员应具备的性格

驾驶员要加强学习,注意思想修养,在实践中善于总结经验、接受教训,巩固好的方面,改造不良的方面,逐步使自己具有优良的性格。许多模范驾驶员的经验总结表明,一个优秀的驾驶员,应具备下列优良性格:

(1)热爱祖国,热爱人民,关心群众,有全心全意为人民服务的思想。一切从人民的利益出发,有高度的责任感。

(2)情绪稳定,遇事冷静,自制力强,不冲动,不急躁,不开“斗气车”“英雄车”。时刻把人民的生命财产安危铭记在心,行车中胆大心细,处理情况沉着冷静。

(3)法制观念强,遵章守法,行车中安全礼让,把困难留给自己,把方便让给别人。

(4)遵守社会公德,加强职业道德修养,搞好团结互助,处处以助人为乐。

(5)组织纪律性强,服从领导和调度,遇事考虑周到,严谨仔细,坚毅果断,但不粗鲁轻率。

(6)爱护公物,勤俭节约,对车辆勤检查、勤维护、勤调整,保持机件完好、性能可靠,不开病车,并注意节约原材料。

2.3.2.2 道路安全驾驶与性格特征

1)情绪

情绪是人对客观事物是否符合自己需要而产生的态度和体验,是以个体期望和需要为中介的一种心理活动。情绪是影响个体心理活动的重要因素。积极的情绪会使人精神饱满,处理问题效率高,不容易犯错;消极的情绪会使人意志消沉,处理问题效率降低,很容易犯错。研究发现,情绪因素在驾驶中具有重要作用。即使情绪不能列在交通事故的直接因素中,但在日常驾驶中,中性情绪状态通常占据大部分时间。一些强烈的情绪,例如愤怒和极端激动,因为持续很久的反应时间,存在潜在的使驾驶安全受到威胁的可能性。影响驾驶员安全驾驶常见的情绪表现主要有愤怒、抑郁和焦虑。情绪不断被个体所唤起和体验,唤起有时是显意识的,有时是无意识的。

不同的情绪表现会对交通安全产生不同的影响。例如,滥用酒精不仅能直接影响对车辆的控制,也可诱导驾驶员产生不良情绪,从而增加驾驶风险。人格障碍、感觉寻求、冲动等心理健康问题可引发驾驶员的不良情绪,以此为中介增加驾驶员的错误操作和攻击性驾驶行为。

研究发现,相同的情绪事件,可以产生不同的驾驶情绪,不同的驾驶情绪与不同的交通事件有关。例如,责备会引发焦虑,抑郁和愤怒等不同的情绪表现。根据以往经验,焦虑往往与分心驾驶有关;愤怒与攻击性驾驶有关;在模拟驾驶中,抑郁的被试者,转向操作更缓慢,事故率也更高。还有研究表明,驾驶员在模拟驾驶时听忧伤的音乐,会感到镇静,但却不能把精力集中在驾驶任务上。常见的情绪表现为愤怒、抑郁和焦虑,而常见的情绪状态是激情、心境和应激。

(1)常见情绪表现。

①愤怒:指当愿望不能实现或为达到目的的行动得不到满意结果时引起的一种紧张而不愉快的情绪。

研究发现,攻击性强的驾驶员比其他驾驶员更有可能行车各种心理问题如躁狂症、酒精依赖或药物依赖,还有反社会和边缘性人格障碍,注意力缺陷、多动症等。另外,有“路怒”症的驾驶员也有出现心理问题的风险。也有研究发现,男性驾驶员在驾驶过程中产生愤怒情绪的概率要高于女性驾驶员,年长驾驶员出现驾驶愤怒情绪的概率显著高于年轻驾驶员;而随着驾龄的增加,驾驶员平均愤怒等级逐渐降低。同时还发现,不同驾照类型对驾驶愤怒情绪也有较大影响。

②抑郁:一种情绪状态,表现为长时间的情绪低落,意志力和行动力减弱,有时伴随自我伤害及自杀行为。

在实际生活中,研究人员通过发放问卷,以自我报告的形式,考察驾驶员出行前的情绪、驾驶中出现的想法以及驾驶时的交通环境等因素与事故率的关系,发现抑郁情绪对交通安全有消极影响。抑郁因子是发生道路交通事故的一个危险因子。车辆驾驶员易产生抑郁情绪,该情绪与其人格特征有密切的关联性。

③焦虑:在人的正常发展中,无论对于是真实的危险,还是想象中的危险,人们都会以各种形式表现出来。如果自我没有获得处理危险的办法,就会陷入长期的无助和惊恐之中,对危险的本能反应就是焦虑。

焦虑通常情况下与精神打击以及即将来临的、可能造成的威胁或危险相联系,主观表现出感到紧张、不愉快,甚至痛苦以至于难以自制,严重时会伴有植物性神经系统功能的变化或失调。驾驶员的焦虑水平可以影响危险驾驶行为,危险驾驶行为与高焦虑水平具有一定关联,主要是因为焦虑会引起驾驶员的分心和注意缺陷。

(2)驾驶员常见情绪状态。

根据情绪发生的速度、强度和持续时间的长短,可以把情绪分为三种状态:激情、应激及心境。

①激情:一种如暴风骤雨般的激烈而短促的情绪状态,如狂喜、暴怒恐惧、悲痛等都是激情的典型表现形式。激情通常都是由生活中的重大事件所引发,对驾驶员的影响很大。人处于激情状态下,认识活动范围往往缩小,理解力和自制力也会显著降低,对行为的调控能力也会减弱,不能正确地评价自己行动的意义及后果。如人在生活中具有重大意义的事件发生时所引起的暴怒、恐惧、剧烈的悲痛都是激情。驾驶员在激情状态下,由于自制力的显著降低,极易做出错误的行动,产生不正确的反应,导致事故的发生。

②应激:个体在意外事件或危险情境下,面临或察觉应激源对机体有威胁或挑战时,在适应和应对过程中出现的高度紧张的情绪状态。能够引起应激反应的因素称为应激源。人在突如其来的或十分危险的条件下必须迅速地采取行动,这时就会表现出应激状态。例如在驾驶中,突然出现险情,如轮胎爆炸、转向盘突然失灵、制动系统失灵等,以及当车辆行驶在复杂的交通环境中时,由于突显信息的出现,如突然跑到行车道上的小孩、突然转弯过来的自行车等,使得驾驶员必须迅速判明情况,在一瞬间做出决策,这时,驾驶员一系列的情绪反应就是应激状态。

在应激状态下,驾驶员必须头脑清醒、判断迅速、抉择正确、行动果断,才能处理好意外发生的情况。所以,驾驶员应该有较高的安全行车意识和良好的驾驶习惯,努力提高自己的驾驶技能,使自己在紧急的情况下,能做出正确的反应,避免或减少事故的发生。

③心境:一种使人的一切体验和活动都染上一种稳定、持久但较微弱的情绪色彩的心理状态。它是发生过的情绪情感的延续和“后作用”的结果,是具有背景性质的情绪状态,后续的心理活动是在这个心理背景上发生和发展的。例如,得到年终安全大奖的驾驶员在其后的几天中都会觉得心情舒畅,甚至觉得连花儿、鸟儿都在为自己祝福,在驾驶过程中不仅反应迅速、动作敏捷,还能主动礼让行人和其他过往车辆,连平时最不能容忍的事情都能谅解。而消极沮丧的心境却会使驾驶员心情沉重、萎靡不振,在驾驶过程中反应迟钝,注意力不集中,错误动作、多余动作增加,对外界刺激极其敏感,容易动怒,很容易发生交通事故。

驾驶员在良好的心境下,感知清晰,判断敏捷,操作准确,能轻松愉快地处理好行驶中遇到的各种复杂情况;而在厌烦,消沉、压抑的心境下,会觉得工作处处不顺利,表现得粗鲁、易怒,总是感觉是有意与自己为难,在这种心境下很容易开赌气车,对行车安全产生非常不利的影响。驾驶员应当以崇高的道德情操,努力培养积极的心境,克服消极的心境,一切从人民的利益出发,使自己始终保持在良好的心境下驾驶车辆。

2)“路怒”症

(1)含义。

“路怒”一词1988年首先出现在美国,在报道洛杉矶一起由驾驶纠纷引起的枪击事件时,一家电视台使用了这个词。20 世纪 90 年代,其概念被引入英国。随后,媒体广泛地用来描述包括驾驶员、车上乘客、骑自行车的人或者行人"故意的、报复性的、不合理的压力诱导的、心胸狭窄的"行为。1997 年《新版牛津英语大辞典》记载,"路怒"用以形容由令他人厌恶的驾驶事件引起的压力与挫折所导致的直接指向另一驾驶员的攻击行为,驾驶员可能会陷入失控之中。2006 年,"Road Rage"被译为"路怒"症,以"泛华语地区中文新词榜"的身份第一次进入中国公众的视野。医学界将"路怒"症归类为阵发型暴怒障碍,路怒症发作的驾驶员经常会骂人、动粗甚至毁损他人财物,也就是驾驶攻击。

(2)影响因素。

①情境因素。

我国学者针对路况引发的愤怒做了调查,发现有 66.92% 的驾驶员认为,在看到有人严重违章的情况下可能导致"发怒"。而对"非常堵车""新驾驶员开车"这样的情况给予充分的理解。大量的研究已经验证了激发、刺激或引起驾驶攻击的情境和环境因素的影响作用。

②人口学因素。

路怒的发生会因性别、年龄、文化程度、驾驶经验不同而表现不同。男性驾驶员在警察在场和低速行驶时更愤怒,而女性驾驶员则在不规则驾驶和交通拥堵时更愤怒。研究发现年龄与路怒负相关,即年龄越小,驾驶愤怒越高;年龄越大,驾驶愤怒越低。例如德国驾驶员的驾驶愤怒水平随着年龄的增加而减少,且随着驾龄增加而减少。

③人格特质。

研究发现,驾驶员的人格是对危险驾驶行为的有效预测因素。驾驶员的人格特质与危险驾驶行为和事故显著相关,特别是愤怒特质和无规则特质是攻击性驾驶和违章的有效预测因素。

(3)行为特点。

焦躁不安、狂按喇叭是最常见的驾驶攻击行为,约占 31%,以牙还牙的报复行为也不在少数,更甚者辱骂、大打出手的也大有人在。通常驾驶员表达愤怒的 4 种方式包括言语攻击、人身攻击、用车辆表达愤怒和自我调节愤怒。研究表明,驾驶员的愤怒情绪与攻击性驾驶行为有很强的相关性。研究者对一般性攻击、驾驶员愤怒和攻击性驾驶之间的关系进行了研究,发现男驾驶员的年龄与其愤怒和攻击性驾驶负相关,女驾驶员的年平均行驶里程与攻击性驾驶负相关。然而,攻击性驾驶行为与交通事故之间的关系一直存在争议。

3)驾驶员情绪调节

为了能够安全地驾驶车辆,驾驶员要经常进行情绪调节,以适应复杂的交通环境。情绪调节的方法可分为内部调节和外部调节两类,内部调节主要是驾驶员通过积极的语句自我暗示,将注意力转移到驾驶以外的任务中;外部调节是指由专业人士或者心理咨询师进行专业的咨询、指导和培训,旨在解决驾驶员及其家庭成员的心理问题并调节好情绪。

(1)驾驶员情绪调节概念。

情绪调节是指个体为完成目标而进行的监控、评估和修正情绪反应的内在与外在过程。情绪调节与社会交往、社会能力、社会适应、心理健康等一系列的发展结果相联系。

(2)驾驶员情绪调节基本方法。

驾驶员的情绪调节基本方法有如下三种,分别是外部调节、内部调节以及路怒的调节干预法。

①外部调解。

EAP 计划,即员工援助计划,是由组织为其员工设置的一项系统的、长期的服务项目。通过专业人员对组织的诊断和建议,对员工及其亲人提供的专业咨询、指导和培训,旨在帮助改善组织的环境和气氛,解决员工及其家庭的心理和行为问题以及提高员工在组织中的工作绩效,并改善组织管理。公交企业通过实施员工援助计划,可以帮助驾驶员减少或降低由压力导致的不良反应和消极影响,提升身体状态和精神状态,进而提升工作绩效和工作满意度,减少离职率,使他们更加爱岗敬业,向市民提供安全、便捷、温馨的乘车服务。

②内部调节。

情绪调节发生于情绪反应过程之中,可区分为原因调节和反应调节。原因调节主要调整情绪的评价过程,基本调节方式包括评价忽视和评价重视;反应调节主要调整情绪反应成分,基本调节方式包括表情抑制和表情宣泄。由此可以推论,驾驶员可以通过使用积极语句自我暗示、将注意力转移到驾驶以外的任务中、与相关人士或心理咨询师交流,增加运动量等方式调节情绪。

③路怒的调节干预法。

关于路怒的干预,需要在识别驾驶愤怒的基础上,通过认知调整和行为改变相结合的方法,缓解愤怒情绪。音乐是有效缓解驾驶愤怒的方法之一。严重交通堵塞情境下,舒缓放松的音乐能降低驾驶员的应激以及驾驶攻击。

2.3.3 驾驶员气质特点

2.3.3.1 气质概述

气质是由先天性决定的一个人心理活动的动力特征,它决定心理过程的速度和稳定性,心理活动的强度及指向性。

2.3.3.2 气质类型测试题(驾驶气质类型)

1)气质类型测试卷

下面 60 道题,可以帮助你大致确定自己的气质类型,请根据自己的情况在“很符合 2 分、比较符合 1 分、不太确定 0 分、比较不符 -1 分、完全不符合 -2 分”五个答案中选择一个适合自己的。气质类型测试卷见表 2-1。

气质类型测试卷 表 2-1

题号	题　目	打分情况				
1	做事力求稳妥,一般不做无把握的事	2	1	0	-1	-2
2	遇到可气的事就有怒气,把心里话说出来才痛快	2	1	0	-1	-2

续上表

题号	题　目	打分情况				
3	宁可一个人干事,不愿很多人在一起	2	1	0	-1	-2
4	到新环境很快就能适应	2	1	0	-1	-2
5	厌恶那些强烈的刺激,如尖叫、噪声、危险镜头	2	1	0	-1	-2
6	和人争吵时总是先发制人,喜欢挑衅	2	1	0	-1	-2
7	喜欢安静的环境	2	1	0	-1	-2
8	善于和人交往	2	1	0	-1	-2
9	羡慕那种善于克制自己感情的人	2	1	0	-1	-2
10	生活有规律,很少违反作息制度	2	1	0	-1	-2
11	在多数情况下,情绪是乐观的	2	1	0	-1	-2
12	碰到陌生人觉得很拘束	2	1	0	-1	-2
13	遇到令人气愤的事,能很好地克制自我	2	1	0	-1	-2
14	做事总是有旺盛的精力	2	1	0	-1	-2
15	遇到问题总是举棋不定,优柔寡断	2	1	0	-1	-2
16	在人群中从不觉得过分拘束	2	1	0	-1	-2
17	情绪高昂觉得干什么都有趣;情绪低落就觉得都没意思	2	1	0	-1	-2
18	当注意力集中于一事物时,别的事很难使我分心	2	1	0	-1	-2
19	理解问题总比别人快	2	1	0	-1	-2
20	碰到危险情境,常有一种极度恐怖感	2	1	0	-1	-2
21	对学习、工作、事业怀有很高的热情	2	1	0	-1	-2
22	能够长时间做枯燥、单调的工作	2	1	0	-1	-2
23	符合兴趣的事情,干起来劲头十足,否则就不想干	2	1	0	-1	-2
24	一点小事就能引起情绪波动	2	1	0	-1	-2
25	讨厌做那种需要耐心、细致的工作	2	1	0	-1	-2
26	与人交往不卑不亢	2	1	0	-1	-2
27	喜欢参加热烈的活动	2	1	0	-1	-2
28	爱看感情细腻、描写人物内心活动的文学作品	2	1	0	-1	-2
29	工作学习时间长了,常感到厌倦	2	1	0	-1	-2
30	不喜欢长时间谈论一个问题,愿意实际动手干	2	1	0	-1	-2
31	宁愿侃侃而谈,不愿窃窃私语	2	1	0	-1	-2
32	别人总是说我闷闷不乐	2	1	0	-1	-2
33	理解问题常比别人慢些	2	1	0	-1	-2
34	疲倦时只要短暂休息就能精神抖擞,重新投入工作	2	1	0	-1	-2
35	心里有话宁愿自己想,不愿说出来	2	1	0	-1	-2

续上表

题号	题　　目	打分情况				
36	认准目标就希望尽快实现，不达目的，誓不罢休	2	1	0	-1	-2
37	学习、工作一段时间后，常比别人更疲倦	2	1	0	-1	-2
38	做事莽撞，常不考虑后果	2	1	0	-1	-2
39	老师讲新知识时，总希望讲得慢些，多重复几遍	2	1	0	-1	-2
40	能够很快忘记不愉快的事情	2	1	0	-1	-2
41	做作业或完成一件工作总比别人花的时间多	2	1	0	-1	-2
42	喜欢运动量大的剧烈体育运动或参加各种文艺活动	2	1	0	-1	-2
43	不能很快地把注意力从一件事转移到另一件事上去	2	1	0	-1	-2
44	接受一个任务后，就希望能把它迅速解决	2	1	0	-1	-2
45	认为墨守成规比冒风险强些	2	1	0	-1	-2
46	能够同时注意几件事物	2	1	0	-1	-2
47	当我烦闷的时候，别人很难使我高兴起来	2	1	0	-1	-2
48	爱看情节跌宕起伏激动人心的小说	2	1	0	-1	-2
49	对工作抱认真严谨、始终一贯的态度	2	1	0	-1	-2
50	和周围人关系总相处不好	2	1	0	-1	-2
51	喜欢复习学过的知识，重复做能熟练做的工作	2	1	0	-1	-2
52	希望做变化大、花样多的工作	2	1	0	-1	-2
53	小时候会背的诗歌，我似乎比别人记得清楚	2	1	0	-1	-2
54	别人说我“出语伤人”，可我并不觉得这样	2	1	0	-1	-2
55	在体育活动中，常因反应慢而落后	2	1	0	-1	-2
56	反应敏捷、头脑机智	2	1	0	-1	-2
57	喜欢有条理而不甚麻烦的工作	2	1	0	-1	-2
58	兴奋的事情常使我失眠	2	1	0	-1	-2
59	新概念常听不懂，但弄懂了以后很难忘记	2	1	0	-1	-2
60	假如工作枯燥无味，马上就会情绪低落	2	1	0	-1	-2

胆汁质得分。

第2、6、9、14、17、21、27、31、36、38、42、48、50、54、58题的得分之和。

您的分数________。

多血质得分：

第4、8、11、16、19、23、25、29、34、40、44、46、52、56、60题的得分之和。

您的分数________。

黏液质得分：

第1、7、10、13、18、22、26、30、33、39、43、45、49、55、57题的得分之和。

您的分数________。

抑郁质得分：

第3、5、12、15、20、24、28、32、35、37、41、47、51、53、59题的得分之和。

您的分数________。

2)确定气质类型的标准

(1)如果某类气质得分明显高出其他三种,均高出4分以上,则可定为该类气质。如果该类气质得分超过20分,则为典型;如果该类得分在10~20分之间,则为一般型。

(2)两种气质类型得分接近,其差异低于3分,而且又明显高于其他两种,高出4分以上,则可定为这两种气质的混合型。

(3)三种气质得分均高于第四种,而且接近,则为三种气质的混合型。

3)气质类型分析

(1)胆汁质:精力充沛,行动敏捷,反应迅速,情感发生迅速强烈,直率、大胆、外倾,但易于激动,急躁、鲁莽、傲慢。胆汁质的驾驶员,开起车来胆大气盛,反应迅速敏捷,精力旺盛,能克服困难,顺利完成任务,但往往超速行车,强行超车,易开"斗气车",争道抢行等。

(2)多血质:好动,感情变化快而不持久,动作敏捷,热情外倾。多血质的驾驶员开车时胆大心细,机动灵活,对道路条件适应快,应变能力强。从一定程度上而言,非常适合担任驾驶工作。

(3)黏液质:安静、稳重、情感深,反应缓慢而持久,动作迟缓而不灵活,沉默寡言、内向。具有黏液质的驾驶员开起车来,四平八稳,遵章守纪,能正确处理其他车违章驾驶给自己带来的不便,不气急,不冒火,但在突然情况面前应变能力差,反应迟钝一些。

(4)抑郁质:行动迟缓,情感深沉、经验丰富而不外露,内向、极易忧郁伤感,性格孤僻,感情脆弱,外部表情微弱。抑郁质的驾驶员,开车时处理突发情况不够果断。

2.3.3.3　驾驶员气质与安全行车的关联性

人的气质由高级神经活动的类型所决定。由于高级神经活动类型是可变的,所以人的气质也是可变的,在日常生活中,典型气质特征的人有,但多数人表现为中间型,或近似于某一类型的气质。气质类型无好坏之分,任何一种气质都有积极的和消极的一面。

了解驾驶员气质与驾驶能力之间的关系,可使驾驶员根据自己的气质特点,有针对性地改造自己不利于驾驶工作的气质,巩固自己有利于驾驶工作的气质。例如胆汁质的驾驶员,在实践中逐步养成遇事冷静,自制力强,不冲动,不急躁,不开"斗气车",不开"英雄车"的优良性格,利用性格掩盖或改造自己易于激动、急躁、鲁莽、傲慢的不良气质。车辆驾驶是一种特殊职业,驾驶员经常在复杂的道路、环境中驾车行驶,应具有优良的气质。自觉控制稳定的情绪,确保行车安全。概括来说,驾驶员优良气质应为:动作敏捷且具有可塑性,但情绪要稳定,精力要充沛,反应速度要快,直率,具有明显的外倾性,胆大心细、沉着老练,切忌激动、急躁、鲁莽、傲慢。

2.3.4　驾驶员注意品质概述

2.3.4.1　注意

1)注意的定义及特点

(1)定义:注意是心理活动或意识对一定对象的指向与集中,是高级心理活动的最高统合,是心理活动的重要组成部分。

(2)特点:指向性和集中性。

注意与安全行车

注意的指向性即使人的认识指向意识所关注的对象,指人在每一瞬间,其心理活动或意识选择了某个对象而忽略了另一些对象。比如驾驶员在驾驶时,其心理活动或意识选择了路上的车和行人、其他机动车和非机动车、交通信号灯等路况信息,而忽略了其他无关的信息,所以,他会记得路上的状况,但是其他和驾驶无关的信息,比如路边某个商店的名称等,只会有一个模糊的印象。

当心理活动或意识指向某个对象时,它们会在这个对象上集中起来,即全神贯注起来,这就是注意的集中性。例如驾驶员驾驶时,其注意力高度集中在路况和自己的操作动作上,与驾驶无关的其他人和事,便排除在其意识之外。

2)注意的功能

注意的基本功能是对信息进行选择。周围环境给人们提供了大量的刺激,这些刺激有的对人很重要,有的对人不那么重要,有的毫无意义,甚至会干扰当前正在进行的活动。

3)驾驶员注意

驾驶员注意是指驾驶员在驾驶过程中,心理活动或意识对一定的道路交通信息有选择地指向和集中。

驾驶员在交通行驶过程中,要做到安全行驶,就要通过心理活动有选择地指向和集中于交通环境的各种情况,通过观察迅速、清晰、深刻获取交通信息,经过大脑分析、综合判断和推理,然后采取正确的交通行为,如果在观察、思维、行动时没有注意的指向和集中,那么一切情况便会视而不见、听而不闻,判断不准,行动出错,产生严重后果。曾经有一些以技术好著称的驾驶员,因为一时的分心,注意力不集中,而造成一些大大小小的事故。

4)驾驶员注意缺乏及分心

(1)驾驶员注意力缺乏。

驾驶员注意力缺乏是指驾驶员在驾驶活动中,由于心理活动或意识缺乏对安全信息的指向和集中,致使操作失误,造成驾驶任务失败。驾驶员注意缺乏可以分为以下几类。

①驾驶员注意受限:由于某种自身原因(如生理因素或酒驾)导致的驾驶员无法侦测到影响安全驾驶的关键因素,并引发驾驶员在从事驾驶活动时,注意投入不足或没有注意参与,从而无法保证安全驾驶。

②驾驶员注意非优先:由于驾驶员忽视影响安全驾驶的关键信息,引发驾驶员从事驾驶工作时,注意投入不足或没有注意参与,从而无法保证安全驾驶。

③驾驶员注意疏忽:由于驾驶员忽视影响安全驾驶的关键信息,引发驾驶员在从事活动时,注意投入不足或没有注意参与,从而无法保证安全驾驶。

④驾驶员注意粗略:由于驾驶员只是粗略或草率地处理影响安全驾驶的重要信息,引发驾驶员在从事驾驶活动时投入不足或没有注意参与,从而无法保证驾驶安全。

⑤驾驶员注意偏离:注意由驾驶员的关键活动偏离到其他竞争活动,从而导致对安全驾驶的关键信息注意不足或注意缺乏,比如驾驶员的注意转移到其他与驾驶无关的事情上或

转移到偏离安全驾驶的关键点的事情上,无法保证驾驶安全。

错觉与安全行车

(2)驾驶员分心。

驾驶员分心指驾驶员的注意力从主要驾驶任务中自发或无意识地偏离,与损伤(来自酒精、毒品、疲劳或药物作用情况)无关。注意力偏离的原因是驾驶员执行一个(或一些)额外的任务,临时将注意力关注于一个与主要驾驶任务无关的客体、事件或个人。这种偏离会降低驾驶员在碰撞、擦碰或转向行为中对环境的认知、驾驶决策的正确率以及表现绩效。

驾驶员分心可分为视觉分心、听觉分心、嗅觉分心、味觉分心、触觉分心、认知分心。

分心驾驶的危害及预防

分心是否影响驾驶员表现和安全,依赖于四个主要因素:驾驶经验、驾驶任务要求、竞争任务要求以及驾驶员应对竞争活动的自我调节能力。

驾驶经验:年轻驾驶员由于缺乏经验,更容易受到竞争活动(指和驾驶活动同时进行的其他活动)及其他因素的影响,年轻驾驶员在处理竞争活动时其空闲的注意资源更少。例如,一个缺乏经验的驾驶员,相比于有经验的驾驶员,应对竞争任务时其空闲的注意资源更少。有经验的驾驶员通过练习和经验,已经可以自动化地同时处理很多驾驶子任务,因此仅需要很少的注意资源。

驾驶任务要求:驾驶任务要求不以个人条件为转移,是对驾驶员的个人能力和驾驶活动所提出的要求。影响驾驶任务要求的因素包括交通条件、天气、路况,乘客的数量和种类、驾驶舱的人体工效学设计以及车辆速度。一般来说,驾驶任务要求越低,可供驾驶员参与竞争活动的剩余资源越多。

竞争任务要求:指在驾驶过程的特定时间内,驾驶任务以外的非必要驾驶活动的额外任务,它与驾驶任务竞争注意资源,例如和乘客聊天、打电话等,由于竞争任务与驾驶任务往往同时进行,驾驶员的能力是否能够胜任竞争任务的难度、竞争任务分配的时间、驾驶员的经验、竞争任务的操作内容和难度等因素,都会对驾驶任务的干扰程度具有重要影响和作用。

自我调节能力:在应对竞争活动的过程中,驾驶员自我调节的能力是影响驾驶员分心的关键因素。自我调节的作用,主要是在驾驶过程中的计划、策略和操纵侧面上,通过驾驶员的执行来控制和调节自身暴露于竞争活动、从事不安全行为的时间,从而有效控制资源的投入。

2.3.4.2 注意的分类

1)无意注意

无意注意也称不随意注意,指没有任何意图没有目的性,也无须意志努力的注意。这是一种不受人意志的支配、形势比较低级的注意。如驾驶员正在高速公路上专心致志地开车,视线内突然飞过来一个不明飞行物,这时驾驶员和乘客的注意力都会把视线投向这个物体,并且不由自主地对这个不明飞行物引起了注意,在这种情况下,我们对要注意的东西没有任何准备,也没有明确的认识任务,注意的引起和维持不是依靠意志的努力,而是取决于刺激物本身的性质。在这个意义上,不随意注意是一种消极被动的注意,人的积极性的水平较低。

2)有意注意

有意注意也称随意注意或积极注意,指有预定目的,必要时还需要付出一定意志力的注意力。这是一种受人的意志支配、有一定预期目标、形式比较复杂的注意。

有意注意的心理特征是紧张,而且这种注意持续时间长了导致的疲劳,往往比体力上的紧张厉害得多。要真正确保行车安全,要在驾驶过程中保持高度注意,都要靠有意注意。但仅靠有意注意,就容易驾驶员疲劳。所以,在驾驶中,驾驶员要注意无意注意和有意注意的相互转换。通过两种注意的不断转换,既可以使注意长期保持在对象上,又同时避免了长时间有意注意带来的疲劳。在行驶中,驾驶员要设法使两种注意交替,以保持注意持久地集中。

3)选择性注意

选择性注意是个体在同时呈现两种以上的刺激却选择一种进行注意,而忽略另外的刺激。

4)持续性注意

持续性注意是指注意在一定的时间内保持在某个认识的客体或活动上,也称注意的稳定性。

5)分配性注意

分配性注意是个体在同一时间对两种或两种以上的刺激进行注意,或经注意分配到不同的活动中。驾驶员在驾驶车辆时,需要手扶转向盘,脚踩加速踏板,眼睛还要注意路标和行人。

2.3.5 驾驶员集中注意力

2.3.5.1 集中注意力

驾驶员集中注意力指驾驶员在驾驶过程中充分利用注意的稳定性和集中性这两个品质,保证驾驶任务的顺利完成。

注意的稳定性要求驾驶员在完成驾驶任务时将注意力持续稳定地保持在驾驶活动上。这种稳定性主要指驾驶员注意持续在驾驶活动上的时间,这是注意的时间特征。持续时间越长,注意就越稳定;反之,稳定性就差。注意的集中和稳定是驾驶员一种很可贵的品质。与其他工作相比,驾驶车辆更需要时刻集中注意。因为公交车运行过程中,车内外环境瞬息万变,只要稍微不注意,就会忽略某些重要的情况而导致事故的发生,不过要求驾驶员长时间毫无动摇地把注意力集中在一件事上也是不现实的。根据研究,注意的稳定性有狭义和广义之分。

2.3.5.2 影响驾驶员注意力集中的因素

(1)对注意对象任务的依从性。目的越明确、越具体,越易于引起和维持注意。

(2)兴趣的依从性。有趣的事物容易引起注意,如果驾驶员对驾驶工作比较感兴趣,能够维持稳定而集中的注意力。

(3)对活动组织的依从性。能否正确地组织活动,也关系到注意的引起和维持,有些人养成了良好的工作习惯和生活习惯,饮食起居很有规律,这样在规定的工作时间内,便能全神贯注地工作。

(4)对过去经验的依从性。知识经验对有意注意也有重要的影响,一方面人们对自己熟悉的事物或活动,可以自动地进行加工和操作,无须特别的注意力。另一方面,人们想要在活动中维持自己的注意,又与其知识经验有一定关系。驾驶经验丰富的驾驶员在驾驶过程中可以比较熟练地进行驾驶操作。

(5)对人格的依从性。一个具有顽强、坚毅性格特点的人,易于使自己的注意服从于当前的目的与任务。

2.3.5.3 驾驶员集中注意力的方法

(1)积累经验,养成不断变换注意对象的习惯。

(2)目标明确,加深对驾驶任务意义的理解,增强使命感。

(3)培养良好的人格品质。

(4)养成良好的工作生活习惯。

2.3.6 驾驶员注意力的转移

2.3.6.1 转移注意力

注意的转移是根据新任务,即主动把注意力从一个对象转移到另一个对象上。

驾驶工作要求驾驶员善于转移注意。从每次开始驾驶来说,如果不能从思想上抛开原来的活动,及时进入驾驶状态,而把注意力保持在原来的活动上,这对驾驶工作来说就是分散注意。由于分散注意而发生的交通事故实在是太多了。从驾驶过程来说,也需要不断转移注意力。

2.3.6.2 驾驶员转移注意力的制约因素及方法

(1)对新活动意义的认识水平。如果驾驶员能够正确认识新活动的意义,注意就容易转移。优秀的驾驶员在每次出车的时候,都能够真正认识到自己手中握着乘客的生命安全,他就会在开车前把一切活动放下,迅速将注意力转移到驾驶活动。

(2)对原来活动的注意集中程度。如果进行先前活动时注意非常集中,那么要把注意迅速转移到新的活动上就不太容易。

(3)新注意的对象越符合人的需要和兴趣,注意的转移越容易,反之,注意的转移就越困难。

2.3.6.3 驾驶员转移注意力的方法

提升自身认识水平,拥有较好的职业素养,对自己的工作的意义和性质有充分的认识和了解。平时养成良好的习惯,在工作期间专心于工作,不去从事太多太刺激、太吸引人的其他娱乐活动,如赌博等。爱好自己的职业工作,对工作保持兴趣。

2.3.7 驾驶员分配注意力

2.3.7.1 分配注意力

注意分配指人在进行多种活动时,能把注意同时指向不同对象。驾驶车辆的工作要求驾驶员有较强的分配注意的能力。因为在行车过程中,要求驾驶员始终把注意力分配在许多活动上,同时注意几个方面的情况。一般来说,驾驶员在驾驶活动中,注意的信息可以分为两大类,即车外路况信息和车内操作信息。

在驾驶过程中,驾驶员既要注意驾驶操作,又要注意来往车辆和行人,还要注意交通标志等,如果不能分配注意,顾此失彼,就非常容易发生交通事故。

2.3.7.2 驾驶员分配注意力的方法

1)影响驾驶员注意分配的基本条件

注意分配的一个基本条件,就是同时进行的几种活动的熟练程度或自动化程度。如果人们对这几种活动都比较熟悉,其中有的活动接近于自动进行,那么注意的分配就较好。

2)驾驶员分配注意力的方式途径

要使驾驶员注意能够分配到驾驶活动中的几种活动上,重要的条件之一就是这些活动中只有一种是不熟悉的,需要成为注意的中心,而其余的活动必须非常熟练,甚至达到"自动化"的程度,不需要特别的注意也行,这样才能把注意分配到比较生疏的活动上。驾驶活动中,路况信息瞬息万变,应当是主要的注意对象,而驾驶操作应通过练习达到"自动化"的程度。驾驶员要准确分配注意,就必须勤学多练,使操作技能成为熟练的技巧,这样就可以同时注意几件事情了。

2.4 城市公交驾驶员能力训练及案例

本节介绍了影响感觉、直觉的概念与分类,危险知觉的机制与监测、危险知觉的影响因素以及危险感知能力的改善方法、驾驶判断和决策的含义、驾驶员判断和决策的模式、影响驾驶判断和决策的因素以及运用驾驶判断和决策的改善方法、人格的概念及分类、驾驶员人格倾向对于行车安全的影响以及安全驾驶适应性训练的方法、情绪的概念及分类、情绪对驾驶员的安全行车影响机制、情绪对驾驶员安全行车主要的危险特性以及影响驾驶员安全行车情绪的改善方法,帮助驾驶员进行感知觉训练、判断与决策能力的训练,对驾驶员安全行车适应性的训练,从根本上避免情绪对驾驶员造成不良后果,知情绪并掌握情绪,帮助驾驶员熟悉道路安全要领,平稳行车、安全出行。

2.4.1 驾驶员感知觉概述

2.4.1.1 感觉

1)概念

感觉是客观刺激作用于感觉器官所产生的对事物个别属性的反映,是人脑对来自现实世界的感官直接信息的觉察和识别。对驾驶员来说,就是指在驾驶过程中获得的各种信息。

2)分类

(1)外部感觉。

①视觉。

以眼睛为感觉器官,辨别外界物体明暗、颜色等特性的感觉叫作视觉。

②听觉。

声波震动鼓膜产生的感觉叫作听觉。

③嗅觉。

某些物质的气体分子作用于鼻腔黏膜时产生的感觉叫作嗅觉。

④味觉。

可溶性物质作用于味蕾产生的感觉叫作味觉。

⑤触觉。

刺激作用于皮肤引起的各种各样的感觉叫作触觉。

(2)内部感觉。

①运动觉。

反映身体各部分运动和位置的感觉叫作运动觉。

②平衡觉。

反映头部位置和身体平衡状态的感觉叫作平衡觉。

③机体觉。

机体内部器官受到刺激时产生的感觉叫作机体觉。

④与驾驶行为有关的感觉。

视觉给驾驶员提供约80%的交通信息;听觉使驾驶员根据声音信息区分车辆机件的故障;用手操纵转向盘,用脚踩制动踏板,手和腿,每个关节肌肉的感觉给驾驶员提供行车方向和行车速度的信息;平衡觉向驾驶员发送物体在空间位置的信息。根据这些感觉,驾驶员可以判断车速、前进方向、加速和减速。所以,与驾驶行为有关的最重要的感觉是视觉、听觉、运动觉和平衡觉等。

A. 视觉。

驾驶员在行车过程中,由视觉获得的信息占全部信息的80%以上,所以驾驶员的视觉机能对驾驶行为影响很大。

夜间视力与亮度有关,亮度加大可以增强夜间视力。在照度为0.1~1000lx的范围内,两者呈线性关系。对于驾驶员来说,黄昏是最坏的时刻,因为在黄昏时,光线较暗,而车辆开前照灯时,其亮度与周围的亮度相差不大,因此,驾驶员不易看到周围的车辆和行人。另外,夜间视力与驾驶员的年龄有关,年龄越大,夜间视力越差,20~30岁的驾驶员的夜间视力最好。夜间视力还与车速有关,速度增加,视力下降。

B. 听觉。

听觉即对声音的感觉,对听到的声音能分析出它的音高、响度、音色和持续性,还能分析连贯地被感知的节奏旋律变化,并由此而能分辨它的方位和远近,所以听觉能补充视觉的不足,其重要性仅次于视觉。例如,在超车或会车时常用按喇叭来引起对方驾驶员的注意;行驶中听到警车、救护车和特种车的警报声,就会减速、让行。与视觉信息相比,听觉信息具有两个明显的特征:一是反应快,听觉为0.12~0.16s,视觉为0.15~2.0s;二是刺激强,在公路上高速行车,遇到前方有行人或在雾天视觉受到影响时,常用鸣喇叭引起对方和行人注意。有经验的驾驶员在行车过程中,还能根据车内异响而推断某种机件或设备发生了故障,及时采取措施,保障行车安全。

2.4.1.2 知觉

1)概念

知觉是直接作用于感官的客观事物的整体在人脑中的反映,是相较于感觉更为复杂而深入的心理过程。例如,我们感觉到苹果色彩、味道、冷热和软硬时,也看到了它的大小、形状以及它所处的位置。这时我们对苹果有了一个整体印象,这个整体印象就是综合了以上各方面的个别属性的基础上而获得的,即形成了我们对苹果的知觉。

2)特性

人的知觉活动表现出以下四种基本特性:

(1)选择性。

人所处的环境复杂多样。在某一瞬间,人不可能对众多事物进行感知,而总是有选择地把某一事物作为知觉对象,与此同时把其他事物作为知觉背景,这就是选择性。

(2)整体性。

知觉的对象都是由不同属性的许多部分组成的,人们在知觉它时却能依据以往经验组成一个整体。知觉的这一特性就是知觉的整体性(或完整性)。

(3)理解性。

知觉的理解性是指在知觉过程中,人用过去所获得的有关知识经验,对感知对象进行加工理解,并以概念的形式标示出来。

(4)恒常性。

当知觉条件发生变化时,知觉的印象仍然保持相对不变,这就是知觉的恒常性。

3)类别

知觉是多种分析器协同活动的结果。根据何种分析器在知觉过程中占主导地位,可以将知觉分为视知觉、听知觉、嗅知觉、味知觉等:根据人脑所认识的事物特性,可以把知觉分为空间知觉、时间知觉和运动知觉。空间知觉处理物体的大小、形状、方位和距离的信息;时间知觉处理事物的延续性和顺序性的信息;运动知觉处理物体在空间的位移等信息。知觉还有一种特殊的形态叫作错误知觉。

(1)空间知觉:人脑对物体的空间特征的反映,包括形状知觉、大小知觉、方位知觉、距离知觉等。空间知觉在驾驶员与道路环境的相互关系中起着重要作用。因为行车中,驾驶员要随时了解道路几何形状、其他交通工具的大小、距离和方向等情况,以便正确处理驾驶中出现的问题。

(2)时间知觉:人对客观现象延续性和顺序性的反映。

(3)运动知觉:人脑对物体空间位移的知觉。

(4)错误知觉:即错觉,是在特定条件下产生的对客观事物的歪曲知觉。

2.4.1.3　驾驶员的视知觉

视觉与视知觉人能根据眼睛获得的视觉信息进行加工和解释，从而更深刻地认识客观事物，这就是人的视知觉能力。例如当车辆在山区弯道上行驶时，由于山坡的遮挡，驾驶员眼睛看到的只是弯道的一部分，但驾驶员根据自己经验知道，道路并非到此为止，而是继续向前延伸。这样，驾驶员通过自己的视知觉，对山区弯道这一客观事物有了全面的认识。虽然每个人都具有视知觉能力，但由于处境以及生活经验、兴趣爱好等不同，不同人对于同一视觉住处的加工和解释可能有所不同，因而产生出不同的视知觉。驾驶员的视知觉具有如下特点：

(1)优先知觉自己关心的、想要注意的事物，例如驾驶员很容易发现在前面行驶的自己同伴的车辆。

(2)容易知觉曾有过亲身体验的事物，例如行车中曾见过同方向行驶的自行车截头猛拐，以后对同方向形式的自行车便会格外注意。

(3)对于外界事物容易按照自己设想的方向去知觉。例如在路口前看见前车向左侧靠，便认为前车想要左转弯，而实际上前车可能是在为右转弯做准备。

(4)对于自己认为关系重大的事物容易知觉，例如在路口转弯时，有的驾驶员只注意其他的机动车辆而忽视了行人。

(5)对于移动的、变化的事物容易知觉，例如闪烁的灯光比亮度不变的灯光更容易引起注意。

2.4.2　驾驶员危险知觉的检测

2.4.2.1　危险知觉

在交通中，危险是道路环境的有机组成部分，危险情况下，个体陷入事故的概率更高。危险知觉指的是对潜在危险的发现、识别、反应过程。驾驶员危险知觉是特指驾驶员观察交通环境，能够预测和识别潜在的危险，并对突然出现的危险做出快速锁定和反应的能力，包括危险识别、危险评估和危险反应三个阶段。

2.4.2.2　危险知觉机制

危险知觉包括四个过程：危险识别、危险评估、行为选择及行为执行。驾驶员在识别潜在危险后，会评估危险的等级程度和筛选可行的行为策略，最后执行行为以应对潜在危险。该机制模型强调危险评估与行为选择的同时性，重视信息的反馈。

2.4.2.3　危险知觉检测方法

1)主观评估和自我报告方法

把交通场景中的危险信息评定为安全的被试，往往涉及更多的交通事故。研究者让被试者对不同的交通场景图片进行分类。结果发现，新驾驶员对真实的危险评估更高(如前方有行人过马路)，而有经验的驾驶员对潜在的危险评价更高(如跟前车的车距很近)。对于潜在的危险，例如大雾天，有经验的驾驶员比新驾驶员对危险的评定更高。但是，一些研究表明驾驶员对危险的等级评估与驾驶员对危险的反应时之间没有关系。例如研究者让三组被试（经验组、未经训练的新驾驶员组、经过训练的新驾驶员组）对不同的交通场景视频进行评估，结果发现，三组没有显著差异。通过给被试呈现一组图片，每张图片只呈现 3s 时间。3s 后，被试需要对刚才呈现的图片进行危险等级评定。结果表明：有经验的驾驶员和新驾驶员对包含有明显危险的图片的评估没有差异，两组被试对包含有潜在危险的图片的评估存在差异。危险评估不需要驾驶员立即作出判断，没有时间限制。即使经验水平有所不同，新驾驶员和有经验的驾驶员对同一个场景的危险进行的评估有可能是一样的。但是有经验的驾驶员在限时任务中，作出决定的时间更短。

2）反应时测量方法

研究者假设，反应时指标同驾驶员对道路上的危险信息权重相关，如果驾驶员觉得某个刺激非常危险，往往能对其快速反应。因此，研究者设置驾驶情境，呈现危险刺激，通过采集被试的平均反应时间来测量危险知觉能力。根据被试的反应方式不同，反应时测量法可以分为三种：

（1）操作杆反应。

要求被试在观看交通视频（从驾驶员的视角拍摄）时，通过移动操作杆来表示他是否感到安全。

（2）反应键反应。

在测试中，被试仅坐在电视屏幕前，只要觉察到交通场景视频中的危险，就按下反应键，越快越好。

（3）触屏反应。

要求被试用鼠标在屏幕上点击“危险”。这样，测试结果既有时间反应的记录，又有空间反应的记录。因此，这种方法降低了反应目标的模糊性。也有研究者发明了用触摸屏幕的方式取代鼠标点击的方式解决了这一难题。

3）眼动测量方法

使用眼动测量方法，我们可以用总注视时间、瞳孔直径、注视次数、凝视次数四个眼动指标评定驾驶员的危险知觉。

综上所述，通过模拟交通情境让被试者进行反应的方法是目前危险知觉测试的主要方法。把反应时和眼动指标结合起来研究，并在试验后了解被试对危险的主观评估，是目前研究者认为最可靠的一种研究程序。例如，研究者将眼动和反应时的方法结合起来测量危险知觉，将反应时分为首次注视点之前的反应时和首次注视点之后的反应时。结果表明，在视觉加工阶段（危险区域内首次注视点之前），新驾驶员和有经验驾驶员的反应时没有差异；而在认知加工阶段（首次注视点之后），有经验驾驶员的反应时更短。

2.4.3 驾驶员危险知觉影响因素

2.4.3.1 人口统计学信息

1）年龄

驾驶员年龄与危险知觉反应时之间是一个 U 形曲线关系。一般而言，25 岁以下驾驶员的危险知觉反应时长,随着驾驶经验的增加,反应时变短,并在45~54岁达到稳定。

2)性别

年轻驾驶员对自己的行车安全性、驾驶技能和可能发生事故的概率持乐观态度。男性驾驶员通常都会低估潜在的交通危险,却高估自己的驾驶技能,这也从侧面解释了男性驾驶员比女性驾驶员更容易发生交通事故的原因。

2.4.3.2 驾驶经验

年龄与驾驶经验对危险知觉的影响是各自独立的。不同年龄的驾驶员,驾驶经验越丰富,危险知觉反应时越短。新驾驶员比有经验驾驶员的危险知觉反应时长。随着驾驶经验的增加,新驾驶员的危险知觉能力逐步提高。新驾驶员不太可能鉴别出交通情境中的危险并做出相应的行为反应。同有经验驾驶员相比,新驾驶员也很少注意交通情境中出现危险的关键区域。此外,驾驶经验因人而异,驾驶经验对危险知觉的影响可能是通过调节其他变量来实现的。

2.4.3.3 自我评价

人们的驾驶技术虽有差异,但是大多驾驶员都表现出较大自信,认为自己驾驶技术比别人强,特别是在危险识别上。驾驶员越自信,在驾驶时越觉得安全,他们将驾驶技术等同于安全。虽然良好的危险识别能力同安全有关,但没有证据显示驾驶技术同事故率有任何明显关系。所以,驾驶员的驾驶技术并不能绝对保障安全。那些认为自己驾驶技术好的人通常危险驾驶行为更多。研究认为,可能有两种驾驶风格:一种是技术型的,对自己的驾驶技术很自信;另一种是安全型的,更看重自己行车的安全性。自我认定的驾驶技术水平同速度正相关,由于速度同事故危险性相联系,于是,那些强调自己驾驶技术好的人,很容易发生事故。

2.4.3.4 心理因素

驾驶员人格特点不同,对危险的知觉能力不同。无论是新驾驶员还是有经验驾驶员,场独立性驾驶员的危险知觉能力比场依存性驾驶员好。

2.4.4 驾驶员危险感知能力提升

2.4.4.1 危险知觉的检测

虽然事故与很多偶然因素有关,但危险知觉确实和很多事故有着密切的关系。目前,欧洲和澳大利亚的危险知觉测试已经成为驾驶员考取驾驶证的一部分了。有证据表明,对于不同的道路使用者设计不同的危险知觉测试可能更有效,例如针对摩托车驾驶员的测试。除研究领域之外,危险知觉测试在评估驾驶员方面有了广泛的实际用处。在欧洲和澳大利亚的一些州,危险知觉测试已经成为官方驾驶员测试中的强制性部分了。对涉及交通和培训课程有效性之间的关系研究可以发现,这些关系因素会影响道路安全性,而传统驾驶测试来预测交通事故是有局限性的。目前国内还未开发出适合本国国情的危险知觉测试系统,原因可能在于我国的交通法规、道路设计以及一些道路状况和国外有很大的不同。此外,我国驾驶员群体的驾驶风格和驾驶技能也有自身的独特性。因此,国内研究机构可以借鉴国外的研究成果,开发出适合我国驾驶员和本国道路情况的危险知觉测试。基于危险知觉测试与交通事故的关系,将来我国也应该考虑将危险知觉测试强制性地纳入机动车驾驶证考核系统。这样才能最有效地提高驾驶员的安全能力,最大限度地预防交通事故的发生。

2.4.4.2　驾驶员危险知觉训练

对驾驶员的危险知觉能力的训练主要有三个方面:减少危险反应时、提高危险预期能力、改善危险视觉搜索模式。研究者 Regan 等人开发了一个电脑训练程序,该程序采用照片和视频,在视觉搜索、危险预测、安全决策等方面对被试进行训练。被试在驾驶模拟器中对自己的表现作出评价。训练有效提高了被试在驾驶模拟器中的表现。

2.4.5　驾驶员信息判断处理的概念

2.4.5.1　驾驶员信息加工模式

研究表明,驾驶员在紧急情况下会引起驾驶行为的不确定性,它使驾驶行为由有效操作性转变为本能控制性,即有意识地控制的驾驶行为。驾驶员的驾驶行为与驾驶情景差异的关联性程度是受驾驶员信息接收能力限制的,在差异不太大的情况下,驾驶员行为的表现具有一致性;在差异较大的情况下,驾驶行为与外界因素的联系将局限于某一特定的信息,其余的可以予以忽略。因此,驾驶员在事故前瞬间的驾驶行为受多种因素影响,这些因素可能是道路环境方面的因素,可能是车辆本身的因素,也可能是驾驶员自身的因素。而驾驶员的信息处理依然需要经历信息感知、判断决策、动作执行这样的过程。驾驶员每一个动作过程所需要的反应时间是驾驶员本身固有的属性,它与驾驶员对行车环境的熟悉程度,驾驶员的驾驶经历、年龄、性别、气质、情绪等因素有关。

2.4.5.2　驾驶员信息判断处理

在驾驶活动当中,驾驶员、车辆、道路环境构成了驾驶员-车辆-道路环境闭环系统,在该系统中驾驶员是最主要的因素,对车辆的安全行驶起着主导作用,驾驶员在事故前瞬间的行为更是直接影响着事故的严重程度。因此,研究驾驶员的信息处理特性就必须从驾驶员的信息判断处理过程入手,深入分析驾驶员的操作特性,特别是事故前的驾驶员应急操作特性。在车辆行驶过程中,驾驶员对车辆的控制是通过系统的信息处理过程实现的,驾驶行为是由信息感知、判断决策、动作执行所组成的不断重复的信息处理过程。在驾驶活动当中,驾驶员首先通过感觉器官接收来自外界的刺激,特别是与驾驶员驾驶相关的因素,如机动车、非机动车、道路环境、行人等交通信息,然后驾驶员将接收到的外部信息在经过判断和决策之后,依据自己的驾驶技能、驾驶风格对车辆的运动进行控制,使其行驶在自己期望的轨迹,从而使驾驶员-车辆-道路环境系统稳定、协调地运行,达到预期的目的。驾驶员对车辆的控制是建立在直观和经验的基础之上的。驾驶员通过视觉、听觉、触觉等感觉器官获得车辆当前的行驶状态(速度、加速度等)、道路状况、道路的交通状况以及周围的交通环境信息。驾驶员获得信息的过程就是认知的过程。驾驶员获得信息之后,将获得的信息通过感觉器官传达到驾驶员的大脑当中,筛选出与驾驶相关的信息,驾驶员对信息的筛选过程就是判断阶段。通常驾驶员对信息的认知与判断的综合过程称为感知阶段。驾驶员在采取有意识的避让行为之前都要经历一个感知阶段。引起驾驶员感知错误的因素是多方面的,可能是车速、车距、道路环境,驾驶员本身的状态或与其相关的其他干扰中的一个或某几个。

2.4.5.3 驾驶员信息判断处理的心理过程

驾驶员运用信息进行判断处理的过程,实际上就是加工处理信息的过程。从认知心理学的角度来说,人是信息加工系统,具体到驾驶行为,驾驶员将感知的信息经过大脑加工处理(分析判断的过程),然后通过神经系统的传导作用输出信息,再通过肌肉系统指挥,操纵、控制车辆。根据人体的结构,将人体划分为不同的子系统(感受系统、中枢神经、肌肉),考患各个子系统特性与系统特性的内在联系,可给出视觉显示的驾驶员结构模型。为了使模型结构与人的实际结构相对应,将模型分为感受系统、中枢神经系统、神经肌肉系统,同时也表示了驾驶员信息处理的三个基本过程。部分系统的主要功能如下。

1)中枢神经系统

由于中枢神经系统复杂的结构形式和强大的信息联结纽带功能,其成为人体的重要组成机构之一,不仅可以接收来处不同渠道和不同类型的信息,而且可以对所接收到的信息进行简单的加工与处理,还可以将信息的处理结果通过一定的方式或命令通过执行机构给予实现,这表现为神经中枢系统的肌肉协调能力。除此之外,中枢神经系统还具备自学习的功能,即经验的记忆能力。

2)神经肌肉系统

神经肌肉系统是人类赖以生存、适应环境和改变环境的基础。科技的进步、社会的进步、人类的进步都与人类神经肌肉系统有着高度密切的关系,而且发挥了极其重要的作用。神经肌肉系统最根本的机能在于维持人体与外界环境的系统平衡,使人体能够适应不断变化的外界环境。驾驶员的驾驶行为就是一种自我调节自动平衡的控制过程,驾驶员的驾驶行为最终都是通过神经肌肉系统来实现的。

2.4.6 驾驶员决策概念

2.4.6.1 驾驶员决策模式

“决策”一词的英语表述为 Decision Making,含义就是做出决定和选择。决策是人类社会自古就有的活动,决策科学化是在 20 世纪初开始形成的。随着决策理论与方法研究的深入与发展,决策渗入社会经济、生活各个领域。而驾驶决策的研究也应运而生,它起源于人因工程学,其作为一种决策支持系统以计算机为工具,应用决策科学及有关学科的理论与方法,以人机交互方式辅助决策者解决半结构化和非结构化决策问题的信息系统。驾驶决策的正确性直接关系到道路交通安全。在决策过程中,驾驶行为经常受到人、车、路、环境等多源信息的刺激和作用,由于人的信息处理能力有限,驾驶员对多源信息无法同时实现输入与输出,以致有时不能准确、快速地做出决策,从而易引发交通事故。心理学的发展为研究驾驶决策提供了一个崭新的视角，研究者开始逐渐注重驾驶员的心理因素对驾驶行为的影响。

2.4.6.2 驾驶员驾驶决策

1）驾驶决策定义

驾驶是在不确定环境中，驾驶员根据相对确定的行车轨迹，参照道路周边固定或移动的物体所产生的一种控制任务，包括路线的选择、根据线路协调各种技能以及不断地调整方向与速度。优秀的驾驶员应该具备特有的、复杂的注意力，能够持续地接收和分析道路环境中行人和车辆的运动状态，善于预见各种交通变化，能够在一瞬间作出迅速、准确的判断。由此，驾驶决策指的是一种在驾驶行为中表现出的风险决策，具体指驾驶员根据自己从驾驶经验中获得的关于如何操控车辆的概率，对不同交通场景进行评估并作出选择，产生驾驶行为的过程。

2）驾驶决策研究进展

（1）建立驾驶行为模型阶段（1927—1993 年）。

交通心理学最初集中于驾驶疲劳研究，主要是关于职业火车、车辆驾驶员的疲劳、警觉和单调感等方面，并通过实验设备仪器，围绕单个被试的生理指标开展的实验研究。人因工程学的诞生为驾驶心理学的研究提供了新的视角。此时期的研究大多倾向于驾驶行为模型的建立，强调具体的驾驶行为对交通事故的影响，如超速、频繁超车、变道等，而很少考虑到驾驶员的心理过程如何影响到驾驶员对驾驶任务的判断和所采取的驾驶行为。直至 20 世纪 70 年代动机因素被引入驾驶行为的研究中，才开始探讨驾驶员自身的心理现象。在当时的研究中，所提出的驾驶员决策流程，首次在交通心理学中使用“驾驶决策”一词。但在该研究中，并没有对“驾驶决策”的机制、影响因素进行详细探讨，只是分析了决策中的动机因素对驾驶行为的影响。随着心理学方法的介入，关于驾驶员行车的可接受距离、优先选择、并道或变道等相关的研究相继提到了“驾驶决策”，但相关研究并不深入。

（2）驾驶决策的心理测量阶段（1993—2005 年）。

在总结以往关于驾驶行为的研究中发现，早期关于驾驶行为的大部分研究，未能完全地揭示驾驶员的心理活动能力和道路交通意外事故发生率之间的关系，而关于交通意外事故的预测变量因素的研究主要集中于年龄、经验、快速评估危险的能力和对承担风险倾向（考虑到每年的行驶里程）上。事实上，人们卷入事故的主要原因，还包括人们如何作出判断与决策，例如对超车，变道、停车时可接受的固定距离的决策，而不仅是对车辆的控制能力。在此基础上，研究者 French 编制了决策风格量表（Decision-Making Questionnaire，DMQ），该量表以驾驶情境为基础，着重分析了影响驾驶员决策风格的因素。量表一共包括 21 个项目、7 个维度，分别是控制、彻底、本能、社会抵制、犹豫、完美与理想。

（3）驾驶决策的实证研究阶段（2006 年至今）。

随着认知心理学的兴起，交通心理学逐步将研究重点，从决策结果转移到决策过程；驾驶决策的研究方法，逐步从问卷测量转化为行为实验，开始强调决策模型在驾驶决策中的重要性。

21 世纪初,有关驾驶决策的研究逐渐以行为实验为主,主要采用驾驶模拟与爱荷华赌博任务(Iowa Gambling Task,ICT)等。对研究结果的分析也有了新的方法。其中,期望价值模型(the Expectancy Valence model,EV)的提出,为分析决策特征提供了新的研究视角。

该模型通过分析权衡奖励/损失的模式,分析驾驶员是否会采取超速、酒驾或违章等危险行为的决策倾向。

这一时期,研究者不仅关注到驾驶行为对驾驶决策的影响,也逐步重视驾驶决策本身的认知特征;与驾驶决策的相关研究不仅涉及具体的驾驶行为,同时也考虑到了一些其他的心理学因素,如风险感知、情绪、智力、人格等。然而,这些因素是否独立或交叉对驾驶决策是否产生影响仍没有一致的结论。

3)驾驶决策研究方法

(1)心理测量法。

心理测量法通过问卷,确定驾驶员在不同情境中的决策特点。通过决策风格问卷发现在年龄、性别、行驶公里数、3 年内的交通违章次数、行为模式和社会偏差等方面有差异的驾驶员,在决策风格上有着明显的区别。还有的研究者采用与睡眠相关的风险知觉问卷,分析了睡眠情况对风险知觉以及驾驶决策的影响;用风险知觉问卷,评估训练前后驾驶员在面对风险时的决策。心理测量法虽然研究了影响驾驶决策的因素,但这种方法的科学性仍受到质疑,在以往研究中使用的问卷并没有得到广泛的应用。

(2)实验法。

研究者 Damasio 等人设计出的用来模拟现实决策情景的 IGT,被广泛用于与决策有关的相关研究。相关研究认为,IGT 不仅包括决策的前提和结论,而且包括奖励/损失及其数量和频率的多重变化;同时 IGT 也是一项涉及情绪、记忆与学习、认知评价、奖赏和运动程序编制与执行等多个系统协同活动的决策任务。近几年,国外学者关于驾驶决策的研究也开始采用 IGT。

驾驶模拟器也在驾驶决策的研究中广泛使用。驾驶模拟器作为研究手段具有诸多优势。首先,使用驾驶模拟器可以保证研究条件安全且可控,避免了在实际道路上,天气条件和其他道路对使用者的影响,驾驶模拟器使研究人员可以为不同使用者设置相同的实验条件;其次,驾驶模拟器的使用可以使研究数据的测量更加方便,比如对驾驶行为的测量;最后,驾驶模拟器可以有效地设计出不同条件下的交通场景,并具有可重复性、实验成本低等优点。将 IGT 与驾驶模拟器相结合,不仅能提高研究的效度,同时可以深化心理学因素在驾驶决策中的影响作用。

2.4.6.3 驾驶员决策的心理过程

交通系统运行优劣取决于诸多因素,如车辆行驶性能、道路条件、基础设施状况、行驶环境以及驾驶员自身的生理心理因素等。因此,必须把驾驶员、车辆、道路和环境作为一个统一考虑,这样才能正确揭示各个环节之间的相互联系并正确评价各个环节乃至整个系统的性能。

2.4.7 驾驶判断与决策的影响因素

2.4.7.1 年龄

不同年龄的驾驶员其驾驶决策存在着差异。研究者 French 等人对决策风格的研究显示,不同年龄的决策风格存在差异。在认真、尽责与犹豫等维度,18~30 岁阶段的驾驶员随着年龄增长得分逐步升高,而30 岁以后的驾驶员该维度的得分没有显著变化,社会抵制维度随着年龄的增长得分逐步升高。在一项驾驶任务的研究中发现,当青少年与成年人单独完成任务时,青少年会承担更多的风险;而当与同伴共同完成任务时,青少年承担风险的水平比成年人增长得更显著。而且随着年龄的增加,这种承担风险的水平以及受同伴影响的程度逐渐减少。从以往的研究结果来看,年轻的新驾驶员更容易做出错误的决策。

2.4.7.2 性别

研究者 Suzuk 等人的研究发现,男女驾驶员在 IGT 中没有表现出明显的皮肤导电反应的性别差异,也就是男女驾驶员在评估情绪事件中的决策不存在差异。但研究者 Bola 等人的研究则发现,男性的背外侧前额叶皮质比女性则表现出更加明显的激活现象。而当 IGT 与道德两难任务结合时,男女驾驶员的性别差异则消失了,可能是女性更多地受到情绪因素的影响。研究者把 IGT 与驾驶模拟测验相结合,通过驾驶模拟测验,测量参与者如何评估风险场景。结果显示,在驾驶模拟中勇于冒险的女性对直接奖励更为敏感。由此可见,性别在一定程度上会影响驾驶决策,但这种影响会受到决策情境的作用。此外,女性驾驶员在决策时,更容易受到当时驾驶压力的影响,她们在面对复杂的道路环境时,如果在决策时得不到他人的支持,通常会表现得不知所措,焦虑水平较高。

2.4.7.3 风险感知

与危险行为有关的决策模型假设决策风险行为是通过类似评估风险和收益后采取的行动。研究认为,风险感知在双重决策过程模型中处于理性的、逻辑的地位,其在一定程度上可以预测驾驶员的风险行为,并能够通过驾驶员教育课程干预驾驶员的行为,鼓励驾驶员安全驾驶。风险感知的研究方法主要有两种方式:一是基于视觉场景的实验法。采用真实动态的交通情景来考察驾驶员的风险感知水平,给驾驶员播放含有交通情境的电影片段,然后让他们对其中的危险因素进行评估。随着科学技术的发展,情境研究实现了即时反馈的功能。在研究中让驾驶员观看交通情境,发现有风险就按键,通过按键反应时的长短来比较被试的风险感知水平,反应时越长,则表示其风险感知水平越低。二是基于自我评估的向卷法。虽然模拟驾驶的方法得到了广泛的认同和使用,但是有研究者认为使用问卷评估的方法测量风险感知可能更加全面。

2.4.7.4 情绪

情绪在决策过程中也会影响目标的选择。驾驶目标包括两个方面,与成功到达目的地有关的积极的情绪和与撞车或道路关闭引起无法到达目的地的消极情绪。有研究者提出体细胞标记假说,强调了情绪在决策过程中的重要性,认为在决策的情境中,情绪"标记了带有积极或消极信号的选择或结果,这种选择或结果将会缩小决策空间,增加与过去行为经验相一致的行动的可能性"。零风险理论认为,风险情绪只在安全范围缩小到某个关键水平时发生。行为持续地受到个体的风险/恐惧的监控,只有达到某种水平时,才会在决策中起到重要的作用。从该理论看,在正常驾驶中,情绪对驾驶决策不会产生太多的影响作用。从现有的研究来看,情绪对驾驶决策的影响仍然存在争议。

2.4.7.5　决策风格

个体在广泛的决策领域中采取一种相同的行为方式,这种行为方式就是决策风格的体现。理智决策风格对冒险型驾驶风格有负向的预测作用。驾驶员在理智维度上得分越高,说明他们在生活中目标越明确,在做决策时也能更加充分地收集信息,逻辑思维能力较强,对事情有更清晰的认识。在驾驶中,相比理智维度得分低的驾驶员,他们能搜集更多的道路环境信息,对驾驶环境做出更为准确的认知、判断和决策,其冒险性行为也随之减少。直觉-冲动决策风格对愤怒型驾驶风格有正向预测作用。驾驶员在直觉-冲动维度上得分越高,说明他们平时就易生气、易冲动,常常依赖于感觉来做决定,处理事情比较快速、简单。而且,冲动、易怒容易成为一种稳定的人格倾向,容易导致驾驶员决策出现偏差。因此,在驾驶中,这类驾驶员一旦决策不当造成驾驶受挫,容易出现驾驶愤怒甚至攻击行为。依赖型决策风格对焦虑型驾驶风格有正向预测作用。研究发现,依赖型的决策风格与宜人性之间呈显著正相关,与神经质之间呈显著负相。这说明,依赖维度得分高的驾驶员在作决策时常常需要依赖他人的指导,渴望得到社会的支持。

2.4.8　驾驶员的判断与决策能力改善

2.4.8.1　驾驶员安全行车判断模式

驾驶员在形成过程中,经常遇到超车、会车、转弯以及行人横穿行车道等情况,因此,驾驶员必须对车速、距离、方位等做出正确的判断。可以说,在驾驶中时时处处都少不了判断。如若判断不当,就会采取错误的措施而导致交通事故的发生。只要某一判断失误就很可能导致严重后果。驾驶员在行车过程中,必须能够充分理解那些分散的、不连贯的交通要素的影响程度,形成对有关交通要素的全面认识和重要特性的总结。

2.4.8.2　驾驶员安全行车决策模式

驾驶员是根据知觉进行决策的。在行车过程中,特别是在危险情况下,要求驾驶员应在适当的时间内,制定出正确的决策。例如,当驾驶员期望超过前方低速行驶的车辆时,首先要知觉判断自己车辆与对面来车的距离,然后再决策是否超车;又如,驾驶员知觉到道路上的红色信号灯后,再决策停车。驾驶员的决策过程决定着驾驶操作的正确与否。即使驾驶员观察及分析判断都十分准确,也不能代表他就能做出正确的决策。"明知故犯"是很多驾驶员的通病。以下几种决策模式对安全行车具有普遍指导意义。

1)速度决策

超速或盲目高速驾驶不仅会降低车辆性能,使得驾驶员反应速度变慢、视野变窄,出现紧急情况时还会使得车辆无法快速安全停车或避让。但是车速太慢,则势必会阻碍后车通行,造成交通拥堵或追尾事故。超车时如果速度太慢,长时间占用对向车道或左侧车道,很容易引发交通事故。因此,驾驶员必须对行车速度有一个正确的决策,根据实际情况掌握好驾驶速度的"度",该快的时候做到果断、利落,该慢的时候要做到平稳。

2)安全间距决策

安全间距包括横向安全车距和纵向安全车距。保持安全的横向车距,可以避免剐蹭事件的发生;保持合适的纵向安全车距,可以避免追尾事故的发生。与他车过度"亲密",在出现紧急情况时,会让自己措手不及;与他车过于"保持距离",又会引发后面车辆或侧面车辆的不断超越和穿插,导致自己的车为让车而频频减速甚至停车,增加新的不安全因素。驾驶员应该根据实际情况作出合理决策。

3)避让决策

在日常行车过程中,我们经常遇到来势汹汹、咄咄逼人的车辆,如果不避让这些车辆,而是抢行、强行,强超,事故风险就会大大增加。但是一味避让与让行可能撞上其他车辆或行人。因此,驾驶员应掌握好避让的原则,正确判断所驾车辆的速度与前方车辆或行人的速度、举例、动向是否构成直接相撞的可能,然后根据道路条件选择准确的操作和避让方法。

2.4.8.3 安全行车判断和决策能力的改善

由于判断和决策错误而造成的交通事故常有发生,因此,所有机动车驾驶员都应注意在学习和实践过程中培养、提高自己的判断和决策能力,力求时时处处作出正确判断和决策。只有这样,才能确保行车安全。提高驾驶员安全行车判断和决策能力,确保行车安全,可以从以下几个方面来考虑。

1)拓展驾驶员的知识水平

驾驶员的判断和决策能力是驾驶车辆的一项重要技能。它是基于驾驶员掌握的知识、经验和记忆进行的。应全面提高驾驶员的知识水平,使之能更好地分析判断各种交通情况。驾驶员要学习与交通情况有关的基础知识,掌握一些物理学和力学知识,在行车中,就能大致判断不同路面的制动距离;在不同的弯道上,采用不同的速度行驶,防止翻车;具备一定的心理学知识,能对行人的各种行为作出准确判断。驾驶员要努力学习安全行车知识和道路交通法律法规知识,了解各种车辆的性能,熟悉本车的构造,熟练掌握驾驶技能,才能对各种交通情况作出正确判断。同时驾驶员也要通过再学习、再教育的方式提高自己的专业技术水平。

2)提高驾驶员接收信息和处理信息的能力

驾驶判断和决策是在一定的相关信息基础上进行的。要提高驾驶员的思维判断和决策能力,就要把与驾驶有关的信息尽可能充分传递给驾驶员。而扩大信息来源有两种途径:一是扩大感知信息来源,二是扩大经验信息来源。一方面,驾驶员要总结自己在驾驶实践中正反两方面的经验,同时也要吸取别人有益的经验;另一方面,作为管理人员也要督促驾驶员总结个人经验,并进行交流和相互学习,共同提高。而且,驾驶员在接收信息的同时,也要善于处理和加工信息。随着车辆工业的迅猛发展和车辆数量的激增,车辆操纵的简单化,由此而带来的是日益增大的车速和交通密度超过了人的心理、生理负荷,因而造成了驾驶车辆的困难,这就使得驾驶员不得不在时间短、信息量大的情况下,解决比以前更加复杂的问题,给感知信息、分析判断决策等心理训练提出了更高的要求。因此,车辆驾驶员的训练活动必须由驾驶操作为主转到心理训练为主,由操作技能向驾驶技术转变。

3)调节驾驶员的情绪,提高心理承受能力

培养驾驶员的心理承受能力,一方面要创造良好的环境,通过开展各种文化娱乐活动,调节驾驶员心理活动,使其心情舒畅、精神放松,保持良好的心态,尽快消除各种杂念。同时,各级领导要经常深入驾驶员中了解情况,关心他们的生活和疾苦,帮助他们解决家庭、人际关系中的矛盾,解决他们的实际困难,使驾驶员有一个心情愉快的环境,保持健康稳定的心理素质。另一方面,对于驾驶员来说,通过自我训练和培养,不断提高自身思想素质,采用正确有效的方法做到自我约束,控制自己的不良情绪,增强心理承受能力,克服不良情绪和心理的影响,保证在各种复杂条件下都有稳定、健康的心理素质。

4)驾驶员安全行车决策能力改善

安全行车决策能力是指驾驶员处理交通情况时,对驾驶操作的目的、方法等综合起来形成正确实践方案的能力。驾驶员的决策能力是驾驶过程中各种思维判断能力的综合。一般来说,驾驶员的决策能力分为两种情况,即微观决策能力和宏观决策能力。而微观决策能力强的驾驶员,常表现为思维敏捷、判断准确及时、处理情况果断、操作熟练;宏观决策能力强,常表现为老练持重,善察事故苗头,有预见性,严守规章制度,原则性强。这两种决策能力的统一是驾驶员成熟的标志,是交通安全最根本的保证。提高驾驶员的安全决策能力可从下列方面着手:首先要提高其生理、心理、技术、道德、交通知识等方面的素质;其次提高思维判断能力、价值评估能力和自我控制能力。只有具备这些能力,才能把各种素质综合起来实现。

2.4.9　驾驶员人格概述

2.4.9.1　人格

在人、车、路、交通环境组成的道路交通系统中,根据文献报道,90%以上的道路交通事故与驾驶员有关,70%以上由驾驶员负主要责任。可见,驾驶员是交通安全的主导因素,其生理、心理因素对交通事故均有一定的影响。而在心理因素中,人格又是一个重要的影响因素之一。大量的研究表明,驾驶员的某些人格特征,在客观环境下极易构成危险。使得驾驶任务复杂性增加导致事故发生。因此,国内外很多学者致力于驾驶员人格与交通安全关系的研究,取得了不少的成果。我们引用国内学者的研究成果为营运性驾驶员安全行车适应性训练提供帮助。

人格是人类独有的、由先天获得的遗传素质与后天环境相互作用而形成的、能代表人类灵魂本质及个性夜店的性格、气质、品德、品质、信仰、良心以及由此形成的尊严、魅力等。

1)人格的特征

人格的特征主要有四个,分别是人格的独特性、稳定性、统合性、功能性。

(1)独特性。

一个人的人格是在遗传、环境、教育等因素的交互作用下形成的。不同的遗传、生存及教育环境,形成了各自独特的心理。人与人没有完全一样的人格特点。所谓"人心不同,各有其面",这就是人格的独特性。但是,人格的独特性并不意味着人与人之间的个性毫无相同之处。在人格形成与发展中,既有生物因素的制约作用,也有社会因素的作用。人格作为一个人的整体特质,既包括每个人与其他人不同的心理特点,也包括人与人之间在心理、面貌上相同的方面,如每个民族、阶级和集团的人都有其共同的心理特点。人格是共同性与差别性的统一,是生物性与社会性的统一。

(2)统合性。

人格是由多种成分构成的一个有机整体,具有内在统一的一致性,受自我意识的调控。人格统合性是心理健康的重要指标。当一个人的人格结构在各方面彼此和谐统一时,他的人格就是健康的;否则,可能会出现适应困难,甚至出现人格分裂。

(3)功能性。

人格决定一个人的生活方式,甚至决定一个人的命运,因而是人生成败的根源之一。当面对挫折与失败时,坚强者能发愤拼搏,懦弱者会一蹶不振,这就是人格功能的表现。据此,我们可以在心理学上将人格定义为:是个人在适应环境的过程中所表现出来的系统的独特的反应方式,它由个人在其遗传、环境、成熟、学习等因素交互作用下形成,并具有很大的稳定性。

(4)稳定性。

人格具有稳定性。个体在行为中偶然表现出来的心理倾向和心理特征并不能表征他的人格。俗话说,"江山易改,禀性难移",这里的"禀性"就是指人格。当然,强调人格的稳定性并不意味着它在人的一生中是一成不变的,随着生理的成熟和环境的变化,人格也有可能产生或多或少的变化,这是人格可塑性的一面,正因为人格具有可塑性,才能培养和发展人格。人格是稳定性与可塑性的统一。

2)人格量表

随着统计技术的进步和计算机在数据处理中的应用,研究者们在对人格进行因素分析时,有了惊人的并且相当一致的发现。一些不同的研究群体从许多不同的人格资料中不断地发现关于五个人格维度的证据。这五个因素在大量不同方法的研究中都是那么突出,以致研究者们称之为"大五",即外向性、宜人性、责任性、神经质、开放性。

(1)外向性。

性格一端是极端外向,另一端是极端内向。外向者爱交际,表现得精力充沛、乐观、友好和自信;内向者的这些表现则不突出,但这并不等于说他们就是自我中心的和缺乏精力的,他们偏向于含蓄、自主与稳健。

(2)宜人性。

得高分的人乐于助人、可靠、高有同情;而得分低的人多抱敌意,为人多疑。前者注重合作而不是竞争;后者喜欢为了自己的利益和信念而争斗。

(3)责任性。

责任性是指我们如何自律,控制自己。处于维度高端的人做事有计划,有条理,并能持之以恒;居于低端的人马虎大意,容易见异思迁,不可靠。

(4)神经质。

神经质得高分者比得低分者更容易因为日常生活的压力而感到心烦意乱;得低分者多表现自我调适良好,不易于出现极端反应。

(5)开放性。

开放性是指对经验持开放、探求态度,而不仅仅是一种人际意义上的开放。墨守成规、独立思考;得分低者多数比较传统,喜欢熟悉的事物多过喜欢新事物。得分高者不"大五"人格的构建基础,包含了有关品格的词汇或行为表现,由"大五"人格量表测试出来的结果就有好坏之分。从它的各个因素的描述也很明显地看出来。

2.4.9.2　驾驶员人格与交通事故关联性

研究者通过大量的研究表明:作为独立的个体驾驶员,他们的驾驶风格、学习过程、发生交通事故的经历和驾驶安全期望都是不同的,具有迥然不同的人格表现。

国外对交通事故驾驶员的人格进行了研究。交通事故驾驶员是指驾龄在5年或5年以上,连续5年内共发生3次或3次以上责任事故的驾驶员。在研究中发现交通事故驾驶员普遍表现出自我控制弱、神经质状态多、情绪稳定性差、攻击倾向性强、感受性快的人格特征。交通事故驾驶员有更多的情绪不稳定和自我中心倾向。其中事故组驾驶员攻击性、神经质倾向较强,而持久性、协调性和同情性却较差。

研究表明,外向性、神经质和责任性能够预测驾驶行为和驾驶结果。外向性同机动车事故、交通违章、酒驾、吸食药物后驾驶有关。神经质同机动车事故、驾驶攻击、驾驶厌恶有关。责任心同车辆故障引起的交通碰撞,驾驶员事故总数和交通逃逸有关。研究表明,"大五"人格模型可以可靠有效地预测驾驶员之间的差异,具有重要的理论和实践意义。人格和交通事故之间的关系,可能是间接的。就人格本身来说,并不能有效地预测碰撞事故,但是如果和其他因素在一起,如驾驶即时状况、与驾驶有关的压力因素,它们交互作用,就能很好地预测交通事故了。人格首先影响驾驶员驾驶即时状况,驾驶风格和其他不连续的短暂因素,然后它们共同作用才对碰撞事故产生影响。

2.4.10　人格倾向与道路安全驾驶

2.4.10.1　危险驾驶行为与安全

1)危险驾驶的分类

(1)不适当错误型:是指在具体的交通情境中,驾驶员的行为方式错误。例如没有注意到一个不允许右转弯标志的标志,却进行右转弯转。

(2)故意违规型:指故意轻视交通法规和安全行为,例如闯红灯。

(3)疏忽型:是指无意识地遗漏了安全驾驶行为的关键部分,例如忘记关闭转向灯。疏忽型可以分为两种:即注意力不集中错误型(例如没有看到应该看见的标志牌)和缺乏经验错误型(例如行驶中挂错了挡位)。

2)危险驾驶行为的影响因素

(1)性别。

危险驾驶行为存在显著的性别差异,男性驾驶员的死亡率是女性驾驶员的3倍多,特别是年轻的男性驾驶员发生事故率更高。女性驾驶员发生事故的主要原因是缺乏经验以及知觉和判断错误;男性驾驶员发生事故的主要原因是由交通违规引起的,例如超速、酒后驾驶和其他危险驾驶行为。

(2)年龄。

危险驾驶行为有三种类型模式:

①故意违规行为随着年龄的增长而降低。所有年龄段的男性驾驶员,都比女性驾驶员故意违规行为多。

②不适当的错误行为,不随年龄的增长而下降。

③疏忽型错误行为随着年龄增长而上升,老年人尤其倾向于注意力不集中的错误类型。那些故意违规行为最多的驾驶员,往往认为自己的驾驶技术超级好,而且他们相信一个好的驾驶员可以不受道路交通法律法规的约束。

(3)危险驾驶行为与交通事故关系危险驾驶行为可能是很多不同因素交互作用的结果。一是驾驶员要准备接受的危险水平,这取决于他们的人格(攻击驾驶、消极驾驶)、个人经验(受教育的程度和事故经验)及环境因素(车内是否有朋友)。二是驾驶员环境中真实的危险水平频发。三是驾驶员自我感知到危险水平低。无法在第一时间内精确地评估潜在危险、发现危险倾向、高估自己的驾驶能力。四是驾驶员危险驾驶受到的惩罚的概率有多大,如酒后驾驶和超速行驶、闯红灯。在驾驶实践中,所有这些因素会广泛地发生交互作用,交互的程度取决于驾驶员和交通状况的特殊结合。危险驾驶行为在很多事故中是由道路使用者(驾驶员、行人)的危险行为造成的,虽不取决于单个的危险驾驶行为,却是引发交通事故的重要危险因素。

2.4.10.2 感觉寻求驾驶行为与安全

1)感觉寻求的定义

感觉寻求者是一种寻求新奇信息复杂多变、高强度的感觉刺激及极端体验的特质,个体甘愿在身体、社会、法律和经济方面冒险。高感觉寻求者,往往会自觉表现出一定程度的身体和社会的危险性。驾驶为感觉寻求者提供了一个绝佳的机会,满足他们对内在的唤醒,及兴奋、危险、速度和竞争的欲望。

2)感觉寻求与危险驾驶行为

(1)高感觉寻求倾向。年轻男性比例高,但随着年龄的增长,达到顶峰后会呈下降趋势。

(2)高感觉寻求倾向。道路使用的态度危险性大。表现为超速、飙车、不使用安全带、不按规定超车、对道路交通法律法规漠视等行为。

(3)高感觉寻求倾向。对自己驾驶技术信心强。在危险事件中,能出色发挥,但是一旦发生碰撞,其事故后果也更加严重。

3)感觉寻求与交通事故关系

感觉寻求会提高驾驶员在一系列领域的危险性驾驶行为,包括驾驶破坏操作、不使用安全带、超速等。感觉寻求者在道路交通中使用危险驾驶行为会导致违规倾向,而违规提升了交通事故的危险性。

2.4.10.3 攻击特质驾驶行为与安全

1)攻击性驾驶行为

如果驾驶员故意或者出于急躁、烦恼、敌意以及为了节省时间等原因而采取的驾驶行为可能增加碰撞事故的危险性时,称之为攻击性驾驶行为。

2)攻击性驾驶影响因素

攻击性驾驶行为涉及驾驶员心理原因,是一种复杂的社会现象,国内外的调查发现攻击性驾驶行为与年龄、性别、驾驶员情绪以及驾驶环境等因素有关。

(1)年龄。

攻击性驾驶行为导致交通事故的驾驶员中,有超过三分之一的驾驶员年龄小于25岁,主要表现为年龄较低的驾驶员出现交通事故的概率相对较高。

(2)性别。

女性驾驶员遵守交通法规的责任感更强,相对比较赞同交通法规的合理性和重要性。美国一项关于攻击性驾驶的最新研究显示,年龄小于30岁的驾驶员中男性出现攻击性驾驶行为的可能性远高于女性,而40岁以上的驾驶员中性别与攻击性驾驶行为的相关性显著降低。

(3)人格和性格特征。

具有高特质(外向性、神经质)紧张的驾驶员往往较为急躁和愤怒,并伴有较多的鲁莽行为驾驶,即攻击性驾驶。性格温和的驾驶员发生攻击性驾驶行为的次数相对较少。

(4)情绪因素。

驾驶员处于沮丧、挫折或紧张情绪状态时对自身的控制能力会较差,从而极易造成其表现出的驾驶行为极富有攻击性。在交通拥挤、出行时间紧迫以及驾驶交往中的矛盾冲突等情况的刺激下,这类驾驶员极易产生这些消极的驾驶情绪,导致进一步发展成为攻击性驾驶行为。

(5)环境因素。

社会环境和道路行车环境都会对驾驶员的驾驶规范产生影响。如果驾驶员经常看见他人违反道路交通法律法规而未受到处罚,那么他们就会认为这种行为是正常的,从而自己也会降低对这些行为的自制力。如行车中压单实线行为。

3)攻击性驾驶行为与安全

具有驾驶攻击特质的人在解决问题时,往往存在更频繁和更严重的攻击行为,当驾驶员攻击行为达到了预期的效果,增加了控制感,使个体获得主导权,攻击特质便会得到强化和惯性化。驾驶员在驾驶中,攻击特质同碰撞事故和交通违章相联系。

对攻击特质驾驶行为的深入分析,找出对攻击性驾驶行为的影响因素,可以为制定相应的对策、减少交通事故、创造安全的行车环境提供参考。

2.4.11 道路安全驾驶适应性训练

2.4.11.1 道路安全驾驶适应性模型

1)驾驶适应性的概念

驾驶适应性属职业适应性之一,是驾驶员安全有效地从事驾驶工作必须具备的基本生理、心理素质特性,二者相对稳定而又相互弥补,是在一定交通环境下实现车辆安全行驶的可能性。而驾驶员适应性则是指从事机动车驾驶工作应该具备能够适应安全驾驶需要的生理条件、心理条件、行为意识、行为能力等多方面的条件。

2)驾驶适应性检测

驾驶适应性检测是通过一定的仪器设备和手段,有目的地对驾驶员或要考取驾驶证的人员进行心理和生理指标的量测,从而判定其是否继续从事驾驶工作或是否成为驾驶员。这是安全驾驶的一项可靠的保证措施,可以辨识驾驶员群体中个体的驾驶适应性优劣程度驾驶适应性检测的目的,一方面是避免不适宜的人员进入驾驶员队伍,另一方面是对现有驾驶员进行检测和再培训,以有效提高驾驶员群体素质,事前从根本上防范事故的发生,从而使交通事故数量大幅降低。

3)驾驶适应性检测的研究

美国最早开始驾驶适应性检测,日本自20世纪50年代开始研究驾驶适应性检测。20世纪80年代初,日本的交通事故率居世界之首,由此引起了政府和学者的重视。通过对驾驶员进行心理、生理检测,分析出驾驶员发生交通事故的原因。对发生交通事故的驾驶员进行有针对性的培训,改正其操作方法;对有些不适宜从事驾驶工作的人员,劝其从事其他行业工作。由于此项研究成果应用深入广泛,日本连续9年成为世界上道路交通事故最少的国家。

2.4.11.2 驾驶员个性心理倾向改善训练法

驾驶员个性心理倾向性改善和训练,可以通过计算机终端、驾驶模拟器、专业的检测设备和仪器,通过答题适应性训练。

1)速度估计

速度估计是指被试者对物体运动速度感知判断的准确性,即对速度快慢的估计能力。估计偏高和偏低均影响判断的准确性。

(1)检测方法:被测试者观察在路面(明区)匀速运动的小型车辆,当小型车辆进入盲区后,被测试者根据小型车辆在明区移动的速度。推测其通过盲区所需要的时间,立即按下右上角按键。练习2次,测试6次。

(2)标准:初考驾驶员为500~2400ms;在职驾驶员为800~2500ms。

(3)检测目的:检测驾驶员在多种心理特性感觉中对速度的过早反应倾向(动作提前倾向)。该项检查的目的是诊断驾驶员的速度感觉和焦躁性。

2)复杂反应

复杂反应是指机体对外界刺激在一定时间内作出正确应答的判断能力,用误反应次数表示。

(1)检测方法:被测试者在开始测试时,看到黄色图案,立即按下左手按键:看到绿色图案,立即按下右手按键;看到红色图案,立即踩下右脚踏板;当听到耳机内有蜂鸣声,不管看到任何颜色的图案都不要进行操作,直到测试完毕。练习4次,测试6次。

(2)标准:初考驾驶员不多于8次:在职驾驶员不多于5次。

(3)检测目的:检查驾驶员在各种不同驾驶条件下是否具备正确的注意力分配以及在不同刺激下适当的知觉反应动作及其正确的处理。

3)操作机能

操作机能即注意能力测试,被试者操纵转向盘控制左、右两根指针,同时不断回避动态中呈现的障碍标记,以测定其注意的稳定性、注意分配和注意转移的能力。用误操作次数表示。

(1)检测方法:被检测者开始测试时,画面会出现一边往上运动和一边往下运动的红绿色方块,被检测者用转向盘控制两个小型车辆,转动转向盘对运动中的红绿色方块进行规避,使两个箭头同时从方块的绿色端通过,但不能碰到双色横条和两边的边界,直到检测完毕。

(2)标准:初考驾驶员不多于130次;在职驾驶员不多于110次。

(3)检测目的:用于检查驾驶员在驾驶中注意力分配及其持续的能力,衡量驾驶员方向操作的正确性,发现驾驶员视在知觉的注意力和注意分配、持续方面的缺陷。

4)个性特征

(1)检测方法:如实回答系统随即生成的一些生活常识、个人品格、思想品质、社会交际能力方面的问题。

(2)标准:安徽三联事故预防研究所驾驶员人格量表。

(3)检测目的:用于检测与驾驶安全有关的人格特性,能有效筛选事故倾向性驾驶员,也是对驾驶员进行驾驶安全指导的基础。通过检测对被检测者的安全人格个性特征作出客观的评价,以方便对驾驶员进行管理。

5)安全态度

(1)检测方法:如实回答系统随机生成的一些有关安全类的问题,作为系统对被检测人员的安全态度进行客观的评价。

(2)标准:安徽三联事故预防研究所安全态度量表。

(3)检测目的:用于检查驾驶员与安全有关的驾驶态度特性,通过驾驶员对道路交通法律法规的理解来对驾驶员的安全态度进行客观的评价。

6)危险感受

(1)检测方法:根据在有效时间内观察到的图片信息,如实回答系统随机生成的相关问题。

(2)标准:安徽三联事故预防研究所危险感受测试系统。

(3)检测目的:危险感受测试,可通过对模拟交通场景图的认知,并由认知点、态度点和综合点反映驾驶员对潜在危险环境的主观认识、评价能力及其相应的驾驶态度,它不仅可以用来筛选事故倾向性驾驶员,而且也是对驾驶员进行安全考试的依据。

2.4.12 驾驶员安全行车的情绪

2.4.12.1 情绪

1)定义

情绪是指伴随着认知和意识过程产生的对外界事物态度的体验,是人脑对客观外界事物与主体需求之间关系的反应,是以个体需要为中介的一种心理活动。最普遍、通俗的情绪有喜、怒、哀、惊、恐、爱等,也有一些细腻微妙的情绪如嫉妒、惭愧、羞耻、自豪等。情绪常和心情、性格、脾气、目的等因素互相作用,也受到荷尔蒙和神经递质影响。无论正面还是负面的情绪,都会引发人们行动的动机。

2)组成

情绪是由三种成分组成的:

(1)情绪涉及身体的变化,这些变化是情绪的表达形式。

(2)情绪涉及有意识的体验。

(3)情绪包含了认知的成分,涉及对外界事物的评价。

情绪无好坏之分,一般只划分为积极情绪和消极情绪。由情绪引发的行为则有好坏之分、行为的后果有好坏之分,所以说,情绪管理并非消灭情绪,也没有必要消灭,而是疏导情绪,并合理化之后的信念与行为。

3)构成要素

情绪既是主观感受,又是客观生理反应,具有目的性,也是一种社会表达。情绪是多元的、复杂的综合事件。情绪构成理论认为,在情绪发生的时候,有五个基本元素必须在短时间内协调、同步进行。

(1)认知评估:注意到外界发生的事件(或人物),认知系统自动评估这件事的感情色彩,因而触发接下来的情绪反应(例如看到心爱的宠物死亡,主人的认知系统把这件事评估为对自身有重要意义的负面事件)。

(2)身体反应:情绪的生理构成,身体自动反应,使主体适应这一突发状况(例如,意识到死亡无法挽回,宠物的主人神经系统觉醒度降低,全身乏力,心跳频率变慢)。

(3)感受:人们体验到的主观感情(例如,在宠物死亡后,主人的身体和心理产生一系列反应,主观意识察觉到这些变化,把这些反应统称为“悲伤”)。

(4)表达:面部和声音变化表现出这个人的情绪,这是为了向周围的人传达情绪主体对一件事的看法和他的行动意向(例如,看到宠物死亡,主人紧皱眉头,嘴角向下,哭泣。对情绪的表达既有人类共通的成分,也有各自独有的成分)。

(5)行动的倾向:情绪会产生动机(例如,悲伤的时候希望找人倾诉,愤怒的时候会做一些平时不会做的事)。

4)主要分类

人类有几百种情绪,其中,有八种最强烈的基本情绪:悲痛、恐惧、惊奇、接受、狂喜、狂怒、警惕、憎恨。每一类情绪中都有一些性质相似、强度依次递减的情绪,如厌恶、厌烦、哀伤、忧郁。

按照情绪发生的速度,强度和持续时间对情绪进行分类,可将情绪分为心境、激情及应激三种。

2.4.12.2 驾驶员的情绪

车辆驾驶员的情绪和心理状态,对安全行车的影响很大。在积极的情绪和良好的心理状态下,驾驶的差错少、工作效率高;而消极的情绪和不良的心理状态则对安全行驶有很大的阻碍作用,甚至会导致交通事故。为了保证安全行车,车辆驾驶员切忌消极的情绪和不良的心理状态。

1)影响交通安全的常见情绪

不同的情绪表现会对交通安全产生不同的影响。研究者发现,不同的驾驶情绪,与不同的交通事件有关。如责备可以引发焦虑、抑郁和愤怒等不同的情绪体验,所触发的交通事件并不相同。根据以往研究,焦虑往往与分心驾驶有关,愤怒与攻击性驾驶有关。在模拟驾驶中,抑郁的被测试者转动转向盘的操作更缓慢,事故率也更高。

(1)愤怒。

愤怒是指担任方不能实现目标,得不到满意的结果,而引起的一种紧张而不愉快的情绪。有研究表明,驾驶员的愤怒情绪和攻击性行为,与精神病学有关。攻击性强的驾驶员比其他驾驶员,更有可能存在各种心理问题。比如狂躁症有点依赖症、药物依赖、反社会和边缘性人格障碍等,“路怒”症的驾驶员有患有心理问题的风险。驾驶员的愤怒情绪和攻击性驾驶有关。

(2)抑郁。

抑郁是一种情绪状态,表现为长时间的情绪低落,意志力和行动力减弱,有时伴随着自我伤害及自杀行为。在实际生活中,研究人员通过发放问卷、自我报告的形式,考察驾驶员出行前的情绪、驾驶中出现的想法以及驾驶时的交通环境等影响因素,发现抑郁情绪对交通安全有消极影响。

(3)焦虑。

焦虑在人的正常生活中,危险无论是真实的还是想象中的,都会以各种形式表现出来,如果自我没有获得处理危险的办法,就会陷入长期的无助和惊恐之中,对危险的本能反应,就是焦虑。通常情况下,焦虑与精神打击已经即将来临的,可能造成威胁或危险相联系,主观表现为感觉到紧张,不愉快,甚至痛苦以至于难以自制;严重时,会伴有植物性神经系统的变化和失调。有研究表明,驾驶员的焦虑与人格类型、人格障碍压力因素有关,有焦虑特质的驾驶员,已形成高度内化的驾驶习惯。驾驶过程中的焦虑情绪会消极影响驾驶员对道路信息的识别,例如使其注意视野变窄,反应力受限,改变他对其他驾驶员行为的理解,最终增加驾驶的潜在危险性。焦虑对驾驶操作,交通违章有消极影响,主要是由于焦虑会引起驾驶员的分心和注意缺陷。

(4)压力。

压力是心理压力源和心理压力反应共同构成的一种认知和行为体验过程。压力是指人的内心冲突,与冲突相伴随的强烈情绪体验。内心的冲突可以分为双趋冲突、双程冲突、趋避冲突和双重趋避冲突。

2)四种消极的情绪

(1)思想麻痹。

思想麻痹是造成行车事故的主要原因之一。很多驾驶员因思想麻痹、一时疏忽而遗恨思想麻痹的主要表现有驾驶员放松警惕、注意力不集中、全身懒散放松。

(2)骄傲自满。

骄傲自满是安全驾驶车辆的天敌。驾驶员一旦产生骄傲自满情绪,便会忘乎所以,过高地估计自己,因而不能正确认识和判断客观事物,无视各种规章制度,做出一些越轨的驾驶动作和行为,导致事故的发生。

(3)斗殴赌气。

驾驶员在行车中,碰到不顺心或违背自己意愿的事而生气斗殴,把车辆当成发泄自己怨气、向对方施行报复的工具,是造成重大交通事故的原因之一。

动辄斗殴赌气,虽与驾驶员的性格特征有关联,但究其根本,还是驾驶员思想修养方面的问题。驾驶员要防止斗殴赌气现象的发生,不能只从性格脾气上找原因,还要从思想上挖根源。

(4)情绪波动。

驾驶员情绪波动,大多数是由思想问题引起的。情绪波动一般表现为两种倾向:高兴与沮丧。驾驶员情绪过于高兴或沮丧,都会严重地影响安全操作。因为人在高兴或沮丧时,中枢神经系统便处于兴奋或压抑的状态。当中枢神经处于兴奋状态时,驾驶员行为表现得轻率、好动、异想天开、忘乎所以,操作动作和判断情况就不准确。当中枢神经处于压抑状态时,驾驶员反应迟钝,动作呆板,两眼滞木,对危险情况就会置若罔闻,有时甚至会眼睁睁地看着事故发生而不采取任何措施。

2.4.12.3 驾驶员的应激

1)驾驶员的应激发生时机

交通心理学把人、车、路和交通环境作为一个系统来看待。驾驶员的驾车过程,可以概括为信息输入、信息加工、决策以及信息输出这样一个不断往复进行的信息处理过程。驾驶员是按照上述过程并采用规范化的动作程序驾驶车辆的,能够保持良好的心理状态和旺盛的精力,从而实现高效、准确的操作。而当车辆行驶在复杂的交通环境中时,由于外界信息的突变,使驾驶员在突如其来的或十分危险的条件下,必须迅速地、几乎没有选择余地地采取决策,容易出现应激状态。例如,行车中突然遇到行人在车前横穿公路或者同方向行驶的自行车突然拐入车前,以及驾驶操纵机件失灵等,这时需要驾驶员迅速地判明情况,在一瞬间作出决策,并利用过去的经验集中意志力和果断精神。因此,紧急的危险情景会惊动整个有机体,它能很快地改变有机体的激活水平、心率、血压,使肌肉紧度发生显著改变,而引起情绪的高度应激化和行动的积极化。在这种情况下,比一般的激情更甚,认识的狭窄使得很难实现符合目的的行动,容易做出不适当的反应,可能导致事故。

2)应激情绪状态对行车安全的影响

研究表明,驾驶员在应激状态下的行为可能会出现以下问题:

(1)认识变得狭窄,注意集中于一点,难于转移和分配。

(2)对外界情况的认识变得不充分。

(3)认识外界情况的要求减弱,在极端情况下,失去对外界情况的认识能力。

(4)对外界情况往往只能做出“有”或“无”的两极判断,难于做出程度或数量的判断。

(5)对外界情况综合判断的能力下降。

(6)无暇思考便立即做出判断,极端情况下,失去判断的能力。

(7)难于维持平衡的动作,动作用力往往过大。

(8)难于进行两个以上的互相协调的动作。

(9)动作准确性下降,容易出现错误动作。

(10)容易出现无目的的多余动作,极端时可能不知所措,失去操作能力。

由此可见,应激状态对驾驶员的驾车活动有很大影响。有时,应激状态引起的身心紧张有利于主动调动身心各个部分解决当前紧急问题,维持一定的紧张度反而有助于认知功能的发挥,使人做出平时不可能做出的判断和行为,但有时应激状态所造成的高度紧张情况又阻碍了认知功能的正常发挥。高度紧张会造成注意范围狭窄,反应缓慢,思绪迟钝,导致人们正常处理事物能力的全面下降。

2.4.13 驾驶员情绪控制与调节

2.4.13.1 驾驶员的情绪控制

1)提升驾驶员心理素质

对驾驶员进行以提高其心理素质为目的心理训练。驾驶员的心理素质概括起来主要包括以下五个方面的内容:

(1)知觉、判断认识水平。

(2)反应速度、熟练技巧水平。

(3)注意特性的全面品质。

(4)情感意志的优良品质。

(5)气质性格的优良特征。

在直接影响行车安全的所有心理品质中,最重要的是驾驶员对道路情景变化的反应速度。驾驶员在实际驾驶过程中,不断对发现的情况做出判断和处置,最后由手和脚去执行。平时可以有意识地训练手和脚的反应的敏捷性、快速性、准确性;同时也不应忽视驾驶员注意力的训练。驾驶员只有具备了良好的注意品质,才能在行车过程中迅速、及时、清晰、深刻地获得各种交通信息,并把这些信息经过大脑的分析和综合、判断和推理,然后指导正确的驾驶操作,保障行车安全。

2)提升措施与方法

(1)掌握驾驶员的生理规律。要掌握驾驶员的生理规律,科学地调派车辆、安排任务。要强调的一点就是,要继续认真总结和探索已被实践证明行之有效的运用人体生物节律控制事故的经验。

(2)消除恐惧心理。消除空虚的恐惧心理、消除担心的恐惧心理、消除畏惧的恐惧心理、加强职业道德教育。

(3)提高技术素质,应对激情状态。

(4)模拟应急情景的训练。

2.4.13.2 驾驶员的路怒控制

1)"路怒"症

(1)定义。

"路怒"症,顾名思义就是带着愤怒去开车。"路怒"是形容在交通阻塞情况下,驾驶压力与挫折所导致的愤怒情绪,发作时会袭击他人的车辆,有时无辜的同车乘客也会遭殃。医学界把"路怒"症归类为阵发型暴怒障碍,指多重的怒火爆发出来,猛烈程度让人大感意外。

(2)主要表现。

驾驶时骂人成常态,容易情绪失控,开车和不开车时的脾气和情绪像两个人,不停变换远、近光灯或者鸣喇叭、做粗野姿势、跟别人"顶牛"等,也就是"攻击性驾驶"。

处于"路怒"模式下的驾驶员会更难做出正确的选择,更容易诱发交通事故,而且有些时候不仅限于言语攻击,具有攻击性的驾驶行为可能直接造成交通事故。

(3)表现形式。

危险驾驶,包括突然加速或紧急制动,跟车过近;强行切入别人的车道,或者故意拦挡别人进入自己的车道;过分地鸣喇叭或打闪灯;飙车宣泄情绪(与车内乘客怄气);做粗野姿势,例如向别人竖中指;破口大骂或威胁恐吓,故意撞车。

2)"路怒"症的管控

(1)提高注意力。驾驶员应双手握紧转向盘,准备紧急制动,因为对方极有可能随时制动或强行变道。

(2)不要超车,尾随其后,保持车距,如果超车可能会再次激怒对方,后面的危险驾驶会更加猛烈。

(3)对碰到长时间与自己纠缠的严重"路怒"症驾驶员时,应赶快报警求救。

(4)碰到“路怒”症驾驶员,千万不要与其拼杀,否则,最后会是两败俱伤。

(5)碰到他人将自己车辆别停了,千万不要下车进行理论,因为,下车理论后果可能更加激怒对方,发展为肢体冲突。应锁好车门及时报警。

(6)如果在驾驶车辆时不小心激怒对方,应及时招手、敬礼表示歉意,可能会避免对方出现攻击手段。

2.4.14　驾驶员心理适应性与社会责任感

2.4.14.1　影响驾驶员行车安全的主要心理因素

在人、车、路、交通环境组织的道路行车系统中,人、车、路、环境等因素都能引起驾驶员心理变化,了解车辆驾驶员在交通活动中的心理变化以及应对危险处境的方式,能够找到合适的定性或定量指标标定驾驶员的心理对行车安全的影响程度,进而更好地利用有利心理因素、排除不良心理因素,保障行车安全。

1)个性与行车安全

(1)外向型性格比内向型性格驾驶员更容易发生交通事故,且随着外向型程度的增加,发生交通事故可能性增大。

(2)经常违章和发生交通事故的驾驶员个性表现为易冲动、易紧张、偏执、偏激、自私、疑心、压抑、过分自信等;安全行车的驾驶员更多地表现为敏感、紧张程度高、爱思考、冷静。

2)情绪与行车安全

驾驶员不良情绪主要有以下几种表现:

(1)急躁情绪。驾驶员或为了赶时间,尽快完成某项运输任务,或路遇拥挤堵塞的道路,多容易产生急躁情绪。

(2)紧张情绪。有些驾驶员由于技术不高,驾驶不熟练,再加上时间紧、任务重,容易产生紧张情绪。

2.4.14.2　防止行车事故的心理学管理对策

(1)驾驶员必须具备良好的职业道德。

(2)驾驶员必须具备良好的身体素质。

(3)驾驶员必须具备良好的思想素质。

(4)驾驶员必须具备良好的驾驶习惯。

2.4.14.3　提高驾驶员心理素质的方法

1)要适时调节情绪

在满意、高兴时行车,对所遇情况反应灵敏度高,精力充沛精神集中,观察分析情况灵敏,处理情况果断;当遇到不愉快的事情,如行车途中遇有不礼貌的驾驶员、车辆中途出现故障等情况时,要注意随时调整心情,不被情绪影响,以免导致开车时精力不集中,产生一连串的连锁反应,造成不应有的后果。做到不开带病车、不带思想包袱开车、不开情绪车。

2）克服性格缺陷造成的不安全因素

人的性格各有所异，不同性格的人处理事情的方式、方法也不尽相同，有的人细心、责任心强，有的人粗枝大叶、马马虎虎。性格与安全行车有很大的联系，形成一种良好的性格，是安全行车的前提条件，行车过程中要心细胆大，处事果断，冷静分析遇到的各种情况。平时要注意加强学习，注意提升思想修养，在实践中总结经验，不断锻炼自己，久而久之就会养成良好的性格。

3）坚强的意志是安全驾驶的重要因素

一个人想要具有坚强的意志、蔑视和克服困难的精神，具备坚强的意志，须经一个长期的锻炼过程才能修养成。在驾车过程中充分发挥自己的聪明才智，克服车辆驾驶中的各种困难，处理好复杂的道路和环境情况，善于控制自己的情绪，约束自己的言行，克服不良的思想倾向，不急躁、不斗气，不开"英雄"车，不开"情绪"车，始终保持良好的心境。

2.4.14.4 优秀驾驶员的心理素质训练

由于人在道路系统中的主导性作用，各国交通安全研究人员都将驾驶员主观危险预测能力的提高作为重要的研究方向之一，通过对驾驶员进行培训，使之习惯驾驶行为经验模式，来提高危险预测能力，使驾驶员高速、高效、安全地完成驾驶任务。

1）训练内容

（1）交通突变先兆信息的感知预判能力训练。

（2）车速的感知判断能力训练。

（3）注意力训练。

（4）驾驶技能训练。

目前对于驾驶员的危险预测能力的训练方法主要有集体教育和厅式讨论教育。

2）训练方法

（1）集体教育：学员被动地接受教育信息，不能发挥人的主观能动性，难以得到好的效果。

（2）厅式讨论教育：每个学员就"怎样做才能防止事故"主动思考，培养出能够独立思考、有独立能力的驾驶员，是有意义的教育手段。厅式讨论教育应作为训练驾驶员危险预测能力的主要方法。

3）危险场景模拟画面的构建方法

（1）静态场景。对驾驶员进行危险预测能力训练时，先采用静态的场景，让驾驶员观察场景画面，并让驾驶员回答一些问题，来考察其能否正确地预测潜在危险。后采用动态交通场景，能对真实交通危险场景进行再现，让驾驶员感受到一个动态的交通环境，使培训者获得深刻的培训体验。可以先用静态场景对驾驶员进行厅式讨论教育，再用动态可交互的危险场景画面对驾驶员进行测试。

（2）仿真技术再现危险场景。可视化仿真技术再现危险场景的静、动态画面。可视化仿真即用可视化技术对某一个系统进行仿真，仿真的帧频率一般是变化的场景进行驱动实现动态交互，用于对驾驶员进行测试。

4)训练步骤

训练初设五个场景,培训的步骤设计如下:

(1)初级场景观察训练。将潜在危险还没有显现的场景画面以受训车辆驾驶员的视角展现。将每个场景的“场景描述”用语音或者字幕的方式告知受训者,并为每个场景提出一些针对性问题,观测其有没有意识到潜在可能出现的危险及准备如何驾驶。此阶段每个场景的训练需要 2min,总共需要 10min。

(2)进行第一轮厅式讨论。安排一名相当于讨论主持人的教练,安排学员对 5 个最初场景及其针对性问题进行讨论,每个场景讨论 5min 左右,总共需要 25min 左右。

(3)透视场景、多视角场景观察训练。使用开发三维静态模拟场景训练,将每个场景中挡住潜在危险的障碍物表面进行透视处理,让学员看到隐藏的危险因素,让其更进一步加深对潜在危险的认识,引导驾驶员预测接下来可能发生的突发场面。

(4)进行第二轮厅式讨论。

(5)测试。

(6)评估。

2.4.14.5 构建安全驾驶心理防线

道路交通安全行车主要离不开人、车、路及交通环境四大要素。道路交通法律法规是所有参与交通活动和安全行车基本的也是最重要的保证。为了探索交通事故的成因,构建安全驾驶心理防线,就道路交通法规与人、车、路、交通环境形成行车网络(图 2-2),构建安全驾驶心理防线。

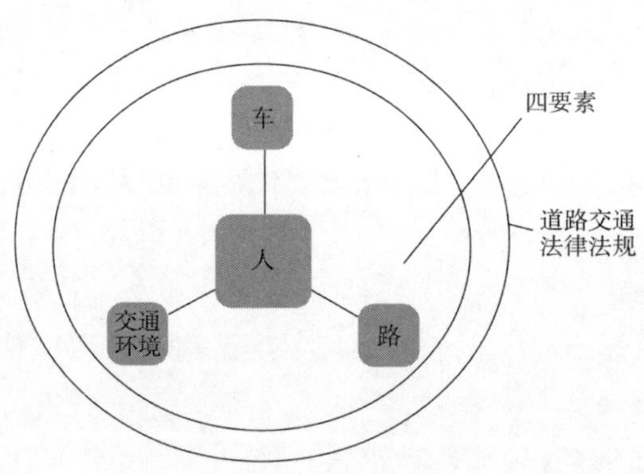

图 2-2 安全驾驶心理防线

案例

像往常一样,拥有十几年驾龄的公交车驾驶员李师傅行驶在路面上,又到了总被占道的行驶区域,李师傅像往常一样稍微放慢了开车的节奏,想要往中间车道行驶一段后再变道,可就在这时,后方的小汽车抓紧时机往前冲,几个来回下来,小汽车在后方不依不饶,紧紧跟随,这可气坏了李师傅,李师傅看着小汽车的驾驶员,心里的无明火上头,就要下车与对方理论……

案例分析:

作为驾驶员每天都在路上跑,你别我一下,我心里不高兴这是很正常的,如果再追上去别对方的车或下车与人理论,就会使矛盾立马升级,很可能造成交通事故。

案例中的行为容易引发交通事故,其根源就是开斗气车。那么为什么开斗气车会容易出事呢?因为一方面,驾驶员在心态上从平静的心态迅速恶化为报复心态,失去了正常理智、安全意识。在这种心态的驱使下,驾驶员唯一的目标就是"办掉"对方,不断加速、超越、紧急制动、再加速、再紧急制动直到将对方逼停,让对方示弱为止。另一方面,注意力的过于集中反而减弱了对车上乘客和周边行驶环境的注意,所以在急加速、急制动的同时会造成车厢内乘客摔伤和车外的剐蹭与碰撞。其实被别一下,不要多想,没关系,也许对方是无意的,自己也可能无意间做同样的事,所以心态要平和,任何时候都要以安全为重。

即学即用

1. 优秀驾驶员的心理素质训练有哪些内容?
2. 简述驾驶员疲劳驾驶的改善措施。
3. 什么是驾驶员的反应特性?

第 3 章 道路交通事故分析

城市公交车长期运行在环境复杂的城市道路上，整日长时间、高频率穿梭于车水马龙的城市街道，发生交通事故的频率和可能性相对其他车辆来说比较高。公交车交通事故是在特定的交通环境下，由于人、车、路、环境诸要素配合失调偶然发生的，发生剐蹭的现象在所难免，从事故的性质上看，多数是轻微事故。因此，根据公交车的运行特点，分析事故中的各种因素，及时采取预防措施，很多事故是可以避免的。

3.1 影响道路交通安全的因素

汽车改变了人类的生产生活方式，汽车和道路的发展，带动了道路运输业的跨越式进步。但是道路运输在给人类带来舒适和便捷的同时，也给人类生活带来了一些负面影响，其中最严重、危害最大的就是道路交通事故。

道路交通系统是由人、车、路环境构成的，道路交通事故的发生，与人、车、路环境等因素都有一定的关系。容易造成危险或者引发事故的根源和状态，包括人的不安全因素、物的不安全因素、道路的不安全因素和行车环境的不安全因素。

3.1.1 人的不安全因素

人是道路交通安全的主体，包括所有使用道路者，如机动车驾驶员、乘车人、骑自行车人、行人等。人的不安全因素是指机动车驾驶员和其他交通参与者的不安全行为。驾驶员的不安全行为，主要是由于生理、心理的原因，引发违法驾驶、操作失误、注意力分散、逆向行驶、占道行驶等不安全行为。非机动车骑行人不遵守法律法规，随意性较大，占机动车道、随意改变骑行方向甚至横冲直撞等行为时有发生。行人在机动车道行走、翻越护栏、随意横穿机动车道、路口闯红灯、进入高速公路通行等行为随处可见。

3.1.1.1 动视力对安全行车的影响

驾驶公交车运行过程中，视觉对安全驾驶起到非常重要的作用。驾驶员除了注意周围基本状况外，更要通过视觉、听觉所获得的信息来进一步认知和预测可能出现或发生意外的情况，预先采取措施避免事故的发生。驾驶员的视力包括静视力和动视力。动视力是驾驶员在驾驶车辆行驶过程中的视力，对安全行车的影响较大，是行车中人的危险源。动视力与行车速度和驾驶员的年龄有关。动视力随着车速的变化而变化，车速越快，动视力越低。年龄越大的驾驶员，动视力降低越多。动视力较差的驾驶员，如果不能有意识地控制行车速度，会存在事故隐患，使发生事故的概率增大。

3.1.1.2　视野盲区对安全行车的影响

视野盲区是驾驶员在行驶中视线受到影响，观察不到的视线死角区域。视野盲区存在极大安全隐患，容易造成驾驶员的判断和操作失误，是驾驶员获取路面信息的最大障碍。不同视觉盲区的成因与特点不同，对行车安全的影响也不同。车内盲区是驾驶员对车辆周围的情况因为车辆本身而产生的视线盲区，驾驶员上车后看不到盲区内的异常情况，起步和停车时容易发生事故。在道路上行驶时，道路的弯曲度越大，驾驶员的视距越小，视线盲区越大。行至交叉路口时，道路两旁有树木、建筑物或其他设施的遮挡与影响，甚至会挡住驾驶员的横向视距，不能看到临近路口的道路与其他情况。在超车、变更车道时，不注意盲区的存在，极易发生剐蹭(碰撞)事故。超越前方停驶的车辆时，停驶车的头部和会车时对方车辆的尾部，由于车身的遮挡造成视线盲区。

3.1.1.3　驾驶员异常生理、心理对安全行车的影响

驾驶员的不良和异常生理、心理及行为，是引发道路交通事故的人的危险因素。认识驾驶员的不良驾驶生理、心理对安全行车的影响，正确辨识道路上的各种危险源，迅速评估危险源的危险水平，采取预防和规避相应措施，减少由于操作失误而导致的事故，是安全行车的前提。

驾驶员不安全的生理因素见表3-1，驾驶员不安全的心理因素见表3-2。

酒后驾驶对交通安全的影响

注意力分散

交通安全的影响因素——人的因素

驾驶员不安全的生理因素　　表3-1

异常生理	对安全行车的影响
饮酒	驾驶员反应迟钝、头脑昏沉、眼花缭乱，不能集中注意力观察周围交通情况，视觉、听觉敏锐度降低，对周围情况的判断能力下降，对距离和速度判断的准确性降低，直接影响安全行车
吸毒	能抑制驾驶员的中枢神经系统，易引发抽搐、幻觉等毒副作用，能使驾驶员长期处于兴奋、激动状态，容易亢奋、失去控制和理智，往往会出现情绪失控和攻击性驾驶行为，从而导致交通事故的发生
生病状态	驾驶员注意力和反应力会大大降低，动作不协调，操作准确性也会下降，严重疾病会造成行车事故，慢性疾病同样也会增加发生事故的可能性
服用药物	服用对驾驶有副作用的药物，会对驾驶员的心理、生理产生不良影响，妨碍安全行车
疲劳状态	驾驶员判断能力下降，反应迟钝，操作失误增加，很可能导致交通事故
不良情绪状态	驾驶员有生气、厌恶、愤怒情绪时，常常采用超速、抢行等行为进行发泄，同时对他人的驾驶行为不能宽容对待，容易诱发攻击性驾驶，使驾驶行为充满危险和暴力，对安全行车极为不利
注意力不集中	驾驶员没有谨慎的意识，不集中注意力，一边驾驶一边做或想其他使注意力分散的事情，不能专注于观察和判断道路上的交通情况，使能够提前发现和避免的险情变成了“突然情况”

驾驶员不安全的心理因素　　表3-2

异常心理	不安全因素
急躁心理	表现为急躁、不冷静,不能控制情绪。经常开快车,遇到行驶缓慢、交通拥堵、一路红灯等交通状况时,性急,超速行驶、路口抢行、频繁变更车道、强行超车
自满心理	感觉自己驾驶技术已熟练,自认为驾驶经验丰富,沾沾自喜,变得骄傲自大,满不在乎,不思进取,听不进提醒和忠告。行车中满不在乎、我行我素,驾驶车辆接打手机、吸烟,往往会形成长期的违法驾驶习惯
好胜心理	心理不成熟的表现之一,自我感觉驾驶技术比谁都强,无视法律法规,超速抢行,强行超车、会车抢行、开"英雄车",遇到别人争道抢行的不文明行为,容易冲动争强好胜,一旦遇到紧急情况措手不及
赌气心理	会把注意力集中在报复上,遇到其他车辆长时间跨车道线、占道行驶、强行加塞、前车故意不让行、夜间会车不关闭远光灯等驾驶行为时,产生不满意或愤怒情绪。往往采取强行超车挤压对方、不让加塞车辆、开远光灯对射等极端措施
麻痹心理	以为车辆安全性能好,不实行车辆三检制度。行车中忽视交通风险,漫不经心、粗心大意、放松警惕,安全敏感性降低。处理情况时,心不在焉,容易疏忽最关键的安全细节,对突发事件失去警惕性。一旦遇到突发情况,往往会手忙脚乱,采取措施不当、操作失误等
侥幸心理	往往自恃经验丰富、技术过硬,对违法行为心存侥幸。主要表现为盲目驾驶故障车上路、交叉路口闯红灯、携带危险货物、酒后驾驶、危险路段强行通过、高速公路随意停、感到疲劳勉强继续驾驶等
随众心理	主要表现为对他人行为的追随和迎合,对自己的宽慰和谅解。在拥堵路口、路段、事故现场,看到其他车辆不按规定有序排队、抢行、加塞、占用应急车道等违法行为,明知是违法行为,认为"法不责众",紧跟其后违法通行
寄托心理	把自己的安全和顺利通行寄托在对方驾驶员身上。当自己占道行驶、抢行通过、越线会车等违法行驶时,寄希望于对方驾驶员能先慢、先停
负重心理	在工作、家庭、生活、婚姻等方面出现问题或者不如意时,思想负担过重、精神压力大、情绪低落、思维迟钝的负重心理。往往会造成精力分散,注意力不集中,有时会处于苦思冥想的状态,遇到紧急情况时惊慌失措、手忙脚乱

3.1.1.4　行车中的不安全因素

驾驶员行车中的不安全因素见表3-3。

驾驶员行车中的不安全因素　　表3-3

车辆动态	不安全因素
跟车行驶	(1)前车的行驶速度、行驶方向随时都会发生变化; (2)跟行超载大型货车时,存在轮胎爆胎、载货较高阻挡视线,货物苫盖不牢掉落等; (3)跟行在大型车后方的小型车辆,不容易被前车发现; (4)跟车距离过近、车速过快,前车一旦制动过急,后车来不及采取应急措施
会车	(1)路面上的窄桥、坡道、隧道、涵洞、急转弯、会车地点的障碍物; (2)对向车辆突然占道行驶、大型载货汽车偏载或装载捆绑不牢固、货物洒落; (3)对向车辆超速、突然占道行驶及对向车辆后方的行人、车辆、牲畜突然横穿

续上表

车辆动态	不安全因素
超车	(1)被超车辆和道路上其他车辆和行人等各种障碍物； (2)超车辆突然变道、超车使用的车道有障碍、对面有车辆对向驶来； (3)前车不让行、让速不让路、让路不让速或让路后突然向左行驶； (4)后车不开转向灯突然超车、强行超车、右侧超车、占公交车专用道超车
让超车	(1)后车在窄路、坡道、弯道、桥梁、隧道等禁止超车或不具备超车条件的路段或地点超车； (2)后车超越后迅速向右转向
变更车道	(1)路口、障碍、弯道、行车道上的突然情况及两侧的车辆加速行驶； (2)对向车违法占道、前方车辆突然变道、盲区内有行驶的车辆； (3)变更车道不观察两侧和后方道路交通情况，不开启转向灯； (4)随意频繁变更车道或强行突然变道，连续侵占正常通行车辆的行驶路线； (5)弯道、路面障碍、车辆、行人、路边树木及对面弯道内有车辆或行人占道行驶
转弯	(1)转弯后轮驶出路面或碰擦行人和车辆； (2)交叉路口两侧有车辆闯红灯、转弯盲区内有行人、非机动车； (3)转弯行驶车速太高，轮胎失去附着力； (4)重心高的双层公交车重心高，转弯车速过快，会因离心力的作用发生侧翻； (5)铰接式公交车车身长，转弯内轮差大，容易剐蹭两侧的车辆或行人
通过交叉路口	(1)路口通行的机动车、非机动车、行人及缓慢通过人行横道线行人和非机动车； (2)路口违法占道、进入路口实线区域突然变道、加塞、抢行、闯红灯、路口内突然变换行驶方向的机动车； (3)不遵守交通信号灯通行的行人和非机动车
进出站	(1)路边的低空障碍物、车站内停着上下乘客的公交车； (2)车站内的候车人，上下车的乘客； (3)超越公交车的非机动车，在站内停车的社会车辆
倒车	(1)在驾驶室内无法看到的周围的情况、车后情况的变化； (2)盲区里停放的车辆、伏在车底下的动物、在车周围通行的行人、玩耍的儿童； (3)突然通过的行人、其他妨碍倒车障碍物
掉头	(1)路口通行的车辆和行人，道路上的各种车辆、行人和障碍； (2)拥堵路段相继掉头的车辆； (3)车辆突然从左侧超越； (4)对向有加速驶来的车辆
通过桥梁	(1)城市立交桥错综复杂； (2)跨海大桥上强烈横风和冬季桥面结冰或积雪； (3)上、下桥的机动车、行人、非机动车、牲畜
通过隧道	(1)通风条件不良，常年处于潮湿状态； (2)汽车排放的尾气和车辆淋水装置遗留的污水； (3)眼睛的暗适应和明适应； (4)隧道口的横风

续上表

车辆动态	不安全因素
通过铁路道口	(1)铁路道口来往通行的列车; (2)在铁路道口通行的机动车、非机动车、行人
通过城乡接合部	(1)交通参与者素质不高,车辆、行人通行秩序差; (2)各种混行的机动车、行人、牲畜、自行车、畜力车
乡村道路行车	(1)通行混乱、摊位占用机动车、牲畜或畜力车道路中穿行; (2)道路等级相对较低、路窄且路面缺乏养护、照明条件差; (3)行人和非动车占道通行、路边有放牧的牲畜和其他野生动物随时横穿; (4)沙土路前方车辆扬起沙尘

3.1.1.5 乘客的不安全因素

乘坐公交车的老年人、少年儿童、孕妇,站立的乘客、随意走动的乘客,如果不能扶稳坐好,都可能引发客伤事故。心理不健康的乘客、故意携带危险品的乘客、异常心态的乘客、心理扭曲的乘客、患有神经病或吸毒的乘客、专横跋扈的乘客、报复社会的乘客等,这种类型的乘客随时会出现攻击性行为,会影响驾驶员的情绪、驾驶操作,甚至引发危险驾驶,造成事故。另外,乘客携带的行李摆放位置不合适,会对车内乘客人身安全及行车安全带来风险。湿滑的地板、破碎的座椅等也可能对乘客的安全构成威胁。

3.1.2 物的不安全因素

物的不安全因素包括车辆本身故障和道路上的障碍物。道路上障碍物、掉落的货物、坑洼路面、异常行驶的车辆、停在路边的故障车、事故现场等都属于物的不安全因素。

3.1.2.1 车的不安全因素

车辆技术性能的好坏,是影响道路交通安全的重要因素。公交车容易发生交通事故与车辆本身的特点有关。车辆技术状况不良、安全装置失效、车内物品(行李)移动、意外火灾等都是引发事故的因素。公交车行驶在城市街道等人流较大、车辆密集的区域,为了上、下乘客需要频繁变更车道。由于公交车体积庞大、车身长,变道时,一旦观察不够或者未主动避让本车道行驶的其他车辆和行人,很容易发生碰撞、剐蹭事故。行车中,跟车、超车、让超车、变更车道、转弯、通过交叉路口、进出站等,都存在不安全的因素。

交通安全的影响因素——车辆因素

3.1.2.2 路的不安全因素

道路上的障碍物、掉落的货物、坑洼路面,异常行驶车辆、停在路边的故障车、事故现场等,都属于物的不安全因素。由于城市道路人车混行的路段较多,道路条件和设施相对落后,拥有的专用道路资源严重不足,多数车站都设在距离生活小区、商场、学校等人员密集的地方,公交车不得不与其他道路参与者争夺道路资源等,这些也都是不安全的因素。

交通安全的影响因素——道路因素

3.1.2.3 高速公路的不安全因素

高速公路的限速路段、易滑路段、事故多发路段、弯道、横风路段、上长坡路段、下长坡路段、施工路段、立交桥、跨江大桥、隧道、匝道口、收费站是高速公路行车静态的不安全因素。高速公路上违法停放的车辆,横穿的动物、破碎的轮胎、掉在路中的货物、违法行驶的车辆都是动态的不安全因素。

3.1.2.4 山区道路的不安全因素

山区道路上下坡路段、陡坡路段、限速路段、易滑路段、事故多发路段、横风路段、施工路段、不平路段、落石路段、傍山险路、急转弯道、隧道、窄路、窄弯、桥涵、交叉路口、穿行的村庄,是路面的静态不安全因素。山区道路行驶,可能会出现团雾、滑坡、塌方、泥石流、坑洼等危险路段,都是路的不安全因素。

3.1.3 环境的不安全因素

一年四季,无论是白天或黑夜、刮风下雨、酷暑天气、严寒雪天,公交车都要坚持运营,尤其是在恶劣气象环境条件下行车,存在很多事故隐患。环境的不安全因素主要是道路通行的各种气象环境条件。夜间道路,雨、雾、雪、风沙天气等特殊气象条件,泥泞道路、不良道路,地震、山洪等自然灾害,都是容易发生事故的环境条件。

交通安全的影响因素——环境因素

3.1.3.1 夜间行车的不安全因素

夜间行车,有很多潜在的危险因素,由于夜间车灯的照射范围和亮度有一定限度,驾驶员的视线受到限制,遇到突发情况,反应和处置的时间相对较短,危险性大。会车对面来车不关闭远光灯,近距离会车两车灯光交汇处会出现盲区,后方尾随的车辆开启远光灯,车辆故障车辆不开车灯停在照明不良的路边,都是引发交通事故的危险因素。

3.1.3.2 雨天行车的不安全因素

雨天道路,路面湿滑,视线受阻,路面附着力减小,制动距离增大,高速行驶容易出现"水滑"现象,紧急制动容易导致车辆失控,发生横滑或侧滑的危险。雨天风窗玻璃形成的水雾,暴雨后低洼区域或者道路排水系统不畅形成的积水,连续降雨出现路肩松软和堤坡坍塌现象,雨天忙乱躲避的行人和骑车人,都是车辆通行的危险因素。雨天行车,存在视线不良、路面湿滑、车辆制动效能降低、行人和非机动车通行混乱、路面积水易发生侧滑或"水滑"现象等危险。

3.1.3.3 雪天行车的不安全因素

雪天道路结冰,路面溜滑,附着力降低,制动性能极差,制动距离延长,车辆的稳定性降低,是行驶方向易跑偏的危险因素。积雪对光线的反射造成眩目,是产生错觉的危险因素。积雪覆盖的路面、压实或结冰路面,是侧滑或翻车的危险源。路上通行的行人、非机动车的稳定性差,是引发失控而摔倒的危险因素。

3.1.3.4　雾(霾)天行车的不安全因素

雾(霾)天能见度低,视线不清,道路上行驶的机动车、行人和非机动车、路边的摊位等,都是行车的危险因素。行车中存在能见度低、前方车辆突然制动、对面来车不按规定使用灯光或占道行驶、路边有非机动车、行人占道通行等危险。

3.1.3.5　高温天气行车的不安全因素

温炎热天气,路面沥青软化变黏,附着力下降,是发生侧滑的危险因素。发动机冷却液、胎温、胎压过高,是影响行车安全的危险因素。电路容易出现线路软化、短路、漏油等情况,是容易引起自燃的危险因素。另外,高温天气驾驶员容易出现烦躁情绪、疲劳驾驶,清晨和傍晚外出散步和纳凉的行人,也是构成危险的因素之一。高温天气行车,存在驾驶疲劳、轮胎胎温和胎压发生变化、发动机温度升高冷却液沸腾等危险。

3.1.3.6　风沙天气行车的不安全因素

风沙天气行车的危险因素有:吹起的风沙、道路两侧行人和非机动车、机动车扬起的风沙。下风处的行人为躲避车辆扬起的尘土临近突然跑向道路另一侧,上风处的行人和自行车由于风速太大行人被刮道路中,自行车被刮倒。风沙天气行车,还存在照空气浑浊、视线不良、能见度低、视线模糊、视野变窄,扬沙路段前方车辆卷起的尘土会遮挡视线等危险。

3.2　发生事故的主要原因

道路上驾驶员的违法行为、行人和非机动车的违法行为,车辆技术条件不良、道路状况差及恶劣气象条件,都是导致交通事故的主要原因。公交车车速较慢,行驶路线固定,发生较大交通事故的概率相对较低;而公交车站、候车亭等是公交车事故多发的区域;市区内一些交通密集的路段,交通拥堵,尤其是没有施划公交专用车道的道路,发生事故的概率相对较高;公交车交通事故中,死亡等重大事故较少,碰撞、剐蹭事故较多。

3.2.1　人的原因

交通是人类生存的四大根本需求之一,在道路交通事故中人的因素起着决定性作用,许多交通事故都是由于人的原因造成的,所以说交通事故没有人的参与就谈不到交通事故。人是道路交通安全的主体,包括所有使用道路者,如机动车驾驶员、乘车人、骑自行车人、行人等。道路交通事故的发生,其中有的是因机动车驾驶员疏忽大意、违章行驶、操作失误;有的是因行人、非机动车驾驶员不遵守交通规则所致。随着社会的发展、交通活动的频繁,人与车、车与车之间的交通冲突机会增加,另外,由于人们受生活环境、作业环境、社会环境以及人的心理素质、生理条件的制约,交通事故发生概率自然增加。同时,人们的传统交通观念、出行习惯虽有所改变,但在短期内难以有较大的转变,人们交通意识转变速度与道路交通的发展、机动化水平的提高以及交通管理的要求不协调,也成为困扰交通安全的主要因素。最为突出的就是机动车驾驶员引发的事故,直接影响到我国的道路交通安全。

3.2.1.1 违法超速行驶

超速行驶

超速行驶对交通安全的影响

违法超速行驶,是道路交通安全的"第一杀手",已成为道路交通事故的"罪魁祸首"。超速行驶时,驾驶员反应距离延长,视野变窄,制动距离延长。如果长时间超速行驶,驾驶员心理一直处于高度紧张和恐慌状态,压力大,容易疲劳,一旦遇到险情,往往反应不及时或出现操作失误,极易发生碰撞、倾翻等重特大交通事故。行车中,超速行驶越多,可能发生的险情也就越多,安全系数越小,事故的后果越严重。

3.2.1.2 频繁变更车道

随意频繁变更车道或强行突然变道,驾驶员往往是不观察车辆两侧和后方道路交通情况,不开启转向灯,连续侵占正常通行车辆的行驶路线,严重扰乱正常的道路通行秩序,是导致道路拥堵及剐蹭、碰撞事故的主要原因。

3.2.1.3 抢行、加塞

行车中,遇到前方车辆行驶缓慢或拥堵时,连续鸣喇叭、抢行、加塞、穿插绕行等行为,既不道德,又违法,会严重破坏道路的有序通行,加剧道路拥堵或路口堵塞,甚至会引发驾驶员之间的斗气、斗殴,是导致驾驶员"怒路"症和剐蹭事故的一个重要诱引。

3.2.1.4 违法停车

随意在停车场(位)以外不允许停车的道路或路口违法停放车辆,占用机动车道、非机动车道和人行道,会影响其他车辆和行人的通行,造成交通拥堵和道路堵塞,很容易引发交通事故。

3.2.1.5 路口闯红灯

通过路口不遵守交通信号灯,黄灯亮抢行或闯红灯是非常危险的违法行为,不仅会给路口通行的车辆和行人带来危险,而且严重威胁着他人和自己的生命财产安全,很容易引发碰撞和碾压事故,甚至会导致重特大恶性交通事故。

3.2.1.6 与行人抢行

在人行横道前不观察、不减速、与行人抢行,或者遇到行人违法在道路上通行时与行人争道抢行,都是发生事故的最大隐患,往往会发生车与人相撞的死伤事故。

3.2.1.7 违法占道行驶

驾驶机动车违法占道行驶的主要表现有:占用非机动车道、人行道、紧急停车带、路肩行驶,超车、转弯占用对向车道,长时间压分道线、在道路中心虚线处行驶等。违法占道行为,降低了路面的使用率,严重扰乱和阻碍道路通行,直接影响道路的有序通行和畅通,会引发道路拥堵,甚至导致交通事故。

3.2.1.8 违法超车

占对向车道强行超车、骑压中心线超车、高速强行超车、超车过程中距离被超车过近、超车后变道不给被超车留出安全距离等违法行为,都会伴随着急转向、急加速等操作,一旦出现操作失误或紧急情况，驾驶员很难有效及时地控制车辆，严重威胁被超车辆的安全，容易引发剐蹭、倾翻、追尾等交通事故。

3.2.1.9 违法使用远光灯

夜间会车、跟车、超车时，违法使用远光灯，会因强烈的灯光照射造成对面或前方车辆驾驶员眩目，使驾驶员无法看清道路上的交通情况，导致判断错误或操作失控，引发车辆之间碰撞或者碰撞行人、非机动车等事故。

3.2.1.10 违法接打手持电话

驾驶员驾驶车辆接打手持电话或发短信，会分散注意力，影响正常驾驶操作，视野变窄，外围视觉的感知能力降低，加之单手操纵转向盘，一旦遇到紧急情况，往往反应不及，不能有效地控制车辆，容易造成追尾、剐蹭等交通事故。

疲劳驾驶

疲劳驾驶对交通安全的影响

3.2.1.11 疲劳驾驶

驾驶员疲劳时，会出现精力不集中、思考不周全、判断能力下降、反应迟钝和操作失误等现象。驾驶员处于轻微疲劳时，会出现换挡不及时、不准确；处于中度疲劳时，操作动作呆滞，有时甚至会忘记操作；处于重度疲劳时，往往会下意识操作或出现短时间睡眠现象，严重时会失去对车辆的控制能力。如果驾驶员在疲劳状态仍勉强驾驶车辆，则很有可能导致交通事故的发生。有效避免驾驶疲劳做法有连续驾驶不超过4h、用餐不宜过饱、保持良好的睡眠、餐后适当休息后驾车。

3.2.1.12 行人违法行为

造成交通事故的人的原因中，除了机动车驾驶员外，还有非机动车驾驶员和行人的原因。非机动车不走非机动车道，抢占机动车道；路口、路段抢行猛拐；对来往车辆观察不够或骑车追逐嬉戏等，均可造成交通事故的发生。行人的违法行为也是导致事故的重要原因之一。行人在路边行走不走人行道、侵占机动车或非机动车道，横过道路随意横穿机动车道、不走人行横道、地下通道、天桥，不按照人行横道灯通行，不注意躲避机动车，翻越道路隔离设施，在机动车道拦截机动车，在道路上随便扔弃废物，在高速公路路肩行走等行为，都是引发道路交通事故的最大隐患，很多交通事故都是因为行人的违法行为引发的。

3.2.2 车辆原因

车辆是现代道路交通中的主要元素，影响汽车安全行驶的主要因素是转向、制动、行驶和电气4个部分。机动车在长期使用过程中处于各种各样的环境中，如气象条件、使用强度等的不同，汽车技术状况参数将以不同规律和不同强度发生变化，或性能参数劣化，导致机动车的性能不佳、机件失灵或零部件损坏，最终成为造成道路交通事故的直接因素。

驾驶"带病"车辆上道路行驶

车辆制动失灵、制动不良、机件失灵、灯光失效和车辆装载超高、超宽、超载、货物绑扎不牢固等，都是酿成交通事故的不安全因素。据我国交通事故的统计资料，制动系统和转向系统故障是车辆因素造成事故的主要原因。

超载超限对交通安全的影响

近几年，机动车数量增长迅速，其增长幅度远超过交通基础设施增长速度，而我国低等级公路还比较多，道路狭窄或破损，大部分道路没设中央分隔带和路边两侧护栏，警告、限制等标志数量不足、标志不清不规范、符号模糊难以辨认，这些都从客观上增加了道路交通伤亡事故的发生率。

此外，非机动不走非机动车道，抢占机动车道；路口、路段抢行猛拐，对来往车辆观察不够或骑车追逐嬉戏，非机动不按规定停放自行车、在道路边逆向骑自行车、骑自行车横过道路不下车推行、骑自行车横过道路不走人行道、骑自行车转弯不伸手示意、骑自行车超高或超宽载物、一手持物一握把骑车、醉酒后在路上骑自行车、转弯时与行人抢行、在缓慢行驶的流穿行等行为，也是造成道路交通事故的重要原因。

3.2.3 道路原因

道路是交通运输的基础设施，是影响道路交通安全的重要因素之一。道路建设力度持续加大，公路里程增加，高等级公路增幅明显，道路结构和交通条件日益改善，为道路交通安全的改善打下了坚实基础。但是在我国，尤其是城市道路交通构成不合理，交通流中车型复杂，人车混行、机非混行问题严重；部分地方公共交通不发达，服务水平低，安全性差；自行车交通比例大，骑行者水平不一，个性不同，非机动车与机动车和行人争道抢行……这些无疑恶化着我国城市的交通安全状况。

不少交通事故的发生与交通设施不完善有直接关系。道路本身的技术等级、设施条件及交通环境作为构成道路交通的基本要素，它们对交通安全的影响是不容忽视的。所以，道路建设和养护质量需进一步提高。因道路因素引发的交通安全问题应该引起道路规划、设计、养护、管理等部门的足够重视，从中总结出规律性的东西，尽可能减少不良道路引发事故的隐患。

3.2.4 环境原因

环境因素给道路交通安全带来极大隐患，如雨、雪、雾等恶劣天气以及路面结冰等是造成交通事故的主要原因：

(1)雨天道路局部会有积水，雨中行车摩擦因数降低，行车视线和路面标线比较模糊，容易出现“水滑”现象，这些都是重大事故隐患。

(2)雪天行车，飘洒的雪花使驾驶员视线受到影响，路面积雪阻碍正常行车，阳光强烈反射容易导致眩目，造成驾驶员视力疲劳，影响安全行驶。冰雪天路面结冰，轮胎附着系数降至最低，致使车辆不具有抵抗侧向力的足够能力，导致车辆侧滑、甩尾、调头，失去控制。

(3)雾(霾)天能见度下降，行车视距缩短，驾驶员对可变情况、标志标线及其他交通安全设施辨别不清，前后车辆的最短安全间距无法保证，驾驶员的观察和判断能力受到严重影响。尤其是出现浓雾(霾)天气，视线不清，尽管减速慢行，临近时仍是措手不及，极易引发连锁追尾、多车相撞、群死群伤的重特大交通事故。

3.3 公交车典型道路交通事故案例分析

3.3.1 操作不当引发的事故

1)事故经过

驾驶员驾驶自动变速单机公交车,由北向南行驶至某检查站,在乘客下车站在车前接受检查的过程中,驾驶员未将变速器操纵杆置于空挡位置(仍在前进挡),松开制动踏板后即起身离开座位,致使车辆向前移动,与站在车前接受检查的乘客发生碰撞,导致一名乘客受伤。事故现场如图 3-1 所示。

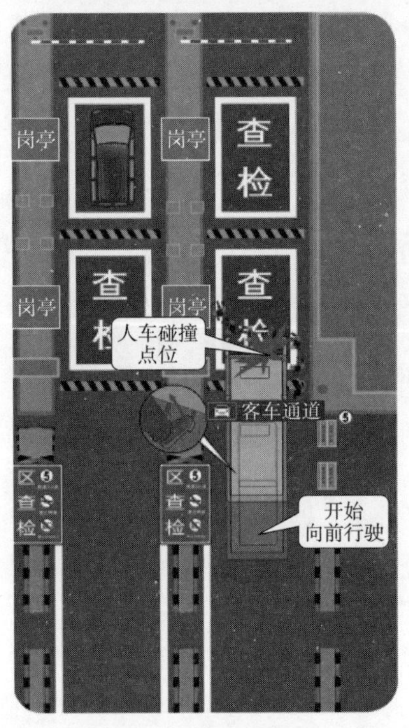

图 3-1　事故现场图(一)

2)原因

(1)驾驶员严重违反安全驾驶操作规程。事发前,驾驶员未将自动变速器操纵杆置于空挡位置,车辆未熄火,挡位仍处于前进挡位置,松抬制动踏板后,使得车辆自行向前移动。

(2)事故发生前,驾驶员在准备离开驾驶座位前,并没有关闭发动机,拉紧驻车制动器操纵杆;起身站立时右脚又离开了制动踏板,致使车辆处于无制动状态并向前移动;当发现车辆移动后,驾驶员虽然立即脚踩制动踏板,但为时已晚。

经过调取视频录像和驾驶员自述分析,该车驾驶员违反安全驾驶操作规程是引发这起事故的主要原因。

3)驾驶员行为探讨

本案例中,驾驶员安全意识缺乏且严重违反安全驾驶操作规程。安全意识的缺失,导致驾驶员在日常驾驶中养成了不良的驾驶习惯。当遇到紧急情况时,驾驶员未能按照操作规程逐一把握安全停车的各项环节要点,未能及时采取正确的应急处置措施,最终酿成事故。公交运营企业安全驾驶操作规程规定:“驾驶员在乘客下车接受安检时,应将车辆挡位调整到空挡或驻车挡位,拉紧驻车制动器操纵杆,使车辆熄火,并将车辆处于完全静止驻车状态。”如果驾驶员将安全驾驶操作规程熟记于心,这起事故完全可以避免。归根结底,还是驾驶员对安全驾驶重视不够,当“习惯性违规”变成理所当然时,量变引发质变也就无可避免了。

3.3.2 疲劳驾驶引发的事故

1)事故经过

某夜班车线路驾驶员驾驶公交车由东向西行驶至某车站附近时,由于疲劳驾驶造成车辆侧滑，导致车辆前部与路边树木发生接触。事故虽未造成人员伤亡，但车辆前部受损严重。事故现场如图3-2所示。

2）原因

驾驶员思想松懈，驾驶疲劳。事故发生时间为凌晨时段，是一天当中交通量较小的时段，道路通行条件良好，且车辆已临近终点站，驾驶员驾驶车辆过于放松，导致驾驶疲劳。

图3-2 事故现场图（二）

3）驾驶员行为探讨

车载视频显示，驾驶员有揉眼睛、转头等缓解疲劳的行为，表明他已意识到自己长时间驾驶。但因车辆已临近终点站，驾驶员产生侥幸心理，在疲劳状态下继续行驶，最终导致事故发生。

本次事故虽然没有导致人员伤亡，但也给予我们重要警示。据统计，疲劳驾驶导致的事故往往比较严重，因为驾驶员疲劳后，尤其是当疲劳积累到一定程度，出现困倦状态时，车辆控制能力会急剧下降甚至丧失。很多重大交通事故的更深层次原因就是驾驶员疲劳驾驶。

3.3.3 驾驶盲区引发的事故

1）事故经过

驾驶员驾驶三轴公交车由北向南行驶至某路口右转弯时，由于车体较长，加之驾驶员想赶在信号灯转换前完成转弯，未能充分观察到路上交通参与者的状态，与一名由南向北正常作业的环卫工人发生接触，导致环卫工人受伤。事故现场如图3-3所示。

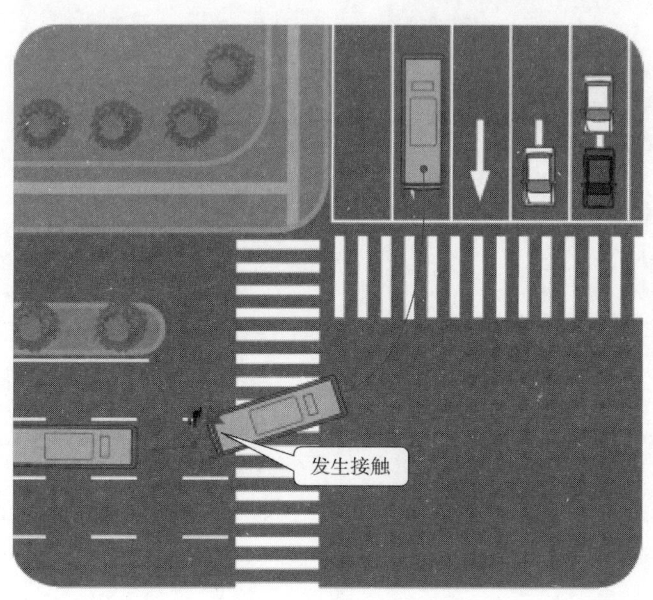

图3-3 事故现场图（三）

2）原因

（1）驾驶员驾驶机动车在通过路口时没有仔细观察，未能消除车辆A柱盲区带来的影响,在通过路口时未遵守"慢、观、让、停、行"的通行规定,疏于对其他交通参与者动态的观察,未能在第一时间发现路口内的环卫工人。

(2)驾驶员进入路口准备由北向西右转弯时,由东向西的信号灯已经变成绿灯,车辆开始放行,存在与直行车辆抢行的行为,心态急躁,致速度较快。

3)驾驶员行为探讨

本案例的事故报告清晰表明,公交车驾驶员驾驶车辆违反了《中华人民共和国道路交通安全法》第二十二条第一款"机动车驾驶员应当遵守道路交通安全法律、法规的规定,按照操作规范安全驾驶、文明驾驶"的规定。公交车驾驶员驾驶机动车未确保安全、发生交通事故的违法行为,与本起事故的发生有直接的因果关系。

引发本起事故的原因,首先是驾驶盲区。路口右转弯时,因为驾驶员在车辆左侧,右侧盲区较大,就很容易与右侧非机动车道上的行人、非机动车发生剐蹭。本案例中,公交车的转弯半径相比普通单机车更大,因此,在转弯时必须要做到减速慢行;驾驶员除了要观察前方之外,还要观察右侧车窗外以及右后侧车窗外,以扩大视野,防止发生剐蹭。若不能确保安全,则要把速度降至最低直至停车,这样,即便不能确定盲区内有无行人或非机动车,也能够使这些交通参与者观察到本车的动态。

其次是驾驶员的抢行行为。事实上,该驾驶员的行为是侥幸心理和寄托心理综合作用的结果。驾驶员的很多违法或者违章行为都是由于心存侥幸而产生的。侥幸心理是一种潜在的心理状态,不易被察觉,其后果具有突发性,驾驶员会认为"事故不可能发生在我身上,也不可能因我而起",这种侥幸心理是运营安全的极大隐患;寄托心理是指驾驶员将自己的安全和顺利通行寄托在对方身上,寄希望于对方能够"避让违法或违章",而一旦对方没有避让意识,后果会十分严重。

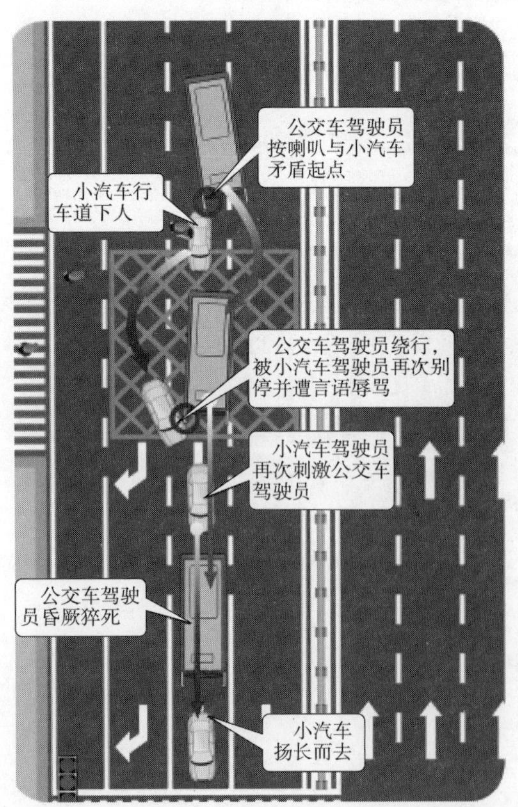

图3-4 事故现场图(四)

3.3.4 驾驶员突发疾病引发的事故

1)事情经过

驾驶员驾驶公交车在正常行驶过程中,遇前方一辆小汽车在机动车道内停车下人,按喇叭提示后,小汽车驾驶员产生反感情绪并故意挡路。一段时间后,两车继续行驶,因小汽车有斗气行为且多次险些剐蹭公交车,两驾驶员产生争执。随后,公交车驾驶员产生晕厥现象。事故现场如图3-4所示。

2)原因

驾驶员与其他交通参与者发生言语纠纷时,

未能有效控制情绪，下车理论导致矛盾升级，自我控制能力差。在恢复驾驶后，未能及时采取正确的自我调整措施，导致身体突发不适，驾驶员驾车行驶途中，难免与其他交通参与者相互影响。

3）驾驶员行为探讨

目前，我国绝大部分城市道路尚处在混合式交通状态下，驾驶员在车辆行驶中，可能因堵车、会车、跟车、超车、超速等与其他车辆驾驶员、交通管理人员、行人发生不愉快。这时，驾驶员必然会产生不满情绪，要学会科学地排解、宣泄，但绝对不能将其宣泄在车辆操作上，一定要保持头脑冷静。

情绪的稳定性是可以培养的。那些有强烈愿望和意志坚强的人，就能自我克服情绪的不稳定性。而培养情绪的稳定性，需要在工作和日常生活中学会约束自己，即顺心时不至于过分高兴，失败时也不丧失信心，经常地检查自己的行为，检查自己对容易引起不正常情绪事物的反应，并学会控制自己。

3.3.5 路口事故

1）事故经过

驾驶员驾驶纯电动公交车，由西向东行驶至距某车站50m处的路口等候信号灯。其间，驾驶员整理随身背包，未认真观察道路交通状况。当由西向东信号灯变为绿灯后，驾驶员在起步时，低头查看手表，视线转移，导致公交车前部与一名由北向南闯红灯骑行的骑车人发生接触，造成该骑车人倒地后头部受伤。事故现场如图3-5所示。

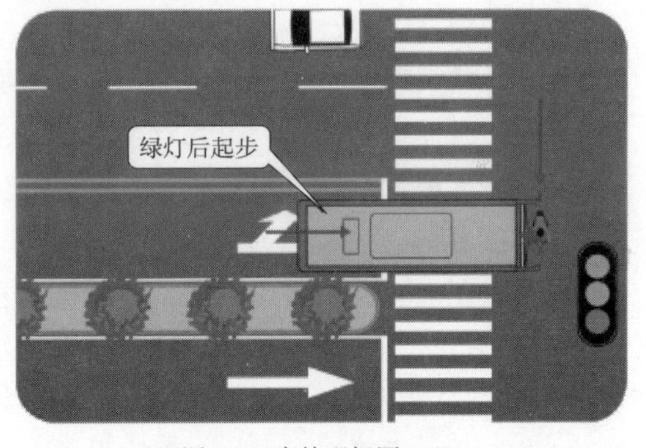

图3-5 事故现场图（五）

2）原因

（1）事发地点属城乡接合部路段，交通参与者安全意识普遍不高，又临近线路终点站，驾驶员出现麻痹大意心理，未能及时观察到违法闯红灯的骑车人。

（2）驾驶员在等待信号灯的过程中，精神不集中，未能把全部注意力放在观察道路交通状况上，起步时，又低头看手表，致使视线严重转移，没有及时发现道路交通状况发生变化。

（3）事故车辆为纯电动公交车，起步时，该车型提速比燃油车、燃气车都要快得多，且无发动机噪声，使得骑车人未能及时发现车辆动态。

3）驾驶员行为探讨

《中华人民共和国道路交通安全法实施条例》第六十二条明确规定，驾驶机动车不得有拨打接听手持电话、观看电视等妨碍安全驾驶的行为。因为这些行为不但会分散驾驶员的注意力，甚至会引起驾驶操作的失误，一般这些行为被称为“分心驾驶”。

本案例中，驾驶员在等待交通信号灯时，低头整理随身背包，起步前，又低头查看手表，

“小动作”分散了注意力,导致其忽视了对路口内交通情况的观察,未发现违法闯红灯进入路口的骑车人,最终酿成“大事故”。

3.3.6 山区道路事故

1)事故经过

驾驶员驾驶公交车由东向西,在山区弯道上坡路段机非混合车道行驶时,与违反右侧通行规定、跨越单黄实线、逆向驶来的摩托车发生碰撞。事故导致两车受损,摩托车驾驶员受伤。事故现场如图 3-6 所示。

图 3-6 事故现场图(六)

2)原因

(1)摩托车驾驶员在山区下坡转弯路段,违反右侧通行规定,跨越单黄实线,驶入对向车道,与公交车发生碰撞,是事故发生的主要原因。

(2)公交车驾驶员在山区弯道路段行驶时,未按交通标志标线行驶,长时间跨越单黄实线,是事故发生的次要原因。

(3)公交车驾驶员在进行入弯道前,未做到鸣喇叭警示对向来车,进入山区弯道时,未提前减速,且依然跨越中心黄实线。

3)驾驶员行为探讨

山区道路弯多坡陡、临水临崖、路窄难行,在驶近弯道等影响安全视距的路段,驾驶员要减速慢行,并鸣喇叭示意,避免占用对向车道。本案例中,驾驶员长时间骑轧中央分道线行驶,未按交通标线行驶,驾驶方式随意,缺乏路权意识。

《中华人民共和国道路交通安全法实施条例》第四十六条规定,进出非机动车道,通过铁路道口、急弯路、窄路、窄桥,掉头、转弯、下陡坡,最高行驶速度不得超过 30km/h。本案例中,驾驶员在山区上坡转弯路段,最高车速达到 48km/h,发生事故瞬间车速达到 36km/h,存在严重的超速行为。驾驶员缺乏防御性驾驶意识,在山区弯道上坡左转弯时,对下坡车辆有可能失控越线的安全隐患预判不到位,没有提前减速、鸣喇叭、避让。

3.3.7 高速公路事故

1)事故经过

驾驶员驾驶公交车由北向南,靠最右侧车道行驶在高速公路上时,受晨雾影响,能见度低,但未及时减速,且与四周车辆的距离较近,以致当发现前方因错过高速公路出口而违法倒车的小型货车时,制动不及时,公交车与小型货车追尾,小型货车又与在相邻车道内行驶的小轿车发生碰撞。事故造成 3 车损坏,公交车内 4 名乘客受伤。事故现场如图 3-7 所示。

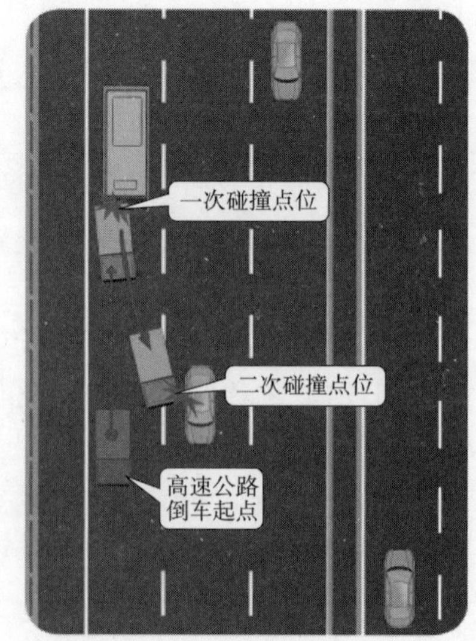

图 3-7 事故现场图(七)

2)原因

(1)小型货车驾驶员在高速公路上违法倒车,是造成此次事故的重要原因。

(2)公交车驾驶员在行驶过程中,观察不仔细,受晨雾影响,路面能见度低,未认真观察前方小型货车的动态。

(3)公交车驾驶员在高速公路上行驶时,未保持安全车速,且与横向和纵向车辆的距离较近,发现违法倒车的小型货车较晚,采取制动措施滞后,导致事故发生。

3)驾驶员行为探讨

在高速公路上行驶,遇晨雾等能见度低的天气,行车难度增大,驾驶员要时刻提高警惕,打开近光灯、示廓灯、后位灯和雾灯,注意观察其他车辆的动向,避免发生追尾或碰撞事故。本案例中,公交车前方的社会车辆颜色不醒目,且车身与公交车已形成斜向角度,无法有效通过后位灯提示后车。公交车驾驶员在行驶中受晨雾影响,观察不仔细,未及时发现前方违法倒车的车辆。

3.3.8 进出车站事故

1)事故经过

驾驶员驾驶公交车由东向西行驶,在听到自动报站后,意识到没有变更站号,在行驶期间转移视线操作小键盘。当时正值降雨,地面反光,对向行驶车辆前照灯产生眩光,驾驶员视线不清,未能及时发现右侧机动车道内由东向西并排骑行的两名自行车骑车人,且公交车车速较快,导致公交车右前侧与骑车人接触。事故现场如图3-8所示。

图3-8 事故现场图(八)

2)原因

(1)驾驶员视线转移是造成此次事故的重要原因。驾驶员在听到自动报站后,意识到没有变更站号,在操作小键盘变更站号过程中,因视线转移,没有充分观察道路交通状况而碰撞骑车人。

(2)事故发生时,雨水在地面上形成反光层,加之对向车辆前照灯影响,致使公交车驾驶员视线受阻;同时由于公交车速度较快,驾驶员未能及时采取制动措施,导致事故发生。

3)驾驶员行为探讨

本案例中,驾驶员有两个明显的错误行为:一是在行驶状态下操作小键盘致使视线转移,二是雨天行车没有保持安全车速。两个因素叠加,引发了本次事故。

(1)驾驶员视线转移。

本案例中,驾驶员由于操作小键盘而没有将全部注意力集中在观察车辆周围的道路情况上,这是一种典型的分心驾驶现象。驾驶员分心驾驶时,无法专注于观察和判断道路上的交通情况,本应能提前发现和避免的险情就成了驾驶员眼中的“突发情况”。我们可以做个简单的计算,该驾驶员视线有2~3s的时间离开了路面,事发时其车速为57km/h(约16m/s),

则相当于盲开了 32～48m 的距离,这是相当危险的。

(2)驾驶员雨天超速行驶。

事故路段为半封闭机非分隔道路,上下 4 条机动车道,1 条半封闭的非机动车道。根据《中华人民共和国道路交通安全法》,该路段限速为 70km/h,公交运营企业对于该路段的规定限速为 60km/h,而事发时段正值降雨,行车速度应低于 50km/h,事发时公交车的行驶速度达 57km/h,公交车驾驶员未严格执行雨天安全行车规定,超速行驶是造成事故的又一主要原因。

3.3.9 场站行车事故

1)事故经过

驾驶员驾驶公交车准备由北向西右转弯进入公交场站时,有两名行人(前后间距 4～5m)由北向南在人行步道与公交车同方向行走。公交车右转时,第一名行人已行至车辆左前方,驾驶员的关注点因此放在了车辆左前方。此时,第二名行人从人行步道行至公交场站入口道路上,驾驶员受车辆右前 A 柱及刷卡机影响,形成视觉盲区,未及时发现第二名行人,车辆右前侧与行人接触,导致行人受伤。事故现场如图 3-9 所示。

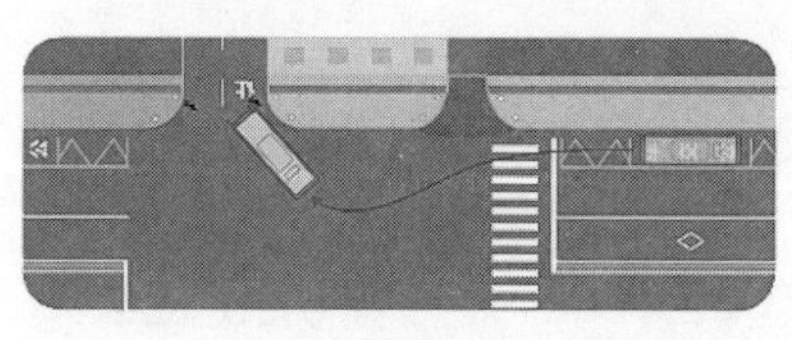

图 3-9　事故现场图(九)

2)原因

(1)驾驶员转弯时对道路交通环境观察不仔细。车辆准备进入场站右转弯前,有两名行人同向在人行步道前后间隔一段距离行走,驾驶员的全部视线集中在第一名行人身上,始终未观察到第二名行人的存在。

(2)车辆盲区影响了驾驶员对交通参与者动态的观察。车辆右转弯进入场站过程中,驾驶员视线一直停留在第一名行人身上,且由于车辆右前 A 柱、刷卡机形成的视觉盲区,驾驶员始终未发现接近车辆右前位置的第二名行人,造成车辆右前与行人接触,行人倒地受伤。

3)驾驶员行为探讨

《北京市实施〈中华人民共和国道路交通安全法〉办法》第四十四条规定,机动车进出或者穿越道路的,应当让在道路上正常行驶的车辆、行人先行。本案例中的驾驶员驾驶车辆转弯时,未让行人先行且未确保安全,属于违法行为。驾驶员注意力分配不合理,观察广度不够,进入场站右转弯时,只关注车辆右前方的行人动态,未及时观察到其他方向交通参与者的动态。

3.3.10 改变行驶路线引发的事故

1)事故经过

驾驶员驾驶公交车因车辆故障欲驶回首发站,但由于对绕行线路不熟悉,盘桥时驾驶车辆误入辅路,行驶中未认真观察道路标志,进入非机动车道行驶。当车内乘客和乘务管理员提示行驶线路错误时,驾驶员未重视,仍然继续行驶。在通过桥梁时,未能及时发现桥梁前方限高 2m 标志,公交车前顶部与桥梁发生接触,造成车辆损坏、车内多名乘客受伤。事故现场如图 3-10 所示。

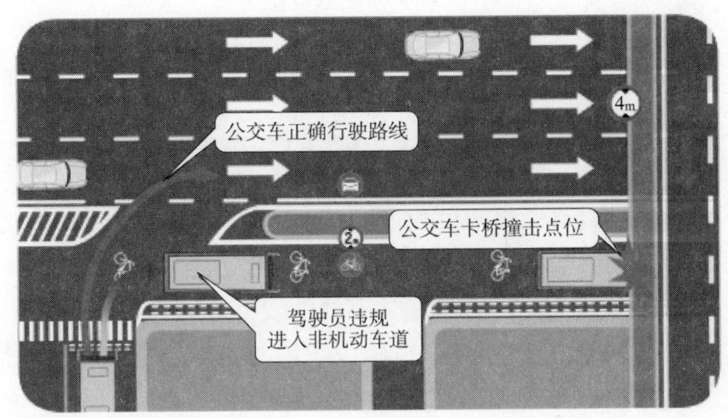

图 3-10　事故现场图(十)

2)原因

(1)驾驶员在车辆中途发生故障后,对返回场站行驶线路不熟悉。当车内乘客和乘务管理员提示行驶线路错误时,驾驶员没有引起重视,仍然继续盲目行驶。

(2)驾驶员在行驶中未认真观察道路交通标志,当道路变窄时,也没有引起注意,未能降低车速,误入非机动车道。未能发现桥梁前方限高 2m 标志,错误估计车辆高度,从而导致事故发生。

3)驾驶员行为探讨

公交车驾驶员在车辆中途发生故障时,未能做到原地停车、及时通知车队、等待调度指令,而是在对绕行线路不熟悉的情况下,私自变更线路行驶。

公交车驾驶员守法意识不强,未认真观察道路标志标识,违规进入非机动车道行驶;思想麻痹松懈,对于车内乘客和乘务管理员的安全提示,没有引起足够重视,仍然盲目驾驶。驾驶员驾驶公交车因车辆故障欲驶回首发站,但由于对绕行线路不熟悉,盘桥时驾驶车辆误入辅路,行驶中未认真观察道路标志,进入非机动车道行驶。当车内乘客和乘务管理员提示行驶线路错误时,驾驶员未重视,仍然继续行驶。在通过桥梁时,未能及时发现桥梁前方限高 2m 标志,公交车前顶部与桥梁发生接触,造成车辆损坏、车内多名乘客受伤。

即学即用

1. 影响行车稳定性和安全性的驾驶员心理与个性化要素有哪几类?

2. 请你举例说明危险驾驶行为有哪些。

3. 人为因素引发的事故有哪些类型?

第 4 章　公交车防御性驾驶

防御性驾驶是预测危险、避免事故的驾驶方法。驾驶员应掌握防御性驾驶方法，集中注意力，密切观察交通动态，准确地识别、预测由其他交通参与者、不良气候或路况引发的危险，及时采取合理、有效的应急措施，防止意外事故的发生，远离危险。本章介绍了防御性驾驶的概念、公交车主被动防御装置和系统、危险源辨识与防御性驾驶的方法，最后以案为例，与读者探讨防御性驾驶技术在实际行车过程中的应用。

4.1　防御性驾驶的概念

防御性驾驶的概念和来源

4.1.1　定义

驾驶员在行车过程中，能够准确地“预见”由其他驾驶员、行人、不良天气或路况所引发的危险，并能及时采取必要、合理、有效的措施防止事故的发生，这种可以避免交通事故发生的驾驶方式即为防御性驾驶。

4.1.2　防御性驾驶的产生及在我国的推广

早在 20 世纪 40 年代，美国出现了防御性驾驶理念。1952 年美国人哈罗德·史密斯根据防御性驾驶理念，创办了全美首个防御性驾驶员培训机构，开设了防御性驾驶培训课程。数以百万计的驾驶员在培训中受益，交通安全状况明显好转。目前，防御性进行培训课程被翻译成 20 多种语言，在全球近 60 个国家推广应用。

1997 年在我国的相关期刊上出现了防御性驾驶的文章，2010 年出现了有关防御性驾驶的专业书籍。

2011 年 9 月 5 日，交通运输部发布了《中华人民共和国道路客货运输驾驶员继续教育大纲》，明确规定要在道路客货运输驾驶员中进行“防御性驾驶方法及不安全技术习惯纠正”的培训教育，并且把防御性驾驶的通用规则及防御性驾驶方法列入教学内容。这标志着我国首次将防御性驾驶技术列入职业驾驶员再教育的必修项目。

2012 年 5 月 9 日，福建省交警总队按照《中华人民共和国道路交通安全法》的相关要求，决定在汽车驾驶证的科目一考试（道路交通安全法及驾驶安全理论考试）、科目三（道路驾驶技能考试）中增加防御性驾驶技术考试内容。该规定于 2012 年 9 月 1 日起正式实施。这标志着防御性驾驶理论和技能首次纳入我国部分地区的汽车驾驶证考试之中。

2014 年 7 月 4 日，交通运输部办公厅、教育部办公厅、公安部办公厅、人力资源社会保障部办公厅联合发布了《关于开展大客车驾驶员职业教育试点工作的通知》，要求将大客车驾驶员培养纳入国家职业教育体系，决定在江苏、安徽、云南三省各选取 1～2 所具备资质的职业技术学校、高级技工学校开展大客车驾驶人职业教育试点工作。

2017 年 1 月 3 日，交通运输部办公厅、公安部办公厅发布了《关于开展大型客货车驾驶员职业教育的通知》，决定在全国范围内将大型客货车驾驶员培养纳入职业教育体系，学制不少于 3 年。在第 1 年进行专业基础课教学时，就应该注重防御性驾驶知识的教学和素质培养。

4.1.3 防御性驾驶的学习内容

防御性驾驶学习训练，不仅是职业驾驶员的必修课，而且也越来越多地引起了私家车驾驶员的重视。人们需要通过学习来了解和掌握防御性驾驶技术，提升驾驶水平，保障行车安全。

防御性驾驶技术是将相关的驾驶技能和驾驶习惯进行系统的总结归纳，形成一套简单明了、科学系统的安全驾驶体系。它能帮助驾驶员更清楚地了解人类生理缺陷，更全面地观察并了解驾驶环境，更准确地预测不确定的潜在危险因素，更及时地采取预防措施，避免交通事故的发生。防御性驾驶主要的学习内容概括起来为一个目的、两个目标和五项原则。

4.1.3.1 一个目的

防御性驾驶的目的和核心理念

掌握防御性驾驶技术的根本目的就是时时处处预防交通事故的发生，确保行车安全。

预防交通事故，不仅要在思想上高度重视，还要掌握相应的技能，提高特殊情况的应变能力，防御性驾驶实质上就是一项预防交通事故的驾驶技术。

4.1.3.2 两个目标

(1)不主动造成交通事故。防御性驾驶要实现的第一个目标是不主动造成交通事故，这是从自身防御的角度来讲。在驾驶车辆时，通过对道路交通情况的观察和预判，适时控制车速，选择合适的行车路线，确保不主动与道路上的车辆、行人以及各种障碍物发生接触。

主动造成的交通事故，往往与自身对交通情况的观察不到位、判断错误、采取措施不当有直接关系，此种交通事故的发生与自身的主观过错或过失是分不开的。驾驶车辆在道路上行驶时，我们无法左右别人，但是能够管好自己。

(2)不被动卷入交通事故。防御性驾驶要实现的第二个目标是不被动卷入交通事故，这是从他方的攻击性来讲的。在“我不撞别人，别人撞我”的情况下，让我方被动卷入了交通事故。他方的攻击性大致可分为三种情况。

①道路上的车辆驾驶员或行人因为疏忽大意或观察判断失误，向自身车辆逼近，因而发生车辆碰撞事故。

②不幸遇到了那些超速行驶、强行超车、疲劳驾驶、转弯不开转向灯或猛打方向变道、紧急制动的驾驶员，这些不按照常规行驶的车辆，突然逼近导致发生碰撞事故。

③不幸遇到了酒驾、毒驾、“路怒”症驾驶员，甚至是专业碰瓷的车辆或行人。这些车辆

驾驶员或行人心怀歹意,突然向自车逼近,因而发生碰撞事故。被动卷入的交通事故往往具有一定的偶然性,是对方的无礼或违法造成的,对方是施害者,我方属于受害者,对方应当承担交通事故责任。尽管如此,我们也不希望成为交通事故当事人,所以不被卷入交通事故,是防御性驾驶员要努力追求的第二个目标。

4.1.3.3 五项原则

1)放眼远方

行车过程中,我们需要搜索前方至少15s之后汽车将要达到的地点的交通情况,以便提前分析和判断可能出现的、影响安全驾驶的各种情形,为我们采取下一步行动预留更多的时间和空间。

防御性驾驶的原则

有关实验表明,正常行驶中从获得视觉线索,到判断是否有潜在危险,再到决定如何处置,这一"感知—分析—决定"的过程,一般需要6~8s,而从决定到操控实现,还需要5~7s。

较准确地判断15s的距离可以采取"乘四法则"进行计算,也就是,距离=速度数值(km/h)×4。比如,以100km/h的速度行驶,那么,我们至少需要看到400m远的地方。放眼远方是针对不可预见的风险,比如通行环境良好的路面,是否会出现其他车辆、行人、散落的物品而形成路障。这些路障哪些是危险源,哪些不是危险源,是远是近,是运动还是静止等。放眼远方,用目光搜索到15s范围以外的交通状况,往往可以让我们提前发现情况,从容应对,避免事故发生。

2)顾全大局

道路交通是由人、车、路、交通环境等诸多因素构成的,道路交通的实质是人和车辆在道路上进行空间位置的移动过程。在这个移动过程中,各种因素相互影响、相互制约。道路交通是一个极其复杂的动态系统,防御性驾驶要求驾驶员在开车时要顾全大局,就是要有大局意识,不仅要想到自己的安全便捷,还要顾及与自己行车路线有关联的人、车、物的安全。在车辆驾驶过程中,驾驶员不仅要感知自己车辆四个车轮的位置,还要观察自己前后左右方向的机动车、非机动车、行人的动态与分布情况,观察道路上的交通标志、交通标线、交通信号灯。顾全大局就是要在时间上严格把控与以上各种交通元素的空间位置关系,避免与其在时间和空间上发生冲突。

3)洞悉四周

防御性驾驶要求驾驶员在车辆行驶过程中,要不间断地、周而复始地搜索车辆周围的交通情况。时时观察车辆上下左右及前后方的情况,也就是说要做到眼观六路。防御性驾驶要求驾驶员的目光是灵活的,而不是凝视或目不转睛。在环顾四周的过程中,目光虽然在移动,但是车辆前方的道路始终在驾驶员的视野范围之内。正常情况下防御性驾驶员的目光,对某一目标的注视时间不超过2s。以60km/h的车速为例,2s的时间车辆已经向前移动了33.3m,看似一刹那的2s,其实车辆周围的交通情况已经发生了很大的变化。

4)留有余地

驾驶车辆时,车辆往往是在流动变化的车阵中前行,这就需要我们的车辆与周围的任何车辆时刻保持足够的安全空间，以便从容地应对各种危险的出现。比如，在车阵中经常会遇到正常行驶的前车突然减速、左右车道的车辆突然进入我们所在的车道，甚至这些情况同时出现。从防御性驾驶的角度来说，留有余地就是要给自己的车辆周围留出安全空间、给自己的车留下逃生路线、要宽容别人开车时的不当行为。

有些交通事故的发生与驾驶员当时的不良心态有关，当事人不能控制自己的不良情绪，不能宽容对方不当的言行举止，容易头脑发热，做事不计后果。从心理层面讲，防御性驾驶员应该遵循留有余地的原则，开车遇到不顺心甚至是那种寻衅滋事或动机不良的人，要有隐忍之心，不可让矛盾激化。

5）引人注意

在驾驶过程中，我们要经常有意识地让别人注意到我们。特别是在他人的行为可能影响到我们的安全驾驶或者我们需要别人的帮助时，我们要及时传递自己的意图，并确认别人是否理解我们、支持我们。否则，别人的行为往往会使我们被动地涉及交通事故。

车辆行驶过程中，可以采用多种方法引起周围车辆、行人对我们的注意，最常用的方法就是喇叭和灯光。在交通标志禁止鸣喇叭路段，可以使用汽车灯光引起人们的注意。

防御性驾驶的五项原则是相辅相成，缺一不可。前四项都是在强调驾驶员要注意其他车辆、行人的交通动态，但仅做到这些还是不够的，在车辆行驶过程中，我们还应该让其他车辆、行人注意我们的动态，取得周围车辆、行人的理解与配合。

驾驶员要有预估风险存在的强烈意识，做到防患于未然；同时，要通过放眼远方和顾全大局尽可能地提前全面搜索出各种危险源，并通过留有余地和引人注意来远离危险或者消除危险，做到不主动造成交通事故和不被动涉及交通事故。

4.2 公交车主被动防御装置和系统

4.2.1 公交车主动防御装置和系统

汽车安全防御系统主要分为两个方面，一是主动安全系统，二是被动安全系统。为预防汽车发生事故，避免人员受到伤害而采取的安全设计，称为主动安全设计，如防抱死制动系统（ABS）、电子制动力分配系统（EBD）、牵引力控制系统（TCS）等都是主动安全设计。它们的特点是提高汽车的行驶稳定性，尽力防止交通事故发生。其他像高位制动灯、前后雾灯、后风窗玻璃除雾灯也是主动安全设计。

4.2.1.1 防抱死制动系统

1）概述

防抱死制动系统（Antilock Brake System，ABS）是一种安全控制制动系统，目前已经成为汽车的标准配置。ABS 既有普通制动系统的制动功能，又能防止车轮制动抱死。

2）作用

ABS 可以保证车辆在具有高、低或混合附着系数的各种道路路面上进行紧急制动时，能自动控制和调节制动力,防止车轮抱死,使每个车轮产生尽可能大的地面制动力,防范制动过程中的跑偏、甩尾等不稳定状态,以获得良好的制动性能和转向操纵稳性能。

3)组成

ABS 通常由轮速传感器、ABS 电子控制单元(Electronic Control Unit,ECU)、ABS 控制器和 ABS 故障警示灯组成。

(1)轮速传感器。轮速传感器的功用是检测车轮的旋转速度,并将速度信号输送给 ECU。

(2)ABS 电子控制单元。ABS 电子控制单元接收车速、轮速、制动等传感器的信号,并将这些信号加以分析、判别,然后输出控制指令,控制各种执行器工作。

(3)ABS 控制器。ABS 控制器也叫作液压调节单元,当车辆制动时接收 ECU 的指令,通过控制电磁阀的动作来实现制动系统压力的增加、保持或降低。

(4)ABS 故障警示灯。当 ABS 出现故障时,由 ECU 控制将其点亮,向驾驶员发出报警,与此同时 ECU 以故障代码的形式记录存储故障信息。

4)工作原理

ABS 控制单元连续检测来自轮速传感器的信号,并将它们处理转换成和轮速成正比的数值,控制单元根据车轮速度实施防抱死制动控制。一旦判断出车轮将要抱死,它立刻就进入防抱死控制状态,向 ABS 控制器输出幅值为 12V 的脉冲控制电压,控制轮缸上油路的通、断。轮缸上油压的变化就调节了车轮上的制动力,使车轮不会因一直有较大的制动力而让车轮完全抱死。

4.2.1.2 电子制动力分配系统

1)概述

电子制动力分配系统(Electronic Brake force Distribution,EBD),德文缩写为 EBV,所以很多欧洲汽车用 EBV 表示。EBD 能够根据由于汽车制动时产生轴荷转移的不同,而自动调节前、后轴的制动力分配比例,提高制动效能,并配合 ABS 提高制动稳定性。可以说在 ABS 动作启动之前,EBD 已经平衡了每一个轮的有效地面抓地力,防止出现后轮先抱死的情况,改善制动力的平衡并缩短汽车制动距离。

2)原理

EBD 是 ABS 的一个附加作用系统,可以提高一直有较大的制动力而让车轮完全抱死(通断频率在 3 ~ 12 次/s 之间)。ABS 的效用使得在安全指标上,汽车的性能又多了"ABS + EBD"。即使车载 ABS 失效,EBD 也能保证车辆不会出现因甩尾而导致翻车等恶性事件的发生。同时它还能较大幅度地减少 ABS 工作时的振噪感,不需要增加任何的硬件配置,成本比较低,不少专业人士更是直观地称之为"更安全、更舒适的 ABS"。在车轮轻微制动时,电子制动力分配 EBD 功能就起作用,转弯时尤其如此,速度传感器记录 4 个车轮的转速信息,电子控制单元计算车轮的转速。如果后轮滑移率增大,则调节制动压力,使后轮制动压力降低。电子制动力分配 EBD 功能保证了较高的侧向力和合理的制动力分配。EBD 使用特殊的 ECU 来分配前轴和后轴之间的制动力。当汽车制动时,中央处理器根据接收到的轮速信号、荷载信号、踏板行程信号以及发动机等有关信号,经处理后向电磁阀和轴荷调节器发出控制指令,使各轴的制动力得到合理分配。

EBD 在汽车制动时即开始控制制动力,而 ABS 则是在车轮有抱死倾向时开始工作。EBD 的优点在于在不同的路面上都可以获得最佳制动效果,缩短制动距离,提高制动灵敏度和协调性,改善制动的舒适性。

4.2.1.3 牵引力控制系统

1)概述

牵引力控制系统(Traction Control System,TCS)的作用是使汽车在各种行驶状况下都能获得最佳的牵引力。牵引力控制系统能防止车辆在雪地等湿滑路面上行驶时驱动轮的空转,使车辆能平稳地起步、加速。尤其在雪地或泥泞的路面,牵引力控制系统均能保证流畅的加速性能,防止车辆因驱动轮打滑而发生横移或甩尾。TCS 是根据驱动轮的转数及传动轮的转数来判定驱动轮是否发生打滑现象,当前者大于后者时,进而抑制驱动轮转速的一种防滑控制系统。它与 ABS 作用模式十分相似,两者都使用感测器及制动调节器。当 TCS 感应到车轮打滑的时候,首先会经过发动机控制计算机改变发动机点火的时间,减低发动机转矩输出或是在该轮上施加制动以防该轮打滑,如果在打滑很严重的情况下,就再控制发动机供油系统。TCS 最大的特点是使用现有 ABS 计算机、速度传感器和控制发动机与变速器计算机。

2)原理

TCS 的主机械结构能防止车辆在雪地等湿滑路面上行驶时驱动轮的空转,使车辆能平稳地起步、加速,支持车辆行驶的基本功能。在雪地或泥泞的路面,TCS 均能保证流畅的加速性能。此外,在上下陡坡、险恶的岩石路面等四轮驱动车所独有的越野行驶路况下,TCS 也能适当控制车轮的侧滑。比起配备传统的中央差速器锁止装置的车辆而言,配备 TCS 的车辆具有前者无法比拟的驾乘感和操纵性。

4.2.1.4 电子差速锁

1)概述

电子差速锁(Electronic Differential System,EDS)是 ABS 的一种扩展功能,用于鉴别汽车的轮子是否失去了着地摩擦力,从而对汽车的打滑车轮进行控制。EDS 的作用是当汽车驱动轴的两个车轮分别在不同附着系数的路面起步时,通过 ABS 的传感器会自动探测到左右车轮的转动速度。当由于车轮打滑而产生两侧车轮的转速不同时,EDS 就会通过 ABS 对打滑一侧的车轮进行制动,从而使驱动力有效地作用到非打滑侧的车轮,保证汽车平稳起步。

2)原理

EDS 的工作原理比较容易理解,因为差速器允许传动轴两侧的车轮以不同的转速转动。如果传动轴某一侧的车轮打滑或者悬空,会造成另一侧车轮完全失去动力,当 EDS 通过 ABS 的传感器自动探测到由于车轮打滑或悬空而产生的两侧车轮转速不同的现象时,就会通过 ABS 对打滑一侧的车轮进行制动,从而使驱动力有效地作用到非打滑侧的车轮,保证汽车平稳起步。当车辆的行驶状况恢复正常后,电子差速锁即停止作用。

4.2.1.5　车身电子稳定系统

1)概述

车身电子稳定系统(Electronic Stability Program,ESP)是汽车上一项非常重要的主动安全配置,其作用是在车辆高速过弯,当具有驱动和转向作用的前轮或后轮出现打滑时,ESP会通过对其他车轮自动制动及对发动机管理系统进行干预,防止出现侧滑和失控。ESP是一种在紧急驾驶条件下防止车辆打滑的制动系统,其最主要的特点就是它的主动性,如果说ABS是被动地做出反应,那么ESP则可以做到防患于未然。

2)原理

ESP一般需要安装转向传感器、车轮传感器、侧滑传感器、横向加速度传感器等。ESP可以监控汽车行驶状态,并自动向一个或多个车轮施加制动力,以保持车辆在正常的车道上运行。稳定控制系统是从ABS和牵引力控制技术发展而来的,这些系统工作时,都必须检测车轮是否将要抱死并能单独地调整车轮的制动力。控制单元不断地监测并处理从转向系统、车轮和车身上的传感器上传来的信号,确定车辆过弯时是否正在打滑。如果发现打滑,控制单元对需要制动的车轮进行微量制动以帮助稳定车辆的行驶状态。有些系统还可以进一步地调整发动机的输出功率,从而可以在不需要驾驶员干涉的情况下帮助其控制车。ABS/TCS是要防止在车辆加速或制动时出现我们所不期望的纵向滑移,而ESP是要控制横向滑移,它是在各种工况下的一个主动安全系统。只要ESP识别出驾驶员的输入与车辆的实际运动不一致,它就马上通过有选择地制动/发动机干预来稳定车辆。ESP首先通过转向盘转角传感器及各车轮转速传感器识别驾驶员转弯方向(驾驶员意愿)。ESP通过横摆角速度传感器,识别车辆绕垂直于地面轴线方向的旋转角度,通过侧向加速度传感器识别车辆实际运动方向。若ESP判定出现转向不足,将制动内侧后轮,使车辆进一步沿驾驶员转弯方向偏转,从而稳定车辆。若ESP判定出现过度转向,ESP将制动外侧前轮,防止出现甩尾,并减弱过度转向趋势,稳定车辆。如果单独制动某个车轮不足以稳定车辆,ESP将通过降低发动机转矩输出的方式或制动其他车轮来满足需求。

4.2.1.6　轮胎压力监测系统

1)概述

轮胎压力监测系统(Tire Pressure Monitoring System,TPMS)主要用于在汽车行驶过程中,实时监测轮胎内的压力和温度,对因轮胎漏气而导致的气压异常进行报警,以保障行驶安全。TPMS具有如下作用:

(1)低压报警:当某个轮胎的气压小于160kPa时,出现低压报警,低压报警出现时,压力数值闪烁,报警符号出现,蜂鸣器鸣响,直到报警消失蜂鸣器停止鸣响。

(2)高压报警:当某个轮胎的气压大于320kPa时,即出现高压报警,高压报警出现时,报警符号出现,压力数值闪烁,蜂鸣器鸣响,直到报警消失蜂鸣器停止鸣响。

(3)快漏报警:如果轮胎发生快速漏气,则显示单元进行快漏报警,快漏报警时,漏气报警图标显示,压力数值闪烁,蜂鸣器鸣响,直到报警消失蜂鸣器停止鸣响。

(4)高温报警:当某个轮胎的温度高于或等于 80℃时,即出现高温报警,出现高温报警时,温度数值闪烁,报警符号显示,提醒驾驶员此轮胎发生高温报警,蜂鸣器鸣响,直到报警消失蜂鸣器停止鸣响。

2)原理

TPMS 主要分为两种类型,一种是间接式 TPMS(现已淘汰);另一种是直接式 TPMS。

直接式 TPMS 利用安装在每一个轮胎里的以锂离子电池为电源的压力传感器来直接测量轮胎的气压,并通过无线调制发射到安装在驾驶台的监视器上。监视器随时显示各轮胎气压,驾驶员可以直观地了解各个轮胎的气压及温度状况,当轮胎气压太低或有渗漏时,系统就会自动报警。

4.2.1.7 自适应前照灯系统

1)概述

自适应前照灯系统(Adaptive Front-lighting System,AFS)是一种能够自动改变两种以上的光型,以适应车辆行驶条件变化的前照灯系统。自适应前照灯控制开关与普通车灯控制开关最大的区别就是在开关上面标有“AUTO”字样。

2)原理

要实现不同的功能,AFS 必须要从不同的传感器取得不同的车辆行驶信息。比如,为了实现弯道旋转照明的功能除了要从车速传感器获取车速、转向盘角度传感器获取转向盘转角、车身高度传感器获得车身倾斜角度以外,还必须通过一些特殊的传感器,获取车辆实际转向角度的信息;为了实现阴雨天照明的功能,就要从湿度传感器获得是否阴雨的信息。

3)功能

AFS 是一种智能式前照灯系统,能够根据周围环境的变化适时地开启相应的照明模式。汽车 AFS 照明模式主要有基础照明模式、弯道照明模式、市区道路照明模式、高速公路照明模式、乡村公路照明模式和恶劣天气照明模式等。

(1)基础照明模式。汽车在行驶过程中,当道路状况及环境气候均处于正常状况时,前照明系统的工作模式相当于传统的汽车照明系统,其照明模式为基础照明模式。在基础照明模式下,前照明系统不做任何调整。

(2)弯道照明模式。当汽车进入弯道时,转向盘转角传感器和车速传感器共同作用采集数据,控制单元根据传感器采集的数据计算出车灯需要偏转的角度,驱动步进电动机转动以使前照灯转动。

(3)市区道路照明模式。市区道路行车的特点是车速较低,车流量和人流量都很大,外界照明条件好,十字路口多发生随机性事故的可能性较大。在这样的道路上行车要求视野清晰,防止眩目。

(4)高速公路照明模式。汽车行驶在高速公路上时,当车速传感器检测到车速大于 70km/h,并判断其为高速行驶模式时,系统自动开启高速公路照明模式。汽车前照灯照射光线随着车速的增加在垂直方向上抬高,以使光线能够照射更远,保证驾驶员能够在安全车距之外发现前方的车辆。

(5)乡村公路照明模式。AFS工作在乡村公路照明模式时,通过环境光强传感器、车速传感器等来判断外界行驶条件,决定是否开启乡村公路照明模式。在乡村公路照明模式下,系统通过增大左右前照灯的输出功率,增强光照亮度来补充照明。

(6)恶劣天气照明模式。阴雨天气地面积水会将前照灯打在地面上的光线反射至对面车驾驶员的眼中,使其眩目,进而可能造成交通事故。在阴雨天气下行驶的车辆,AFS根据检测路面湿度、轮胎滑移以及雨量传感器判断系统状态为雨天模式,AFS驱动垂直调高电动机,降低前照灯垂直输出角,并调节其照射高度,避免反射眩光在60m范围内对迎面车驾驶员造成眩目。

4)结构

AFS是一个由多个传感器组、传输线路、处理器和多个执行机构组成的系统。AFS的执行机构主要是由投射式前照灯、调高电机、旋转电机以及对基本光型进行调整的可移动光栅等部件组成。

(1)传感器单元。传感器单元采集车辆当前信息(如车速、车辆姿态、转向角度等)和外部环境(如弯道、度和天气等)的变化信息,包括汽车车速传感器、转向盘转角传感器、环境光强传感器、车身高度传感器、位置传感器等。

(2)CAN(Controller Area Network,控制器域网)总线传输单元。CAN总线传输单元负责把各种传感器采集的信息传输给控制单元,实现内部控制与各种传感器检测以及执行机构之间的数据通信。

(3)电子控制单元。电子控制单元需要对车辆行驶状态作出综合判断,输出脉冲变量给执行单元。

(4)执行单元。电子控制单元输出的信号给执行单元的执行电动机,调节前照灯的照射距离和角度,为驾驶员提供更广阔的视野,保障行车安全。

4.2.1.8 自适应巡航控制系统

1)概述

自适应巡航控制系统(Adaptive Cruise Control,ACC)是安装在汽车中能够自动控制车辆行驶速度的装置。当安装有ACC的汽车在良好的高速公路上行驶时,可以免去驾驶员持续踩踏加速踏板的动作,减轻驾驶员的劳动强度,提高驾驶的舒适性,同时减少不必要的车速变化,有利于提高经济性。

2)原理

驾驶员通过控制开关来选择“保持恒速”“减速”“恢复原速”“加速”等控制功能,并将该控制信号输送给ACC ECU。当驾驶员选择“保持恒速”控制功能时,ACC ECU就记忆此刻的目标车速,并据此进行恒速行车控制。设定车速与汽车的实际车速都输入到ACC ECU的比较电路中,ACC ECU根据比较结果经补偿电路向执行部件输出控制信号,控制节气门开度来增加或减小发动机输出功率,从而使车速保持恒定不变。

3)组成

ACC主要由传感器、ECU、控制开关、执行器等组成。

(1)传感器。ACC 采用的传感器主要有车速、节气门位置等。车速传感器的作用是将汽车行驶的车速转变为电信号并输送给 ACC ECU;节气门位置传感器的作用是将节气门开度的变化转变为电信号并输送给 ACC ECU。ACC ECU 根据这些信号控制节气门开度,稳定车速。

(2)ECU。ECU 是控制系统的中枢,一般装在金属薄板制成的封闭壳体内。主要作用是根据传感器、控制开关等输入的信号进行运算和判断。当 ACC ECU 判断实际车速偏离目标车速时,便向控制节气门开度的执行器发出控制信号,控制执行器动作,调节节气门开度大小从而改变车速,最终将实际车速与目标车速的误差控制在许可范围内。ACC 采用的 ECU 可以是单独供巡航系统使用的,也可以是与其他控制系统共用一个 ECU。此外,ACC ECU 还起着记忆设定的巡航车速、对 ACC 进行故障自诊断等作用。

(3)控制开关。ACC 的控制开关是由驾驶员用来操作车辆进入或者取消巡航系统的。它主要由主控开关、离合器开关、空挡启动开关、制动开关和点火开关等组成。主要用来启动、关闭 ACC,并调节 ACC 的工作状态。

(4)执行器。执行器的作用是将 CCS ECU 输出的电信号转变为机械运动以控制节气门的开度。

4.2.1.9 自动紧急制动系统

1)概述

自动紧急制动(Autonomous Emergency Braking,AEB)系统,实时监测车辆前方行驶环境,并在可能发生碰撞危险时自动启动车辆制动系统使车辆减速,以避免碰撞或减轻碰撞的系统。

2)原理

AEB 是一种汽车主动安全技术,主要由测距模块、数据分析模块和执行机构模块三大模块构成。其中测距模块的核心包括毫米波雷达、激光雷达以及视频系统等,它可以提供前方道路全面、准确、实时的图像与路况信息。AEB 采用雷达测出与前车或者障碍物的距离,然后利用数据分析模块将测出的距离与报警距离、安全距离进行比较,小于报警距离时就进行报警提示,而小于安全距离时即使在驾驶员没来得及踩制动踏板的情况下,AEB 系统也会启动,使汽车自动制动,从而为安全出行保驾护航。

(1)碰撞预警系统:如果车辆前方有与车辆或行人发生碰撞的潜在危险,将收到视觉和声音信号。

(2)制动辅助系统:如果碰撞的危险增大,制动支持功能将启用。如果此时驾驶员施加在踏板上的制动力不够大,该功能会增加制动踏板上的压力。

(3)自动制动系统:出现紧急碰撞危险时,自动紧急制动功能触发。系统通过施加最大的制动力,避免碰撞或减小碰撞时的车速。

(4)触发自动制动功能时,制动灯闪烁。

3)结构

AEB 系统和其他驾驶员辅助系统一样,都是由感知、决策、执行三大部分组成。

(1)感知。常见的感知方案有三种,分别是视觉摄像头、毫米波雷达、视觉摄像头融合毫米波雷达。

(2)决策。决策就是用汽车的“大脑”(ECU)做判断,ECU 能够根据传感器信息,然后按照设定的逻辑计算,得出执行命令,最后将执行命令发送给执行机构。

(3)执行机构。通常是通过车身电子稳定系统 ESP 或其他装置,例如博世智能助力器 i-Booster或者独立的高压蓄能器控制器对车辆制动系统进行控制制动。但是在执行制动之前,一般都会有碰撞预警系统做提示,让你自己处理危险,或者有个心理准备。一般 ECU 判断可能发生危险,会通过声音、光、甚至是收紧安全带、多次短速制动等方式来提醒驾驶员。

4.2.1.10 车道偏离预警系统

1)概述

车道偏离预警系统(Lane Departure Warning System,LDWS)是一种通过报警的方式,辅助驾驶员避免或减少汽车因车道偏离而发生交通事故的系统。该系统旨在帮助驾驶员避免或者减少车道偏离事故。它通过传感器获取前方道路信息,结合车辆自身的行驶状态以及预警时间等相关参数,判断汽车是否有偏离当前所处车道的趋势。如果在驾驶员没有打转向灯的情况下车辆即将发生偏离,则通过视觉、听觉或触觉的方式向驾驶员发出警报。发出警告的方式有仪表/显示屏信息提醒、蜂鸣声音提醒、座椅/转向盘振动提醒。

2)原理

车道偏离预警系统主要由显示器、摄像头、控制器以及传感器组成。当车道偏离系统开启时,摄像头(一般安置在车身侧面或后视镜位置)会时刻采集行驶车道的标识线,通过图像处理获得汽车在当前车道中的位置参数,当检测到汽车偏离车道时,传感器会及时收集车辆数据和驾驶员的操作状态,然后由控制器发出警报信号。整个过程大约在 0.5s 内完成,为驾驶员提供更多的反应时间,提醒驾驶员校正行驶方向。如果驾驶员打开转向灯正常变线行驶,车道偏离预警系统不会作出任何提示。

车道偏离报警系统的大规模应用仍然存在技术障碍,不只是成本问题,多数情况下只有在车道标识比较清晰的高等级公路上才能稳定发挥作用,车道标识如果过于迷糊或破损,精确性会大幅降低,漏报警或误报警的情况都有可能发生;而且受天气影响较大一定程度上制约了该系统的普及,然而恶劣天气状态下驾驶员一般比较专注应关闭此系统避免影响正常驾驶。

4.2.1.11 车载夜视辅助驾驶系统

1)概述

车载夜视辅助驾驶系统是一种利用红外线技术,辅助驾驶者在黑夜中看清道路,减少事故发生,增强主动安全的系统。

车载夜视辅助系统可以使驾驶员在黑暗中及时识别出车辆前部区域的行人。即使尚未出现在车辆照明视野中的动物,也可在显示屏上识别出来。夜视辅助系统相对于良好的照明来说,又是一个更大的进步,因为该系统在黑暗情况下,对车辆前部区域的感知更快且更准。夜视辅助系统的感知区明显比远光灯更远。

车辆夜视辅助系统在夜间行车时,可以帮助驾驶员提前识别危险情况。本系统将车辆前部的热敏图像显示在组合仪表显示屏上。拍摄图像时采用红外摄像头采集的,该摄像头安装在奥迪车前部的车标圆环中。

人或动物会产生热辐射,因此其图像也比周围环境要亮,驾驶员也就很容易在显示屏上将他们识别出来。如果该系统将某物识别为人,那么图像还会加上颜色。热敏图像不只能识别生物,车道和建筑物轮廓也能识别。如果夜视辅助系统识别出人并判断有碰撞危险,就会发出警告。警告方式:组合仪表上发出声响信号,同时摄像头图像的黄色行人标记变成红色。在视野良好时,奥迪夜视辅助系统的作用距离可达约 300m。如果天气恶劣,夜视辅助系统的作用距离明显受限。与此相比,非对称近光灯在相向车道侧的照射距离约为 60m,在靠近路沿侧照射距离约为 120m。即使是远光灯,照射距离也只有约 200m,还是低于夜视辅助系统的作用距离。

2)原理

夜视辅助系统采用热敏成像摄像头来实现其夜视功能,就是说可以将发热对象(比如人和动物)从其背景中提取出来。

(1)摄像头。摄像头是一种红外热敏图像摄像头,图像是黑白图像,其分辨率水平为 320 像素,垂直为 240 像素,每秒 20 帧照片。为防止石击,摄像头的镜头前有一个保护窗,该窗采用锗制成,不能用玻璃来制作,因为热辐射无法穿过玻璃。由一个单独的喷嘴来清洁摄像头保护窗,该喷嘴在操纵前照灯清洗喷嘴时一同工作,就可以清除污物。

(2)控制单元。

①处理夜视辅助系统摄像头的原始图像。

②识别出热敏图像上的人并将其做上标记。

③持续不断地对摄像头图像进行分析,并测算车辆与识别出的行人的碰撞可能性。

④在识别出有碰撞危险时发出警告。

⑤将已处理完的热敏图像传送给组合仪表。

⑥使用 CAN 总线接收并处理夜视辅助系统所需要的数值和信息。

⑦为摄像头供电(蓄电池电压)。

⑧持续地对系统进行诊断,并将识别出的故障记录到故障存储器内。

4.2.1.12 盲点监测系统

1)概述

盲点监测系统(Blind Spot Monitoring System,BMS)也叫作并线辅助系统,是通过雷达、摄像头等装置在车辆行驶时对车辆两侧的盲区进行探测。如果有其他车辆进入盲区时,会在后视镜或其他指定位置对驾驶员进行提示,从而告知驾驶员何时是车辆并线的最好时机,大幅降低了因并线而发生的事故。

2)原理

(1)毫米波雷达检测。

目前主流车型都是采用毫米波雷达作为盲点检测系统的传感器,毫米波雷达探测距离远(8~10m)、穿透烟雾、灰尘的能力强,具有全天候(大雨天除外)全天时的特点。毫米波雷反应快,能检测移动物体的运行速度,以准确区分车道栏杆、隧道墙壁与即将从侧向方超车的车辆之间的差别。

车辆盲点检测提醒指示灯安装在后视镜表面顶端,通过指示灯的点亮或闪烁来提醒驾驶员车辆盲点区域有车辆靠近。盲点检测控制开关位于驾驶室仪表板下方的控制面板上,通过按压此开关可以接通或关闭车辆盲点监测功能。

(2)摄像头盲区检测。

摄像头盲区检测是在左右两个反光镜下面内置有两个摄像头,将后方的盲区影响反馈到行车计算机的显示屏幕上,并在后视镜的支柱上有并线提醒灯提醒驾驶者注意此方向的盲区。

如果有速度大于10km/h,且与车辆本身速度差在20~70km/h之间的移动物体(车辆或者行人)进入该盲区,系统对比每帧图像,当系统认为目标进一步接近时,A柱上的警示灯就会亮起,防止出现事故。摄像头式盲区监测系统是基于可见光成像系统采集图像,当遇到大雾或者暴风雪见度较差的天气时,该系统便无法正常工作。另外,如果驾驶员可以确认行车环境安全时,也可以提供控制开关手动关闭BMS。

4.2.1.13　交通标志识别系统

1)概述

交通标志识别系统(Traffic Sign Recognition,TSR)能够通过摄像头识别交通标志,为驾驶员提供实时道路信息,保障驾驶员行车安全。TSR会自动识别限速和禁止超车等标识,信息显示在组合仪表内,以此提醒驾驶员不要违章行车。

2)原理

交通标志识别系统主要由图像采集模块、图像预处理模块、交通标志分割模块以及视频显示模块组成。智能汽车交通标志检测是通过图像识别系统来实现的。交通标志识别系统首先使用车载摄像机获取目标图像,然后进行图像分割和特征提取,通过与交通标志标准特征库比较进行交通标志识别。在车辆行驶过程中,位于后视镜背面的摄像头拍摄到交通标志时,系统将显示被识别出来的交通标志。如果此时车速超出交通标志额定数据时,会发出警示信息。

(1)颜色信息识别。利用交通标志特有的颜色特征,将交通标志与背景分离。颜色特征具有旋转不变性,即颜色信息不会随着图像的旋转、倾斜而发生变化。

(2)形状特征识别。我国各交通标志基本为有规则的形状,即圆形、矩形、正三角形、倒三角形、正八边形。

4.2.2　公交车被动防御装置和系统

为避免或减轻人员在交通事故中受到伤害而采取的安全设计称为被动安全设计,如安全带、安全气囊、车身的前后吸能区、车门防撞钢梁等都属被动安全设计。它们都是在车辆发生交通事故之后才起作用的。

4.2.2.1 汽车安全带

1)概述

汽车安全带又称为座椅安全带,是乘员约束装置的一种。当碰撞事故发生时,安全带通过内部机构锁紧,从而将乘员"束缚"在座椅上,减少乘员发生二次碰撞的危险,同时避免乘员在车辆发生翻滚等危险情况下被抛离座椅,防止乘员受到严重或致命的伤害。

2)分类

(1)两点式安全带。两点式安全带与车体或座椅有两个固定点,可分为腰带式和肩带式两种。腰带式是应用最广泛的形式,它不能保护人体上身的安全,但能有效地防止乘客被抛出车外,主要在轿车后排座位上。

(2)三点式安全带。三点式由腰带和肩带组合而成,在两点式安全带的基础上增加了肩带。在靠近肩部的车体上有一个固定点,可同时防止乘员躯体前移和上半身前倾,增强了乘员的安全性,是目前使用最普遍的一种安全带。

(3)四点式安全带。四点式安全带主要用于赛车,能够把乘员牢牢地固定在车辆座椅上。

3)日常检查

(1)安全带卷收:快速及用力拉扯织带,安全带应能有效锁止;正常佩戴时不应锁止。

(2)织带完好性:拉出织带检查是否有破损或严重磨损。

(3)事故后处理:如发生过碰撞事故,应全面检查安全带的完好性,包括安装部位是否变形、卷收器是否变形失效、安全带锁扣是否正常等,必要时更换安全带总成。

4.2.2.2 安全气囊

1)概述

安全气囊(Supplemental Inflatable Restraint System,SRS),直译成中文为"辅助可充气约束系统"。

早在1984年,美国高速公路安全管理局制订的《联邦汽车安全标准》第208条中,增加了安装气囊的要求。1995年美国国会通过法案,提供明确的法则及指导方向,要求1995年起新车的标准配备需要有双气囊。自1997年起,美国的货车亦比照办理。

安全气囊旨在减轻汽车碰撞后乘员因惯性发生二次碰撞时的伤害程度,作为车身被动安全性的辅助配置,日渐受到人们的重视。当汽车与障碍物碰撞后,称为一次碰撞。车内乘员与车内部件发生碰撞,称为二次碰撞。安全气囊系统会在车辆发生一次碰撞后、二次碰撞之前迅速打开一个充满气体的气垫,使乘员因惯性而移动时"扑在气垫上",从而缓和乘员受到的冲击并吸收碰撞能量,以此减轻车内乘员的伤害程度。安全气囊分布在车内前方(正副驾驶位)和侧方(车内前排和后排)两个方向。在装有安全气囊系统的零部件表面都印有SRS或AIR BAG的字样,应该与安全带配合工作才能起到最佳的保护作用。

2)原理

安全气囊系统主要由碰撞传感器、气囊组件、气囊电脑ECU以及气囊线束等部件组成。

在汽车发生碰撞时,由碰撞传感器检测汽车碰撞的强度信号,并将信号输入安全气囊计算机,安全气囊计算机根据碰撞传感器的信号来判定是否引爆充气元件使气囊充气。一般来讲,如果汽车以高于30km/h的速度状态行驶,车辆的正前方大约60°之间的地方出现障碍物,车辆又恰好撞上了障碍物,这个时候安全气囊才具备有打开的条件。

3)分类

(1)正面安全气囊。在驾驶员位置的安全气囊装在转向盘的中间位置,副驾驶员位置的安全气囊安装在正前方的仪表台内部,在意外发生的瞬间可以有效地保护驾驶员和副驾驶员的头部和胸部,减缓车内乘员的二次伤害。

(2)侧面安全气囊。侧面安全气囊用来保护驾乘人员在汽车遇到侧面碰撞以及车辆翻滚时受到的伤害,可以有效地保护车内驾乘人员减小来自侧面撞击导致的腰部、腹部、胸部外侧以及胳膊等部位受到的伤害,保证身体上肢的活动能力和逃生能力。

(3)膝部安全气囊。膝部安全气囊是用来降低乘员在车辆二次碰撞中车内饰件对乘员膝部的伤害。根据保护对象不同可分为驾驶员膝部安全气囊、副驾驶员膝部安全气囊、后排乘客膝部安全气囊。

4.2.2.3 溃缩吸能式转向管柱

1)概述

溃缩吸能式转向管柱是指在车辆发生碰撞时,转向柱可按预先设计而溃缩变形。在汽车发生剧烈的撞击时,驾驶者往往会因为强烈的停止作用而向前倾,人体的胸部会和转向盘发生碰撞,为了减小转向柱对驾驶员胸部的冲击,有些汽车把转向柱设计成在撞击时因遭到外界挤压而发生2~3段的溃缩折叠形式,可以分散一些因撞击由转向柱传递到人体的冲击力。

根据《防止汽车转向机构对驾驶员伤害的规定》(GB 11557—2011)第3.1及3.2条要求:不装人体模块的整备车辆以48.3~53.1km/h的速度正面撞击障碍壁时,转向管柱和转向轴的上端允许沿着平行于汽车纵向中心线的水平方向向后窜动,但其窜动量不得大于127mm。因此,对转向盘及转向管柱提出了安全方面的要求。

转向管柱的安全设计体现在吸能和溃缩两个方面,最终目的是减少对驾驶员的伤害。车辆发生正面碰撞时,转向盘、转向管柱和转向器组成的转向系统对驾驶员的损伤主要集中在头部、胸部以及腿部。所以,通过碰撞时转向系统零部件的塑性变形以及某些零部件相互分开来吸收冲击能量。

2)原理

转向轴和转向柱管吸能装置的基本工作原理是当转向轴受到巨大冲击而产生轴向位移时,通过转向柱管或支架产生塑性变形、转向轴产生错位等方式,吸收冲击能量。

3)结构

溃缩吸能式转向管柱一般分为可分离式和缓冲吸能两种。

(1)可分离式。该机构的转向轴分为上、下两段,当发生碰撞时,上、下两段互相分离或互相滑动,从而避免在第一次冲击时转向盘随车身后移对驾驶员造成伤害。

(2)缓冲吸能式。该操纵机构从结构上能使转向轴和转向管柱在受到冲击后,轴向收缩并吸收冲击能量,从而有效缓和转向盘对驾驶员的冲击,减轻驾驶员所受到伤害。按其结构不同又可分为网格状转向管柱、波纹管变形吸能装置和钢球滚压变形吸能装置。

4.2.2.4 客车自动破窗装置

1)概述

根据《营运客车类型划分及等级评定》(JT/T 325—2018),客车应在应急车窗附近配备应急锤和自动破窗装置。

2)分类

(1)自动破窗装置根据原理可分为电磁式、气动式和机械式。

(2)自动破窗装置根据其破除的玻璃类型分为单层玻璃破窗装置和中空安全玻璃破窗装置。

3)电磁击窗器

(1)术语。

根据《客车电磁击窗器》(JT/T 1030—2016),客车电磁击窗器是指应用电磁感应原理,电磁线圈通电后所产生的电磁力,推动线圈内活动铁芯的冲击头击破客车应急车窗钢化玻璃的一种装置。

(2)组成。客车电磁击窗器一般由冲击头、电磁线圈、外壳、控制开关以及手动击窗机构等部分组成。

(3)技术要求。

①客车电磁击窗器的标称电压为12V或24V。12V时,工作电压范围为9~16V;24V时,工作电压范围为18~32V。

②产品外壳表面应采用红色。接通电源后启动开关,应在1s内有效击破客车应急车窗钢化玻璃。

③应具有手动操作击窗功能,且能够反复使用。产品的手动击窗应带有报警装置,当启动手动击窗时报警装置应发出声响报警。

④使用寿命周期不低于5年。

(4)破玻能力。单层玻璃破窗装置可击碎厚度不小于5mm的客车钢化玻璃;中空玻璃破窗装置可击碎厚度不小于5mm+7mm+5mm的中空安全玻璃。

(5)操作方法。

①当紧急情况发生时,只需打开位于驾驶室的击窗器开关盖,按压红色开关按钮,侧窗破玻装置就会启动。

②除了驾驶员可以启动这一装置以外,在紧急情况下乘客也可自行按下专为乘客准备的副控开关启动破玻装置,快速开启安全逃生通道。

③开启装置后,车窗玻璃会自动被破玻终端上的破玻头击打,瞬间出现无数裂纹,就像蜘蛛网一样,然后推开破损的玻璃即可。

④在确保乘车安全的同时,为了防止误操作,设置在乘客上方的启动按钮外部还有保护

盖和封条。乘客需要站起来撕开封条，打开保护盖后，才能开启按钮。而开启按钮大约需要施加大约30N·m的力矩，这是一个成人才能使出的力量，从而避免了儿童因好奇而启动开关的可能性。

⑤自动破窗装置作为安全产品必须对其破窗具有备份方案，因此，《客车电磁击窗器》(JT/T 1030—2016)要求电磁击窗器增加手动破窗功能。

4.2.2.5 客车自动灭火装置

1)概述

《营运客车类型划分及等级评定》(JT/T 325—2018)要求客车配备灭火装置、纯电动客车和混合动力客车动力电池箱安装灭火装置。

车用自动灭火装置是安装于各类车辆发动机舱的消防装置，用于扑救车辆起火。常见的车用自动灭火装置有气溶胶自动灭火装置和超细干粉自动灭火装置两种。

该类装置从发现火情到灭火全自动完成，安全高效，无须人员操作，安装使用方便。只需将其安装在发动机舱内，当机舱内发生火情时，机舱内超导元件迅速将火情传送给灭火装置，启动装置瞬间产生大量无压气体，释放气溶胶类灭火药剂或超细干粉灭火剂进行灭火。

2)分类

(1)气溶胶自动灭火装置。气溶胶通俗说是细小的固体或液体微粒分散在气体中形成的稳定物态体系，专业是指以气体(通常为空气)为分散介质，以固态或液态的微粒为分散质的胶体体系。自然界常见的气溶胶有云、烟、雾等形态，也称为烟雾灭火技术。气溶胶灭火装置中的药剂为固态，其药剂通过氧化还原反应喷放出来的为气溶胶。

(2)干粉自动灭火装置。干粉自动灭火装置内部充装的是磷酸铵盐干粉灭火剂，是一种用于灭火的干燥且易于流动的细微粉末。能够在遇到火灾信号时瞬间启动灭火，适用于档案室、汽车前后舱、厨房、办公场所、建筑工地、库房、油库、电信基站、加油站等场所。

3)启动方式

车用灭火装置的启动方式主要有以下几种：

(1)感温启动。

(2)电启动。

(3)手动启动(按钮式直接手动启动与联动型手动启动)。

(4)综合感温、电启动、手动启动等复合启动。

4)客车灭火装备配置要求

根据《客车灭火装备配置要求》(GB 34655—2017)，车辆上配置的超细干粉灭火装置固定安装在保护区域，并能通过自动探测启动或控制装置手动启动。灭火装置在任何状况下启动都不应对人员产生潜在的安全隐患。手动启动功能和自动启动功能应相互独立，两种功能的实现顺序应不受限制。

5)灭火弹

“灭火弹”全名为“脉冲超细干粉自动灭火装置”，专门用于发动机舱灭火。当发动机舱内温度超过 170℃时,“灭火弹”将瞬间自动爆炸,喷出超细干粉灭火剂灭火。驾驶员如发现发动机舱内出现火情或者浓烟,也可以按下灭火按钮实施舱内灭火。

4.2.2.6 客车车门应急装置

客车车门应急装置是用于紧急情况下乘客逃生的车门,也叫作安全门。根据车辆的机构和用途不同,车门应急装置主要有专用安全门、顶部撤离舱口和乘客门应急开启装置三种表现形式。

1)安全门

客车安全门一般不允许打开,只有在遇到紧急情况时才能使用。

安全门通常要求门净宽不小于 550mm,净高不小于 1250mm,并设有开启警报装置。车内外设应急开门把手,车门把手距地面高度不大于 1800mm。在安全门处,应用红色醒目字体说明使用方法,字体高度不小于 20mm。

2)顶部撤离舱口

客车所配备的顶部撤离舱口也具有安全出口功能。如果车辆发生侧翻,正好把门堵住,就要启用车顶的紧急出口。开启顶部撤离舱口时需要打开把手罩,按图示上的箭头方向旋转并向上推出,舱盖即可翻转打开。在危急关头,可为数乘客多提供一种逃生方法。

3)乘客车门应急开启装置

客车通常在车内和车外都设有乘客车门应急阀,便于紧急情况下的使用。在使用应急阀之前,要先打开应急阀盖板,然后顺时针转动旋钮约 90°,随后便可打开车门。

4.3 行车中的常见危险源

4.3.1 危险源的含义

4.3.1.1 定义

危险源是指一个系统中具有潜在能量和物质释放危险的,可造成人员伤亡、财产损失或环境破坏的,在一定的触发条件下可转化为事故的部位、区域、场所、空间、岗位、设备及其位置。

4.3.1.2 危险源的实质

具有潜在危险的源点或部位,是爆发事故的源头,是能量、危险物质集中的核心,是能量传出来或爆发的地方。危险源存在于确定的系统中。不同的系统范围,危险源的区域也不同。

4.3.1.3 危险源与事故隐患的区别

(1)危险源强调的是驾驶员的驾驶空间、车辆技术状况、行人中存在固有能量的多少,而事故隐患是出现明显缺陷的危险源。如高速公路上行驶的公交车在发生道路交通事故时,会造成人员伤害、财产损失或环境破坏,造成这些不良后果的根本原因主要是高速行驶的公交车具有较大的动能,遇到阻碍能量会意外释放,产生较大的破坏力。因此,高速行驶的公交车本身就是危险源。

(2)事故隐患是指驾驶员的驾驶空间、车辆技术状况、行人的不安全行为等。其实质是有危险的、有缺陷的状态,这种状态可在驾驶员、行人或事物上表现出来,如车辆操作困难、行人走路不稳、路面太滑等都是导致发生伤亡事故的隐患。

4.3.1.4 危险源的控制

对事故隐患的控制管理是与危险源紧密联系在一起的。因为没有危险隐患也就谈不上要进行控制,对危险源的控制就是消除存在的事故隐患或防止其出现事故隐患。

4.3.1.5 危险源的构成要素

1)潜在危险性

危险源的潜在危险性是指一旦触发事故,可能带来的危害程度或损失大小,或者说危险源可能释放的能量强度或危险物质量的大小。

2)存在条件

危险源的存在条件是指危险源所处的物理、化学状态和约束条件状态。例如,物质的压力、温度、化学稳定性,盛装压力容器的坚固性,周围环境障碍物等情况。

3)触发条件

触发条件不属于危险源的固有属性,但它是危险源转化为事故的外在因素,不同类型的危险源都有相应的敏感触发条件。如易燃、易爆物质,热能是其敏感的触发条件;压力容器的压力升高是其敏感触发条件。在触发条件的作用下,危险源转化为危险状态,继而转化为事故。

4.3.1.6 危险源的分类

1)根源危险源

能量和危险物质的存在是产生危害的根本原因,通常把可能发生意外释放的能量(能量源或能量载体)或危险物质称作根源危险源,也叫作第一类危险源。例如高速行驶的公交车是导致伤害的根本,属于根源危险源。

2)状态危险源

造成约束、限制能量和危险物质措施失控的各种不安全因素称作状态危险源,也叫作第二类危险源,包括物体的不安全状态、人的不安全行为。例如转向失控、制动失效、驾驶员操作不当等。

3)危险源的来源

在道路交通活动中,几乎所有的构成部分(人、车、路、气候等)都是危险源。除了行车中的车辆,极端自然灾害(泥石流、地震、飓风等)根源危险源以外,更多的是状态危险源。状态危险源会导致车辆失控或躲避不及时,造成事故,道路交通系统中常见的状态危险源:

(1)车辆制动失效、机械故障、电路故障、轮胎爆裂等。

(2)驾驶员疲劳驾驶、操作失误。

(3)冰雪天气,路面湿滑。

(4)其他驾驶员盲目占道行驶。

(5)非机动车驾驶人员不遵守交通法规。

(6)突然横穿马路的行人。

4.3.2 不同类别危险源的危险特征

行车过程中,人的因素、车辆因素、道路因素等均对应不通的危险特征。驾驶员掌握道路运输环境中各影响因素的危险特征,是树立安全意识、采取防御性驾驶、确保行车安全的前提。

4.3.2.1 人的不安全行为

在影响道路交通安全的各种因素中,人是起主导作用的因素。研究表明,人的不安全行为造成的事故占到全部交通事故的70%~90%。人的不安全行为主要是指各种交通参与者的违法行为、不规范操作等。

常见违法驾驶行为的危险特征见表4-1,驾驶员操作不当的危险特征见表4-2。

常见违法驾驶行为的危险特征 表4-1

危险源类型	危险特征
超速行驶	(1)增加汽车的制动距离; (2)驾驶员的视野变窄、反应时间延长; (3)车辆行驶时的操纵稳定性下降,尤其在湿滑或结冰路面行驶,容易出现车辆侧滑; (4)车辆在弯道超速时,受到的离心力增大,易出现车辆侧翻; (5)长时间高速行驶,车辆轮胎等安全部件易出现性能异常
违法装载	(1)构成车辆或货物的不安全状态,影响车辆操控性能; (2)增加事故危害程度
驾驶“带病”车辆上道路行驶	(1)影响车辆操控性能; (2)引发制动、转向等失效或爆胎危险
违法超车	(1)必须借用左侧相邻车道或占用对向车道行驶,与其他车辆形成交通冲突; (2)超越前车时可能会出现超速行驶; (3)超车后,返回车道时与被超车辆安全距离不足; (4)前方视线不良,没有全面观察交通情况而盲目超车
占道行驶或逆向行驶	与对向来车形成交通冲突
疲劳驾驶、酒后驾驶、行车中接打电话	驾驶员注意力分散、反应时间延长、操控能力下降,误操作增多
未按规定让行	(1)与其他车辆形成交通冲突; (2)驾驶员集中精力于抢行,忽视了交通状况的全面观察

续上表

危险源类型	危险特征
违法停车或倒车	(1)在行车道内停车或高速公路停车上下客,影响后续来车的正常通行; (2)未按规定正确摆放危险警告标志或开启车灯,使其他交通参与者不能正确辨识潜在的风险; (3)错过路口时,冒险倒车,与后续来车形成交通冲突
无证驾驶	(1)驾驶与准驾车型不符的车辆,驾驶员缺乏安全操控知识和技能; (2)无资质从事运输活动,驾驶员缺乏安全运营的知识和技能

驾驶员操作不当的危险特征 表4-2

危险源类型	危险特征
车辆行驶路线与位置不当	(1)骑压道路中心线行驶或占道行驶,尤其是在转弯路段,与对向来车形成交通冲突; (2)长时间骑压车道分界线行驶,使后续来车不能正确理解其行驶意图,并产生不良情绪; (3)长时间占用快速车道慢行,迫使其他机动车变更车道,并使其产生不良情绪; (4)转弯时,不注意内外轮差,不能安全通过; (5)在通行状况不好的路面上快速行驶,过于颠簸引发客伤事故; (6)路基松软路段,车辆与路侧距离过近,易发生侧翻
转向操控不当	(1)快速通过转弯路段时,易出现转向过度或转向不足,发生碰撞或坠车,或离心力、惯性过大引发客伤事故; (2)遇其他交通参与者突然横穿道路,急打方向避让,车辆易失稳或发生碰撞、坠车; (3)遇对向来车占道行驶,急打方向避让,车辆易失稳或发生碰撞、坠车
制动操控不当	(1)在湿滑或结冰路面上紧急制动,易发生侧滑; (2)在运行过程中紧急制动容易引发客伤事故; (3)下长坡时,频繁使用行车制动,易出现制动热衰退
挡位使用不当	(1)上坡时车辆挡位使用不当,出现熄火溜车; (2)下坡时使用高速挡,未充分利用发动机阻力制动,被迫频繁使用行车制动
会车操作不当	(1)会车时未提前减速,在高速状态下向右避让,出现转向过度; (2)在坡路、临崖路、障碍物路段会车时,未按规定让行,易发生碰撞或坠车
不熟悉所驾车型	(1)不熟悉所驾车型的动力特性,特别是对纯电动公交车,持续加速或使乘客站立不稳而发生客伤事故; (2)开关门前,驾驶员目光始终没有看车内外乘客,或计算乘客下车速度失误,人未完全离开下客门就按关门键,从而引发客伤事故

在车辆运行中,其他机动车驾驶员、行人或骑自行车人的不安全行为也会形成安全隐患,造成交通事故。

其他交通参与者不安全行为的危险特征见表4-3。

其他交通参与者不安全行为的危险特征　　表 4-3

危险源类型	危险特征
其他机动车	(1)出现强行加塞、抢行等不安全驾驶行为,寄托于他人礼让,与其他车辆形成交通冲突; (2)以自我为中心的驾驶员,当他人影响自己正常行车时,易产生报复心理; (3)新驾驶员不能熟练操控车辆,易妨碍他人正常驾驶,并使其产生情绪波动; (4)道路养护(工程)车辆会在路侧临时停车作业,影响后续来车的正常通行
行人	(1)儿童缺乏交通安全常识,玩耍时不顾及周边的交通情况,突然横穿道路,形成交通冲突; (2)儿童在车辆周边玩耍,因身材矮小,容易落入驾驶盲区; (3)老年人反应迟钝、行动缓慢,应变能力差; (4)青年人喜欢并排行走或戴耳机听音乐,不注意周边的交通情况,妨碍机动车的正常通行
骑自行车人或骑电动车人	(1)青少年成群骑自行车时,喜欢逞能、冒险,速度比较快,不顾及周边交通状况; (2)雨天,骑车人只顾低头避雨,匆忙赶路,不注意遵守交通规则,妨碍机动车的正常通行; (3)当非机动车道的路况不好时,骑车人常常占用机动车道行驶,妨碍机动车的正常通行; (4)前方有障碍物时,骑车人会突然改变行驶路线绕行,形成交通冲突; (5)骑电动车人突然横穿道路或在车辆之间穿行,形成交通冲突

4.3.2.2 物的不安全状态

道路交通安全事故分析表明,车辆制动、转向等安全部件的性能突然失效,或者货物装载不当、出现遗撒等,是引发事故的重要原因之一。驾驶员需要对此类危险源采取必要的防范措施。

城市公交车辆不安全状态的危险特征见表 4-4,乘客携带物品不安全状态的危险特征见表 4-5。

城市公交车辆不安全状态的危险特征　　表 4-4

危险源类型	危险特征
车辆技术参数的影响	(1)车身高度、宽度尺寸较大,驾驶员盲区大; (2)车体重心高(特别是双层车),行驶稳定性变差,转弯速度过快易发生侧翻; (3)车辆自重较重,惯性力较大,停车距离长,事故危害程度大; (4)车身较长的车辆,转弯时占用的空间大
车辆运行状态的影响	(1)发动机舱温度过高,易引发火灾; (2)行驶中车身振动大,易使乘客携带的物品产生位移
车辆制动系统故障	(1)制动盘(鼓)、管路等存在故障,易造成制动失效; (2)驻车制动器效能降低,坡路驻车能力下降,容易发生溜车

续上表

危险源类型	危 险 特 征
车辆转向系统故障	(1)转向盘自由行程过大,易出现转向不足或转向过度; (2)转向助力失效时,转向盘操控困难
车辆传动系统故障	(1)离合器自由行程过大,分离不彻底,挂挡操作困难; (2)变速器挂挡困难、易脱挡,车辆难以正常行驶
车辆照明、信号装置故障	(1)低能见度情况下,前照灯损坏会影响驾驶员观察; (2)转向灯损坏,不能正确传递行车意图
车辆行驶系统故障	(1)车辆悬架、减振系统故障,车辆经过凹凸不平路段,车身颠簸严重; (2)轮胎气压不符合要求,异常磨损,与路面的附着能力下降,易发生爆胎
其他安全部件失效	(1)车速表故障,驾驶员不能准确判断行车速度; (2)后视镜破损,会影响驾驶员观察; (3)刮水器失效,在雨雪天会影响驾驶员视线; (4)安全带织带破损、不能正常系扣,发生碰撞、翻车等事故时,无法保护乘员的安全; (5)灭火器、安全锤等应急工具缺失,使火灾时的应急处置变得困难

乘客携带物品不安全状态的危险特征 表4-5

危险源类型	危 险 特 征
乘客携带物品的不安全因素	(1)随车携带易燃、易爆等危险物品,易引发火灾、爆炸等事故; (2)行李物品占用安全通道或堵塞安全出口,影响紧急情况下的安全逃生; (3)行李物品摆放不正确,从行李架掉落,易造成乘员伤害

4.4 公交车危险源辨识与防御性驾驶

4.4.1 各种行驶状态的危险源识别与防御性驾驶方法

不同的行驶状态中存在着不同的安全隐患,驾驶员若判断不准确、决策不当,容易引发交通事故,因此,驾驶员针对不同行驶状态下的危险特征,采取预见性驾驶,有利于保障行车安全。

4.4.1.1 跟车危险源辨识与防御性驾驶

跟车危险源与防御性驾驶对策见表4-6。

跟车危险源及防御性驾驶对策 表4-6

危 险 源	防御性驾驶对策
跟车距离近	保持较大的安全跟车距离,速度越快,跟车距离应越大。跟车距离约等于行车车速的千米数,如车速是80km/h,跟车距离约为70m

续上表

危　险　源	防御性驾驶对策
前车较大,视线受阻	当前车为大型客货车时,会遮挡驾驶员视线,不知道前方道路及交通信号情况,必须保持较大的跟车距离,特别是在通过路口时,不要贸然紧跟前车通过,以免误闯红灯,发生危险
前车为公交车或出租汽车	公交车临近车站时,会靠边停车;出租汽车招手即停。跟随公交车或出租汽车行驶时,也要加大跟车距离,密切注意前车动态,以防前车突然紧急制动或突然变道
前车为低速车	当前车为拖拉机、三轮车、载重货车等行驶速度较低、加速性能比较差的车时,保持较大的间距,在确保安全的情况下,伺机超越
夜间跟车	夜间跟车要开近光灯,不能开远光灯,跟车距离比白天要加大一些
坡道跟车	跟车上坡时,加大跟车距离,以防前车突然熄火后溜车;跟车下坡时要控制车速,随着车速的增加,跟车距离也要随之加大
弯道跟车	前车转弯时会遮挡驾驶员视线,形成视线盲区,因此要加大跟车距离,待前车通过弯道后再转弯
险要路段跟车	跟车通过简易桥梁、傍山险路等险要地段时应减速或停车,待前车安全通过后再通过
泥泞路段、冰雪路段跟车	道路湿滑,容易发生侧滑,跟车行驶要沿前车车辙前进,加大跟车距离
雾天跟车	由于雾天视线不清,因此要密切注意前车喇叭、示廓灯、制动灯等声音和灯光信号,保持合理的跟车间距,既不能太近,也不能太远,太近容易追尾,太远容易失去行驶参照目标
跟车行驶时,后车示意超越	若条件允许,靠右让行,让速让道;若条件不允许,不要轻易让道

4.4.1.2　会车危险源辨识与防御性驾驶

会车危险源与防御性驾驶对策见表4-7。

会车危险源及防御性驾驶对策　　表4-7

危　险　源	防御性驾驶对策
窄路会车	低速谨慎会车,必要时停车让行
窄桥会车	正确估计双方距离桥的远近和车速,不能盲目抢行。距桥近、速度快的车辆先通过,距桥远、速度慢的要减速先避让
施工路段会车	道路施工路段车道变窄,要根据对面来车的车速、道路情况等预判是加速通过施工路段还是减速让行,避免在施工路段会车
坡道会车	在狭窄的坡道会车,上坡车让下坡车先行
道路有障碍物会车	如果遇到有障碍物,与障碍物距离较近、车速较快的车辆先行
弯道会车	弯道处会车,视线受阻,要严格遵守靠右通行原则,保持一定的侧向间距,不能侵占对向车道行驶

续上表

危　险　源	防御性驾驶对策
夜间会车	夜间会车时,在照明良好的道路上行驶,不能使用远光灯;在没有路灯或虽有路灯但照明不好的道路上,可以使用远光灯,但如果对面有车驶来,须在150m时互相关闭远光灯,改用近光灯,注意路况,低速会车,必要时可停车避让
泥泞路段、冰雪路段会车	道路湿滑,切忌紧急制动或急转转向盘,应握紧转向盘,保持两车足够的横向间距,低速会车,必要时停车交会。靠边让路时不要压路基,土质路路基松软,容易塌陷造成翻车
雾天会车	两车交会时应按喇叭提醒对面车辆注意,如果对方车速较快,应主动减速让行

4.4.1.3　超车危险源辨识与防御性驾驶

超车危险源与防御性驾驶对策见表4-8。

会车行驶注意两侧车辆、非机动车及行人的安全

超车行驶风险

超越停靠车辆谨防车辆突然打开车门、起步或车前窜出行人

借道超车注意与对向来车的距离

超车危险源及防御性驾驶对策　　表4-8

危　险　源	防御性驾驶对策
对向有来车	在双向两车道道路行驶,与对向来车有会车可能时不能超车
前车示意左转弯、掉头或正在超车	不能超车,待前车完成左转弯、掉头或超车后,再伺机超车
后方有跟车	观察后方来车有无超车意向,如后方车辆示意超车,则暂时不要超车
拥堵路段超车	在拥堵路段最好不要超车
坡道超车	在上坡接近坡顶的时候,由于看不清前方路面状况,不能贸然超车
弯道超车	弯道由于视线受阻,超车容易侵占对向车道引发危险,一般在弯道不能超车
隧道超车	通过隧道时,由于光线较暗,车道较窄,不能超车
泥泞路段、冰雪路段	在恶劣天气情况下,或通过泥泞、冰雪等复杂路段时,很容易发生侧滑等危险,不能超车
超越停在路边的车辆	鸣喇叭,加大与车辆的横向间距,细致观察所停车辆动态,防止有人突然开车门或车辆突然起步
超越停在路边的公交车	减速、鸣喇叭,预防行人从公交车前方突然蹿出
夜间超车	连续变换远近光灯示意前车,必要时鸣喇叭,确认前车让速让路后再超车

4.4.1.4　变更车道危险源辨识与防御性驾驶

变更车道危险源与防御性驾驶对策见表4-9。

提防其他车辆与本车同时变入同一条车道

预防变入车道内前后车辆的减速、加速行为

预防前车左转向或变更车道

警惕连续变更两条或多条车道的车辆

车辆转弯险情预判

变更车道危险源及防御性驾驶对策 表4-9

危险源	防御性驾驶对策
快车道变更到慢车道	先开启右转向灯，并通过内外后视镜和眼睛直接观察，确认右后方有无车辆，注意车辆后视镜有盲区，变道时先轻微转动转向盘，确认安全后再变道
慢车道变更到快车道	先开启左转向灯，注意左后方车辆的速度和距离，确认安全后变道
变更车道驶入岔路口	提前驶入慢车道，再驶入岔道口，在车流量大、车速较快的全封闭路段，突然变道可能会引发多车连环相撞的恶性事故
左右两侧的车辆向同一车道变更	左侧的车辆让右侧的车辆先行
变更两条以上车道	不能一次连续变更两条以上车道，而要先变更到一条车道，行驶一段距离后再变更到另一条车道
进出主、辅路	从主路进入辅路时，临近路口仔细观察，先观察右方情况，再看右后视镜提前减速进入导向车道或右侧车道。不准强行截头进入出口。出主路时，看清慢行车动态，如果辅路靠中心车道为逆向非机动车道，要谨慎通过，避免发生与非机动车的事故。 临近路口仔细观察，先观察左方情况，再看左后视镜。提前减速进入导向车道或左侧车道

4.4.1.5 转弯危险源辨识与防御性驾驶

转弯危险源与防御性驾驶对策见表4-10。

转弯危险源及防御性驾驶对策 表4-10

危险源	防御性驾驶对策
内轮差	车辆转弯时，前内轮转弯半径与后内轮转弯半径之差叫作内轮差。车身越长，转弯幅度越大，形成的轮差就会越大。转弯的车辆既要防止内后轮掉沟或碰及障碍物，又要防止外前轮越出路外或碰及障碍物
转弯车速高	在进入弯道前降低车速，避免在转弯的同时紧急制动。转弯车速过高，轮胎与地面的摩擦力减弱，离心力增大，车辆会发生侧滑，驶离路面，重心高的车辆还容易翻车
路旁车辆、行人或其他障碍物	大型车辆转弯时，要合理规划转弯路线，防止剐蹭路旁的车辆、行人或其他障碍物
急转弯路段	急转弯路段行车时，一般不要猛踩或者快松加速踏板，更不能紧急制动和急打转向盘。需降低车速时，先缓缓放松加速踏板，然后连续几次轻踩制动踏板，达到控制车速的目的
右转弯时后方车辆	右转弯时，防止后方跟行车辆从右侧突然超越

4.4.1.6 倒车危险源辨识与防御性驾驶

倒车危险源与防御性驾驶对策见表4-11。

倒车危险源及防御性驾驶对策 表4-11

危 险 源	防御性驾驶对策
车后有儿童、小动物或其他障碍物	倒车前绕车一周观察,认真观察车辆周围环境,确认车后无儿童、小动物或其他障碍物后再倒车
左右两侧障碍物	倒车过程中不要一直看着车后,在确认车后安全的前提下,要不时地观察左右倒车镜,留心障碍物与车身之间的距离,并随时转动转向盘修正车身后退时的位置
车头碰到障碍物	倒车过程中,如果转向盘转向角度大,前轮的转弯半径大于后轮的转弯半径,车头很容易撞到障碍物,因此要格外注意,防止车头剐蹭
高速公路倒车	高速公路错过出口时,禁止倒车,要继续向前行驶,到下一出口就近驶出

4.4.1.7 掉头危险源辨识与防御性驾驶

掉头危险源与防御性驾驶对策见表4-12。

掉头危险源及防御性驾驶对策 表4-12

危 险 源	防御性驾驶对策
在有禁止掉头、禁止左转弯标志标线的地方	不能掉头
铁路道口、人行横道、桥梁、急弯、陡坡、隧道	在左侧等容易发生危险的路段不能掉头
个别道路上标画有黄色虚实线	双黄线中的一根为实线,另一根为虚线,实线一侧禁止超车、掉头,而虚线一侧允许超车、掉头
左侧障碍物	如左侧有障碍物,掉头时注意防止剐蹭
狭窄路段掉头	如道路狭窄不能一次顺车掉头,可运用前进或后退相结合,多次调整的方法掉头
内轮差	车辆转弯时,内侧前后轮转弯半径不同,存在内轮差,前后车轮间距越大,内轮差越大,前轮顺利通过后,后轮极易带倒距离车辆较近的人,因此掉头转弯时要格外注意
危险路段掉头	车尾超安全一侧,车头朝危险一侧,前后都要留足安全余地,宁可多进退调整几次,不可着急

4.4.1.8 停车危险源辨识与防御性驾驶

停车危险源与防御性驾驶对策见表4-13。

停车危险源及防御性驾驶对策 表4-13

危 险 源	防御性驾驶对策
在坡路临时停车时	拉紧驻车制动手柄(驻车制动器操纵杆),开启危险报警闪光灯正确摆放危险警告标志,用掩木垫在轮胎下(上坡掩在轮胎后侧、下坡掩在轮胎前侧),挂好挡位(上坡挂低速挡、下坡挂倒挡),并向车后安全的一侧转动转向盘,防止车辆向路侧溜车造成坠车危险

续上表

危 险 源	防御性驾驶对策
夜间、雾天停车	开启示廓灯
在坡道、弯道等驾驶视线不良的路段临时停车	在车辆前侧和后侧的合适位置同时摆放危险警告标志，向其他车辆驾驶员发出警示信息
高速公路临时停车时	尽量选择在服务区或者紧急停车带内停靠，并采取必要的安全措施。因发生事故必须占用行车道停车时，应及时开启车辆灯光信号，按规定摆放危险警告标志，向其他车辆驾驶员发出警示信息

4.4.2 典型道路环境的危险源识别与防御性驾驶方法

行车中，不同的道路环境中存在着不同的安全隐患，驾驶员判断不准确或决策不当都会增加交通事故的发生概率。因此，驾驶员针对不同道路运输环境的危险特征，采取预见性驾驶，有利于保障行车安全。

4.4.2.1 山区道路危险源辨识与防御性驾驶

山区道路危险源与防御性驾驶对策见表4-14。

山区道路危险源及防御性驾驶对策　　表4-14

危 险 源	防御性驾驶对策
弯多、弯急	不要超载，降低车速，缓慢转弯，避免侵占对向车道。进入弯道时车辆靠弯道外侧行驶，到弯道中段时靠弯道内侧行驶，出弯道时车辆又靠弯道外侧行驶，使车辆驶过的轨迹比弯道平缓，防止侧翻事故
路面狭窄	严格控制车速，集中注意力，避让对向车辆，谨慎驾驶
上下陡坡或长坡	上坡时换低挡，增强爬坡性能。上陡坡时，在路况许可条件下，提高车速冲坡。当感觉动力减弱时要及时减挡，不要拖挡强行。 下坡时应减挡，利用发动机牵阻制动和行车制动器联合制动，随时控制车速，不要空挡滑行，不要持续踩踏制动踏板，以免长时期使用制动器导致其过热而失灵
路面状况差	结合车辆情况选择合适的车速谨慎驾驶，切忌硬冲硬闯，遇雨雪天气道路情况变差确实需要通行时，采取支垫的方法改善局部路面，改善通行条件后再通行
视线受阻	低速行驶，进入弯道前的路段，提前观察远处路段的弯道情况及对面来车，提前做好会车准备，同时还应提前鸣笛提示其他车辆
肩挑扁担的行人	与肩挑扁担的行人保持足够大的横向安全间距
牲畜横穿道路	提高注意力，减速行驶，及时制动
载人载物	严格控制载客人数，执行公交运营企业制定的定员标准
运营途中遇恶劣天气	首、末站发车前必须和调度员或车队取得联系，驾驶员不得私自做主。遇有暴雨、视线不清、路滑或山洪暴发，情况不清应落实认真观察、安全地带停车、疏散乘客等有效措施，严防泥石流、道路塌陷、洪水引发的事故。遇有道路塌方受阻时要与单位联系，不可冒险行车

续上表

危　险　源	防御性驾驶对策
会车	会车做到"三先":选择好地点,先慢、先让、先停;行驶中要执行"四不超":不让不超、路窄不超、弯道不超、陡坡不超
交接班	严禁住班时饮酒

4.4.2.2　桥梁危险源辨识与防御性驾驶

桥梁危险源与防御性驾驶对策见表4-15。

桥梁危险源及防御性驾驶对策　　表4-15

危　险　源	防御性驾驶对策
路幅较窄,车辆易驶出桥面坠入河中	仔细观察桥头附近的交通标志,遵守限速、限载等有关规定,保持安全车速行驶,不要超车;如桥面狭窄,先看清前方是否有来车,若桥面会车有困难,不要冒险会车,要在桥头宽阔地段停车等候,不要抢行
超重易使桥面垮塌	严格按车辆核定载质量装载货物,不要超载,严格按桥梁限载通行
横风	跨海大桥易受强烈横风的影响,行经跨海大桥时要控制车速,握紧转向盘,与同向车辆保持较大的横向间距
立交桥迷路	上立交桥之前提前观察指路标志的路线和方向,不要专注找路而忽视周围的车辆
拱桥影响视线	过拱形桥时,往往无法看清对向车辆和行驶路线,因而车辆应多鸣喇叭,靠右减速行驶,并随时注意对方来车和行人情况。车行至桥顶,要放松加速踏板,减速下行,同时注意观察桥下情况,随时做好制动准备
漫水桥、险桥	先停车观察,确认安全后,低速通过;如果洪水或河水漫过桥面情况严重时,应及时向单位报告,绕道行驶,不得冒险通过

通过隧道

车辆在隧道内出现故障

4.4.2.3　隧道危险源辨识与防御性驾驶

隧道危险源与防御性驾驶对策见表4-16。

隧道危险源及防御性驾驶对策　　表4-16

危　险　源	防御性驾驶对策
限宽	谨慎驾驶,装载货物不要超宽,不要超车
限高	注意限高,装载货物不要超高
限速	严格遵守限速规定,保持安全速度行驶
能见度低	提高警惕,谨慎驾驶
入口光线由明变暗	提前开启前照灯,减速,待眼睛适应光线变化后再转入正常速度行驶。如前车未开启前照灯,则应加大跟车间距

续上表

危　险　源	防御性驾驶对策
出口光线由暗变明	关闭前照灯,减速,待眼睛适应光线剧烈变化后再转入正常速度行驶
隧道内结冰	低速行驶,不要急踩制动踏板,以免发生侧滑
出口横风	缓踩制动踏板,低速行驶,握紧转向盘,稍微向逆风方向修正

4.4.2.4　交叉路口危险源辨识与防御性驾驶

交叉路口危险源与防御性驾驶对策见表4-17。

有交通信号灯控制的交叉路口的防御性驾驶

交叉路口安全行车风险

交叉路口转弯时密切注意行人、非机动车以及其他机动车动向

铁道交叉口防御性驾驶

无交通信号灯控制的交叉路口防御性驾驶

交叉路口危险源及防御性驾驶对策　　表4-17

危　险　源	防御性驾驶对策
环形路口内正在行驶的车辆	应让已在环形路口内的机动车先行,不能强行加塞;控制车速,依次行驶,匀速通过,不得超车
黄灯亮时抢行的车辆和行人	不要抢黄灯驶入交叉路口,避免与其他急着通过交叉路口的车辆碰撞
视线盲区	在交叉路口,公交车由于车辆本身结构的原因(特别是铰接式公交车),在一定的空间范围内形成了驾驶员的视线“盲区”。公交车驾驶员很难看到其他正在转弯或直行的车辆,或者因为车速、角度估计错误,有可能发生剐蹭,因此,尽可能与前车或者障碍物保持足够的距离,注意控制车速,时刻保持高度警惕
紧跟前车追尾	有的驾驶员在接近交叉路口时看见是绿灯,就想一下加速通过或看见绿灯闪烁就突然紧急停车,这时容易发生追尾
交叉路口左转	靠路口中心点左侧转弯,开启转向灯,夜间使用近光灯;向左转弯遇道路设有两条及以上左转车道时,应靠最右侧车道通过路口,注意观察并文明礼让通过路口的非机动车及行人
交叉路口右转	不得侵入非机动车道;向右转弯须注意避让非机动车及行人。遇人行横道有行人通过时,须停车避让,在确保安全的原则下通过
拥堵交叉路口	如遇交叉路口拥堵,即使绿灯亮也不能通行,而应依次在路口外停车等候,否则整个路口将完全堵塞,难以疏导
在没有交通信号灯路口的其他车辆和行人	注意观察各个方向的交通动态。必须避让已在路口内通行的机动车和慢行车先行,路口有遮挡物、情况不明、要停车观望。转弯机动车让直行的车辆、行人先行,相对方向行驶的右转弯机动车让左转弯车辆先行,不管通过路口的哪一方,都要优先让自己右方的来车先行;与其他交通参与者保持必要的纵向、横向安全距离

续上表

危　险　源	防御性驾驶对策
车流、人流交织	提高安全防范意识,执行减速慢行、仔细观察、文明礼让、危险即停、确保安全通行,即"慢、观、让、停、行"的措施
路口信号灯设置不合理、照明设施不全、有障碍物遮挡驾驶视线等安全隐患影响	执行"慢、观、让、停、行"的安全措施,确保安全通行,并及时向交管部门通报情况,提出合理解决的建议
路口信号灯处于即将转换状态	缓慢起步,防止另一个方向未通行完毕的人或车辆,以及"抢灯"通行的非机动车和行人;选择远离盲区的车道通行,不要"抢绿灯"
车辆成队通行	与前车保持一定的安全距离,严禁在绿灯将变为红灯时,急速抢行
交叉路口掉头	掉头前,要提前减速,开启左转向灯;必须在准许掉头的地点掉头;掉头时注意避让其他车辆。掉头路面较窄时,要低速通过,掉头前不侵占右侧车道。掉头后需倒车时,车后要有人照料,注意周边的行人、慢行车以免发生事故。立交桥下掉头,必须注意提前观察和遵守限高标志,确认安全后在桥梁最高处,走好角度,低速掉头
错位、畸形路口	遇多岔路口(五岔路以上或错位),转向指示灯的使用,应以所在地相关交通管理实施细则的规定为准。放行时,按导向车道内导向箭头所指方向通过路口。避让在路口内的车辆,不准抢行。当接近路口时,提前减速,避免采用紧急制动,还要注意加大与不熟悉地形的外地牌照的车辆距离,更要加大与前面公交车的距离。以防追尾或车内摔伤乘客事故的发生。在遵守"红灯停,绿灯行"以及"左右转弯通行的规定"原则的同时,还要注意在通过有行人信号灯的人行横道时,被放行的行人在人行横道内有先行权。避免与在人行横道内骑行的慢行车尤其电动车发生事故

4.4.2.5　城乡接合部危险源辨识与防御性驾驶

城乡接合部危险源与防御性驾驶对策见表4-18。

城乡接合部危险源及防御性驾驶对策　　表4-18

危　险　源	防御性驾驶对策
人车混杂	行人、农用三轮车、拖拉机、人力车、畜力车混行,因此要保持高度警惕,密切观察、低速行驶,避让其他交通参与者
交通标志标线及交通信号灯等安全设施不完善	因为设施不完善,通行无秩序,因此通过城乡接合部,要低速谨慎慢行,不要盲目抢行
农民占道晒粮、流动摊贩占道经营	道路变窄,路况复杂,特别是车轮如果碾压到占道的粮食容易侧滑。因此要低速通过,避免剐蹭路边摊位
道路交通参与者安全意识薄弱	严格按道路通行规则通行,减速礼让,遇行人或非机动车突然横穿道路,要及时减速或停车避让

4.4.2.6　施工路段危险源辨识与防御性驾驶

施工路段危险源与防御性驾驶对策见表4-19。

施工路段危险源及防御性驾驶对策　　表4-19

危 险 源	防御性驾驶对策
道路变窄	按交通标志及时变更车道,按限速标志降低车速,保持安全速度行驶
道路中断	根据提示信息提前规划好行驶路线
路面有沙石	路面摩擦系数降低,要保持低速行驶,提前采取制动措施,避免侧滑
施工标志不全或设置不明显	注意观察,提高警惕,谨慎驾驶

4.4.3 恶劣气象条件下的危险源识别与防御性驾驶方法

恶劣天气条件影响了驾驶员的视线、车辆行驶稳定性,驾驶员针对不同天气条件下的危险特征,采取防御性驾驶,有利于保障行车安全。

4.4.3.1 雨天危险源辨识与防御性驾驶

雨天危险源与防御性驾驶对策见表4-20。

雨天危险源及防御性驾驶对策　　表4-20

危 险 源	防御性驾驶对策
光线暗,能见度低	低速谨慎驾驶,多鸣喇叭,打开刮水器,必要时打开雾灯;雨下得过大,刮水器无法刮净雨水,视线极为模糊时,打开危险报警闪光灯靠边停车等待
雷电	关闭车载电子设备,不要打电话;关闭所有车窗;在车内避雨,不要下车走动;不要在空旷地带高大的树下停车,将车停在地势较低的位置
大风	握紧转向盘,防止行驶方向偏离
路面湿滑、泥泞	缓踩制动踏板,勿紧急制动和急转弯,以免侧滑。轮胎与地面附着力降低,制动距离增大,因此跟车距离应为干燥路面的1.5倍
积水	先判断积水深度,如积水较浅,则低速通过,防止积水溅起的水花覆盖前风窗玻璃,避免水花溅到行人身上;如积水较深,把车停到安全地方,不要强行通过。涉水行驶过程中,保持车辆不熄火,防止进气口进水。如在水中熄火,不要试图起动车辆,否则容易损毁发动机
车窗起雾	打开车内除霜装置,清除雾气
车外骑车人	雨天骑车人一般会穿戴雨衣或一手打雨伞一手骑车,听不到喇叭声,容易摔倒或突然猛拐,因此要与骑车人保持较大的横向间距,谨慎行驶
运营途中遇大雨、暴雨	将车辆停放在高处的安全地点,并及时向线路车队报告现场情况,待明确前方道路安全后方可通行,严禁盲目涉险通行
汛期行经山区道路	提前熟知沿线的安全地带和易出现山体地质灾害的隐患点位,根据降雨及道路通行情况,视情采取绕行等措施

4.4.3.2 雪天(冰雪路面)危险源辨识与防御性驾驶

雪天(冰雪路面)危险源与防御性驾驶对策见表4-21。

确认漫水桥积水深度再通行

雨天会车预防积水飞溅

桥面结冰或积雪的防御性驾驶

雪天(冰雪路面)危险源及防御性驾驶对策　　表4-21

危　险　源	防御性驾驶对策
气温低,起动困难	做好冬季维护,确保蓄电池电力充足,更换适合冬季使用的润滑油,定期清洗节气门,车辆起动后怠速运转一会儿再上路
路上有积雪,附着系数低,制动距离延长,易侧滑	合理使用挡位,慢抬离合器,轻加油,平稳起步,低速行驶,前后左右都要留有安全车距,不要紧急制动和急转向,以免车轮侧滑。需要转弯时,先减速再转向,适当加大转弯半径,缓转转向盘。 必要时可为轮胎加装防滑链
积雪覆盖路面,看不清标志及道路边界	根据路边建筑物和树木等参照物判断道路边界,沿前车车辙谨慎行驶
山区冰雪道路	前车正在爬坡时,要停车等待,待前车顺利通过后再爬坡,转弯前降低车速,避免转弯的同时制动,防止车辆侧滑坠崖
自行车和行人易摔倒	遇自行车或行人减速慢行,与自行车和行人保持足够距离
雪后阳光眩目	戴上防护镜

4.4.3.3　雾天危险源辨识与防御性驾驶

雾天危险源与防御性驾驶对策见表4-22。

雾天危险源及防御性驾驶对策　　表4-22

危　险　源	防御性驾驶对策
能见度低,视线不良	白天开启雾灯和示廓灯,夜间开启雾灯和近光灯,切记不得开远光灯,低速谨慎行驶,勤按喇叭,提醒车辆和行人。能见度小于5m时,把车开到路边安全地带或停车场,待雾散去或能见度提高时再继续前行
路面湿滑,摩擦系数低	严格控制车速,密切注意前车状态,适当加大与前车的纵向安全距离,跟车行驶,不要超车
风窗玻璃有水汽	开启刮水器和车内风窗玻璃除霜装置,尽快去除水气
团雾	昼夜温差较大、无风的早晨,在靠近湖泊的路段最易发团雾,如发现团雾,应立即采取减速措施,如能安全变道条件,要打开信号灯,减速驶入最右侧车道,以便前方发生事故堵车时,车内乘客能迅速转移至路侧安全地带,避免后车追尾

4.4.3.4　风沙天危险源辨识与防御性驾驶

风沙天危险源与防御性驾驶对策见表4-23。

风沙天危险源及防御性驾驶对策　表4-23

危 险 源	防御性驾驶对策
风力较大时,会影响行驶稳定性,减弱喇叭声音	感觉汽车横向偏移时,握紧转向盘,行车要比平常更为谨慎,速度更为缓慢
沙尘暴	尘土飞扬,空气混浊,能见度低,打开车灯,多鸣喇叭
暴风	行车中突遇暴风,应停车躲避,将车辆尽量停在背风处
台风	避免在台风登陆期间出行
避免车体被砸	行驶过程中或停车时不要靠近楼房、满载货物的货车或摇摇欲坠的广告牌
风沙损坏车体	小心清除隐藏在刮水器中的沙粒,再启用刮水器,否则风窗玻璃可能被刮伤

4.4.3.5 高温天危险源辨识与防御性驾驶

高温天危险源与防御性驾驶对策见表4-24。

高温天危险源及防御性驾驶对策　表4-24

危 险 源	防御性驾驶对策
驾驶疲劳	保持驾驶室通风,适时休息,补充足够的饮水;利用早晚凉爽时段出行,尽量避开中午前后的高温出行
汽车自燃	在高温天气下,汽车的电路、油路等管路容易软化,出现短路和漏油等情况时,容易引起汽车自燃,驾驶员应全面检查车辆的技术状况,尤其是电路、油路等管路的状况
发动机过热	高温天气行车,尤其是车辆重载或在山区道路长时间低速行车时,要注意观察冷却液温度表,确保冷却液温度保持在85~95℃的正常范围内,防止发动机过热。如果温度超过了安全温度的上限,应尽快停车检查,并做降温处理
爆胎、轮胎起火	在高温天气条件下高速行驶时,车辆轮胎和发动机会产生很高的热量,若这些热量不能及时散出去,容易导致爆胎甚至轮胎起火,因此,驾驶员应定期检查轮胎的状况,当发现轮胎因过热而气压上升时,应设法将车停到阴凉处或树荫下,让轮胎自然降温、降压,不可用放气或泼冷水的方法来降低轮胎气压和温度

4.4.4 高速公路行驶危险源识别与防御性驾驶方法

高速公路是全封闭、多车道、具有中央分隔带、立体交叉、控制出入、服务设施配套齐全、专供机动车高速行驶的公路,具有车速高、车道区分明确、车辆流向单一且流量大的特点。驾驶员应当掌握高速公路特点和防御性驾驶技术,确保在高速公路上的行驶安全。

高速公路行驶危险源与防御性驾驶对策见表4-25。

高速公路行驶危险源及防御性驾驶对策　　表4-25

危险源	防御性驾驶对策
车辆发生故障或遇道路堵塞必须停车	不可紧急制动,更不能在行车道直接停车,应提前减速,看清车前车后的交通情况,打开右转向灯;尽快驶离行车道,停在紧急停车带内或右侧路肩上。停车后,必须立即打开危险报警闪光灯,在车后方设置警告标志,若是夜间还需同时打开示廓灯和后位灯;车上人员应迅速转移到右侧路肩以外,必要时打电话报警
本车故障或遇他车故障	尽量将视线放远,如发现故障车辆提前变更车道绕行;若本车发生故障,在不影响行车安全和不妨碍其他车辆正常行驶的情况下,应从最近的出口驶离高速路。发生故障不能继续行驶时,必须立即将车辆移出车行道,停在右侧路肩或者应急车道上;因故障、发生事故原因不能离开车行道或者在路肩上停车时,必须立即开启危险报警闪光灯,夜间还需开启示宽灯和尾灯,并在来车方向150m以外设置警告标志,车上人员应当迅速转移到右侧路肩上或应急车道内,并且迅速报警、报告
爆胎	握紧转向盘,用力保持车辆行驶方向,不要紧急制动,不要急转转向盘
事故多发路段	看到"事故多发路段,请谨慎驾驶"类似的警告标志时,一定要有意识地降低车速并保持车距,同时做好应对紧急情况的准备
行驶速度过快	严格遵守国家、所在地有关高速公路管理的法律、法规及公安交通管理部门对高速公路实行的各类规定
疲劳驾驶	在高速公路长时间行驶,尤其是车辆很少时,驾驶员信息刺激量减少会造成人的意识下降,产生高速催眠现象,非常危险,驾驶员缓解疲劳最好的方法就是在服务区休息或驶出高速公路休息
发生轻微财产损失的事故	如果无人员伤亡、双方对成因无异议,且车辆具备移动能力,一定要将车辆移动至紧急停车道内停放
发生大的财产损失事故甚至伤亡事故	在事故现场来车方向150m外设置警告标志,且人员要转移到公路护栏外,及时报警
从匝道进入行车道	从匝道口进入高速公路前,开启左转向灯,在不妨碍已在高速公路内的机动车正常行驶情况下驶入高速公路。必须在加速车道上提高车速,尽快将车速提高到60km/h以上,抓住时机安全快速进入主车道,驶入主车道时不能妨碍其他车辆的正常行驶
选择行车道	严格遵守分道行驶、各行其道的原则,根据车速选择适合的行车道,不得随意穿行越线,不准骑压车道分界线;在同方向有2条(含)以上车道的高速公路上行驶,须在最右侧车道行驶,不得骑、轧车行道分界线或在路肩上行驶
驶离高速公路	在距目的地出口500m时打开右转向灯,驶入减速车道,在出口前把车速降到40km/h以下进入匝道。由于长时间高速行驶,速度感觉迟钝,容易误判车速,必须通过速度表确认车速。避免在接近路口处才紧急制动急打方向驶向路口
车距过小	高速公路上的纵向车距(两车间的前后距离)略大于行驶速度值。高速公路上,专门设有为驾驶员确认行车间距的行驶路段,在此路段上行驶,可检验与前车的行车间距,驾驶员可根据要适时调整车速即速度在70km/h时,行车间距离不得少于70m;速度在100km/h时间距应保持在100m以上;雨雪雾天或夜间行驶时间距应增加一倍以上

续上表

危　险　源	防御性驾驶对策
走错方向	发现走错方向或驶过出口后，切忌不得在匝道或行车道上掉头，而应从下一出口驶离，再掉头回到规划路线
通过立交桥	行至高速公路立交桥时，要注意观察指路标志，在临近转弯的立交桥前，要根据指路标志确认出口位置、行驶车道和行驶路线
变更车道	确认与要进入的车道有不影响超车的足够安全车间距。打开转向灯，向左(右)适量转动转向盘，加速驶入需要进入的车道

4.4.5　夜间行驶危险源识别与防御性驾驶方法

夜间驾驶的条件、环境与白天相比都发生了很大变化，驾驶员的视力变差，观察力和判断力也会降低。合理使用灯光、控制行驶车速和保持恰当间距，是保证行车安全的必要条件。

夜间会车注意变换远、近光灯

夜间行驶危险源与防御性驾驶对策见表4-26。

夜间行驶危险源及防御性驾驶对策　　表4-26

危　险　源	防御性驾驶对策
夜间光线差	谨慎驾驶，若路面光线较好，开启近光灯；若光线很暗，开启远光灯，但在两车相距150m时要改为近光灯
路界不清	控制车速，增大跟车距离，以便出现突发情况时能有充足的反应时间
夜间通过险要路段	减速慢行，遇险要路段，应停车查看，确认安全后再行进
夜间通过乡村道路	夜间在乡村道路上通行，应加大行车间距，以免前车扬起的尘土影响灯光照明，遮挡视线
霓虹灯等灯光影响	途经繁华街道时，要注意霓虹灯及各类装饰灯光对视线的影响，降低车速、细心观察、谨慎行驶
行经弯道、坡路、桥梁、窄路和不易看清的地方	降低车速并随时做好制动或停车的准备
车灯光柱变短	遇上弯道或上坡路，注意提前采取措施
车灯光柱变长	下坡路或路上有凹坑，注意减速慢行
疲劳驾驶	夜间行车特别是午夜以后最容易瞌睡，太疲劳时应停车休息，不要强行赶夜路

4.4.6　进出公交场站危险源识别与防御性驾驶方法

公交场站进出口一般与主干道连接，在进出口处形成了交通流交会点，加之人员混杂，进出人员多，驾驶员视野盲区大，也是事故的多发地段。特别是进入场站，驾驶员经常会因“到家”而产生懈怠心理，因疏忽引发失误，因此，驾驶员应格外注意。

进出公交场站危险源与防御性驾驶对策见表4-27。

进出公交场站危险源及防御性驾驶对策　　　　表 4-27

危　险　源	防御性驾驶对策
公交场站进出口	行人、非机动车和机动车混行,人车流量大且混乱,容易发生剐蹭事故,驾驶员应按顺序通过出入口,注意观察周边的情况,保持低速行驶,必要时鸣喇叭提示或停车让行
停车	按照管理人员的指挥手势,将车辆停入指定地点
倒车	由专门人员指挥,防止碰撞盲区内的障碍物

4.5 防御性驾驶典型案例

4.5.1 案例1:立交桥下盲区引发车辆与行人接触

1)事故经过

驾驶员驾驶公交车由北向南行驶至某立交桥下,在通过桥下路口时(此路段为公交专用道),受护栏遮挡的影响,车辆前部与一名由西向东闯红灯通过的行人碰撞,导致该行人受伤。事故现场示意图如图 4-1 所示。

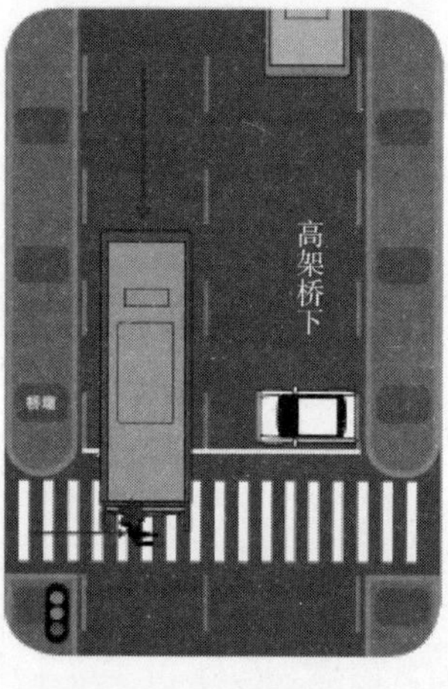

图 4-1　事故现场图(一)

2)原因

(1)驾驶员行经立交桥下路段时观察不仔细。立交桥下路边有停放车辆,加之非机动车、行人穿行,造成驾驶员的视线关注点放在车辆前方;又因为桥下光线昏暗和护栏遮挡,道路两侧形成了驾驶员视觉盲区。

(2)驾驶员在绿灯放行驾驶车辆通过路口时,认为拥有绝对通行权,忽略了由西向东违法通行的行人,导致行人与车辆前部接触,倒地受伤。驾驶员安全行车意识缺乏,加之思维定式的影响,共同导致了事故的发生。

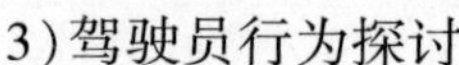

3)驾驶员行为探讨

(1)驾驶员防御性驾驶意识差。本案例中,事发路段为高速公路桥下区域,光线相对较暗;行车过程中,驾驶员遇固定物或车辆遮挡形成视觉盲区时,未能做到谨慎驾驶,细心观察,导致视线集中于南北方向的交通参与者,而疏于对东西方向交通参与者的观察。

(2)思维定式促使驾驶员“不假思索”。本案例中,驾驶员驾驶车辆行驶在公交专用道内,加之通过路口前,信号灯显示为绿灯,放松了警惕而对周围情况的观察不充分、不仔细,未充分预料到路口前可能有违法横穿的行人,在通过立交桥下路口时,未保持安全车速,在通过人行横道时,未减速让行。

交叉路口本身就是事故多发路段,本案例中驾驶员虽然按绿灯信号指示通行,却忽视了安全观察。驾驶员应当谨记,无论何时通过路口,都要注意减速观察,即便是绿灯也应如此,目的是预防其他车辆、行人的违法行为引发交通事故，避免给自己或他人造成伤害。本案例中驾驶员如果在通过路口时能够减速并仔细观察两侧情况，事故就有可能避免。

绿灯通行时也要预防危险交叉路口绿灯亮时，只代表可以通行，但并不意味着路口处安全无风险。在接近绿灯可以通行的路口时，驾驶员还应预测到可能存在以下情况：

(1)前方可能会有非机动车、行人违法横穿；

(2)前方车辆可能会突然变更车道，准备转弯或掉头；

(3)对向准备左转弯的车辆可能会占用部分直行车道或强行左转；

(4)对向直行车辆后方可能突然出现横穿的非机动车、行人；

(5)右侧车道有车辆等待右转时，其后侧车辆可能突然向左变更车道。

驾驶员应明白，绿灯亮时不能改变路口处固有的危险性质，因此，行经路口时一定要提前减速、仔细观察、全面预防险情。

4.5.2 案例2：路口超速抢行绿灯灯尾致行人受伤

1)事故经过

驾驶员驾驶公交车，由东向西行驶至某路口时，以43km/h的速度，抢行绿灯灯尾通过路口，导致车辆右前部与闯红灯进入路口的一名行人发生碰撞，造成行人受伤。事故现场示意图如图4-2所示。

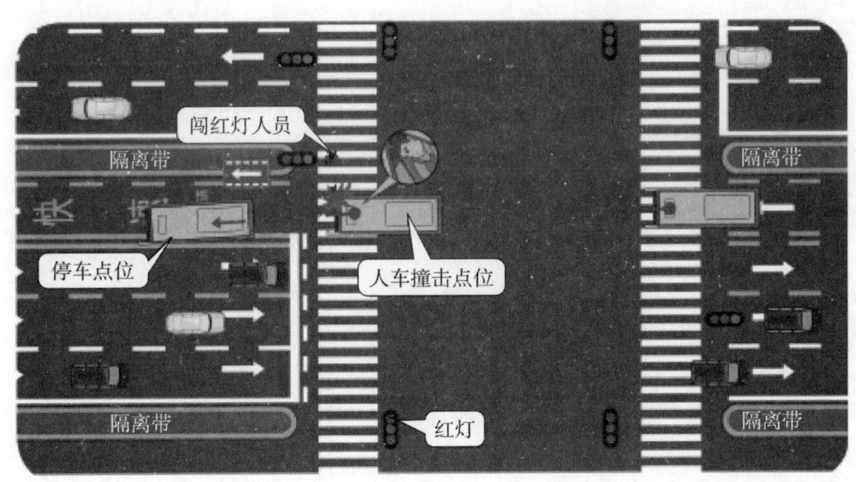

图4-2 事故现场图(二)

2)原因

(1)驾驶员在通过路口时，心态急躁，抢绿灯灯尾通行。

(2)驾驶员自认为熟悉道路环境，疏于观察，照顾不周；存在精神不集中、分心驾驶行为，没有及时观察其他交通参与者的动态，未做到防患于未然。

3)驾驶员行为探讨

本案例是一起非常典型的路口事故，暴露出驾驶员在驾驶车辆通过路口时存在盲目抢行、车速快(车速43km/h)、转移视线等多项违法违规行为,教训十分深刻。

驾驶员在通过路口时漠视路口通行管理规定,且盲目通过路口,未仔细观察横穿马路的行人动态,存在着急、抢行的行为。

驾驶员在通过路口时没有遵守企业制定的直行通过路口时不得超过25km/h的限速规定。分析CAN总线采集数据发现,车辆与行人接触时的瞬时速度达43km/h。驾驶员在通过路口时分心驾驶。在车辆与行人接触前,驾驶员曾向左转头,存在着驾驶过程中严重转移视线的行为;当驾驶员的视线回转向前时,车辆即与行人接触。

4.5.3 案例3:高速公路跟车过近致超车追尾

1)事故经过

驾驶员驾驶公交车由南向北在高速公路上行驶时,长时间占用中间车道,且与前车保持较近的距离。在经过某出口时,遇到前方一辆面包车突然制动并向右变更车道,公交车驾驶员立即决定从左侧超越面包车。但由于观察不仔细,错误估计了两车间的距离,导致公交车右前部与面包车左后部发生碰撞,造成面包车侧翻,面包车驾驶员被甩出驾驶舱受伤,面包车副驾驶员受伤,公交车和面包车损坏。事故现场示意图如图4-3所示。

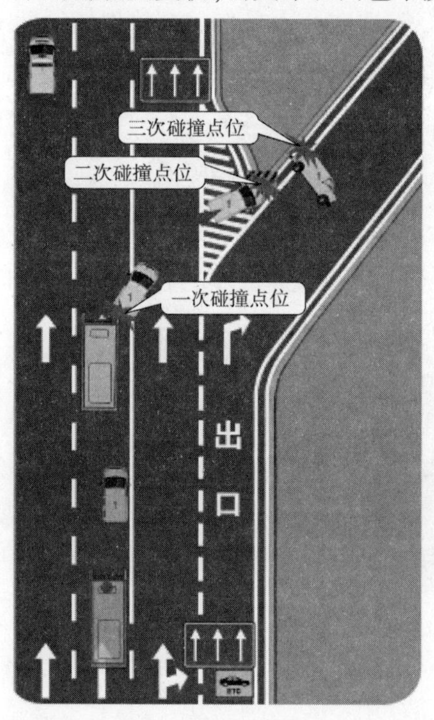

图4-3 事故现场图(三)

2)原因

(1)公交车驾驶员在超越前方车辆后,受右侧道路车辆影响,长时间在中间小客车车道内行驶,未遵守在高速公路上行驶时公交车靠右侧行驶的道路通行原则。

(2)公交车驾驶员与前车跟车距离过近,且在准备超越前方面包车时,错误地估计了两车之间的横向距离。

(3)驾驶员防御性驾驶意识不强,未能仔细观察高速公路港湾周边车辆的动态,警惕性不强。

3)驾驶员行为探讨

高速公路采用分车道形式,左侧车道为快车道,公交车等大型客车应靠右侧车道行驶,更不要长时间占用快车道。本案例中,公交车驾驶员守法意识不强,在高速公路上行驶,未遵守公交车靠右侧行驶的道路通行原则,长期在中间车道行驶,且保持了较快的行驶速度。

超车是行车过程中常见的一种驾驶行为,由于超车过程中需要占用对向车道,因此存在一定的安全风险。如果驾驶员不采取正确的超车方法,而从右侧超车、强行超车等,则容易引发事故。在高速公路上行驶,遇到前方或与自己并排的车辆突然减速时,千万不要试图超车。此时,要松开加速踏板,脚“备刹车”、随时准备制动。在高速公路上超车或变更车道时,最好通过鸣喇叭或变换远近光灯的方法来提醒周边车辆。本案例中,公交车驾驶员在发现前方面包车突然制动后，不顾与前方车辆较近的距离，盲目自信，错误判断横、纵向距离，选择强行超车，进而引发了追尾事故。

即学即用

1. 请简述任意三种公交车主动防御装置或系统的原理和功用。

2. 结合所学内容，联系你所在的线路，你认为在行车过程中都有哪些危险源？针对它们的防御性驾驶技术是什么？

3. 某驾驶员驾驶公交车由南向北行驶到某路段，长时间在左侧车道行驶，欲超越并行右侧公交车时（左侧为滨河公园），车辆左前角与站在道路中央黄实线处等待通过道路的两名行人发生接触，造成两名行人倒地受伤。事故现场示意图如图4-4所示。

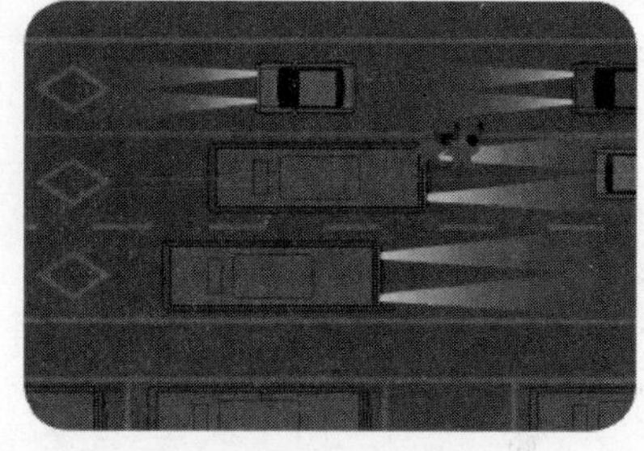

图4-4 事故现场图（四）

读完以上材料，请你分析该驾驶员驾驶过程中有哪些错误，针对这些问题，应该怎样运用防御性驾驶技术进行处理？

第 5 章 紧急情况处置

在遇到紧急、突发情况时,驾驶员要沉着冷静,机智应对,按照正确的应急处置原则,迅速判断险情,果断采取措施,妥善处置各类突发情况,将损失和危害降至最低。

5.1 紧急情况临危处置原则与方法

5.1.1 紧急情况处置原则

5.1.1.1 以人为本,生命至上

将驾乘人员的生命安全放在第一位,坚持先人后物、救人为主、减免损失原则,有效防范化解重大人员伤亡风险,切实把保护驾乘人员生命安全放在最高位置、作为最高准则,最大程度消除威胁人身安全的各类因素,减少事故损失。

运输途中遇乘客发生争吵

5.1.1.2 沉着冷静,准确判断

保持心态冷静、头脑清醒、反应迅速、处理果断的状态,根据实际情况迅速做出判断,及时采取正确处理措施,克服惊慌失措、犹豫不决等不利心态,避免错失处置时机;同时稳定乘客情绪,防止发生二次事故,保障乘客安全。

5.1.1.3 及时减速,规避风险

按照先制动、后转向让速不让道的原则,迅速降低车速,有效控制行驶方向,尽力控制安全风险,尽可能使车辆在碰撞前处于停车或低速行进状态,同时向其他交通参与者及时传递危险信号。

5.1.1.4 避重就轻,减少损失

事故发生不可避免时,对现场情况进行快速判断,按照损物保人的原则,采用危害较小或损失较轻的处置方案,尽可能减少事故造成的人员伤亡与财产损失。

运输途中遇醉酒乘客

紧急情况处理原则

紧急情况处理的步骤

乘客受伤

5.1.2 常见紧急情况处置方法

5.1.2.1 车辆爆胎的应急处置

车辆爆胎主要由于轮胎老旧、异物穿刺、轮胎残损、车辆超载、超速以及胎压过高或过低等情况导致。若车辆转向轮发生爆胎极易引发车辆失控,进而发生碰撞、侧翻等事故。车辆行驶中发生爆胎,驾驶员采取以下应急处置措施:

(1)如果转向轮发生爆胎,驾驶员应立即握稳转向盘,尽量控制车辆保持直线行驶,迅速放松加速踏板,采用“轻踩长磨”的减速方式,逐渐降低车速,如图5-1所示。选择安全地点靠边停车,打开危险报警闪光灯,在来车方向同车道按规定摆放安全警告标志,更换备胎。高速行驶时严禁紧急制动。

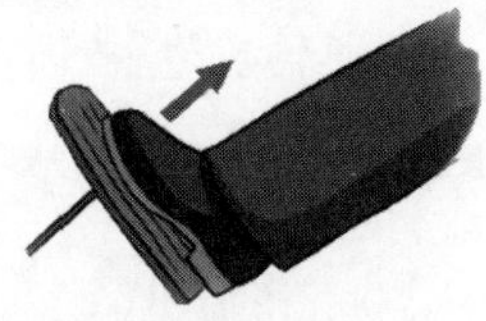

图5-1　车辆爆胎的正确处置方法

(2)如果车辆已偏离正常行驶方向,驾驶员可适当修正行驶方向,但严禁急打转向盘,防止车辆失控。车速明显降低后,可间歇轻踩制动踏板,就近选择安全区域停车。

(3)如果车辆后轮发生爆胎,驾驶员立即握稳转向盘,保持行车路线,间歇轻踩制动踏板,就近选择安全区域停车。

驾驶员在遭遇车辆爆胎时一定要沉着冷静,及时采取紧急避险措施,坚持安全第一的首要原则。关于爆胎,要注意以下几点:

(1)车辆高速行驶时发生爆胎,尽量避免使用行车制动器制动,以免车辆失控侧翻。

(2)在路侧临时停车更换损坏轮胎时,应选择相对安全的地方,做好前后方的警示提醒,摆好安全警告标志,具备条件的,可安排一人在车辆来车方向150m外路侧护栏外进行警示提醒。

(3)驾驶员在出车前、执勤中和收车后要特别针对轮胎进行例保检查。检查胎压,行驶过山路或较多石子路面后清理轮胎沟槽内石子,并检查胎侧。

(4)驾驶员要保持良好的驾驶习惯,守法驾驶,严禁车辆超载、超员、超速。

轮胎气压值的大小对行车安全非常重要,胎压过高易引起爆胎,胎压过低会增加行驶阻力、加剧轮胎磨损,导致早期损坏或其他故障。胎压监测系统可以对轮胎气压进行实时监测,并及时通过仪表台向驾驶员显示胎压信息,出现异常时自动报警,可方便驾驶员及时掌握胎压变化情况,以便及时检查并采取相应的处置措施。

爆胎应急安全装置能够在车辆转向轮轮胎破裂失压后,使车辆的行驶方向继续可控,制动性能稳定有效。此装置可在发生前轮爆胎后,给驾驶员赢得宝贵的处置时间,避免事故的发生。

5.1.2.2　车辆侧滑的应急处置

车辆在泥泞、湿滑的路面上快速行驶、紧急制动、急加速或猛转方向时,易发生侧滑,甚至会导致行驶方向失控,而向路边倾翻、坠车或与其他车辆、行人发生碰撞等事故。

当车辆侧滑时,应立即松抬制动踏板,迅速向侧滑的一方转动转向盘,并及时回转方向进行调整,修正方向后继续行驶。

车辆发生侧滑时,不要使用驻车制动,这项操作将会导致更加严重的后果。

当未配备ABS的车辆的前轮发生侧滑时,驾驶员应及时将危险警示信息传递出去,并果断地连续踩踏、放松制动踏板,平稳制动,尽快减速停车。

5.1.2.3　车辆侧翻的应急处置

车辆发生侧翻时,由于离心力的作用,驾驶员身体会向外飘起来,如图5-2所示。

图5-2　侧翻示意图

当车辆不可避免地发生侧翻时,驾驶员应果断采取应急处置措施。

(1)车辆不可避免地侧翻时,应双手紧握转向盘,双脚勾住踏板,背部紧靠座椅靠背,尽力稳住身体,随车体一起侧翻。

(2)车辆侧翻力度较大或向深沟连续翻滚时,应使身体迅速向座椅前下方躲缩,抓住转向盘管或踏板等将身体稳住,避免身体滚动受伤或甩出车外,导致被车辆碾轧。

(3)缓慢翻车有可能跳车逃生时,要向翻车相反方向跳车;切不可顺着翻车方向跳出,防止跳出车外却被翻滚的车辆碾压。落地前双手抱头,蜷缩双腿,顺势翻滚,自然停止,不要伸展手腿去强行阻止滚动,以免加剧损伤。

(4)在车中感到不可避免地要被抛出车外时,应在被抛出车厢的瞬间猛蹬双腿,增加向外抛出的力量,助势跳出车外。落地时,力争双手抱头顺势向惯性力的方向多滚动一段距离,以躲开车体,增大离开危险区的距离。

5.1.2.4　转向失控的应急处置

行车途中突发转向失控时,驾驶员要沉着冷静,判明险情程度,采取应急措施,切不可惊慌失措,贻误时机,使险情加剧。

转向突然失控时,驾驶员应按下列方法进行操作:

(1)立即松抬加速踏板,减挡减速,同时打开危险报警闪光灯,通过交替变换远/近光灯、鸣喇叭或打手势等,对道路上其他通行的车辆及行人发出警示信号。

(2)如果车辆和前方道路情况允许保持直线行驶时,驾驶员可均匀而用力拉紧驻车制动手柄(驻车制动器操纵杆)进行辅助制动。当车速明显降低时,再轻踩制动踏板,使车辆缓慢平稳地停下。

(3)当未配备ABS的车辆偏离直线行驶方向,事故已经无可避免时,驾驶员应果断地连续踏制动踏板,使车辆尽快减速停车,减轻车辆撞击时的力度。

5.1.2.5　行驶中突遇视线不良的应急处置

车辆行驶过程中,外在环境变化可导致驾驶员无法清晰观察车辆周围情况,常见的视线不良情形包括暴雪、暴雨、团雾等气象因素导致的道路能见度降低,以及夜间光照因素导致的可视距离不足。

(1)迅速降低车辆行驶速度,加大行车间距,严禁超车或变换车道,尽量选择中间车道或外侧车道行驶。

(2)握稳转向盘,连续平缓踩踏制动踏板,提醒后方车辆保持车距,避免追尾事故。

(3)能见度不具备安全行驶条件时,驾驶员应就近选择道路出口低速驶出,或驶入公路服务区停车。无法驶离道路时,可将车辆停靠于紧急停车带或应急车道,开启前后雾灯与危险报警闪光灯,人员撤至路侧或护栏外侧,等待能见度恢复,同时要按规定在车后方50~150m处摆放好警告标志(三角警示牌)。

(4)车辆发生事故无法继续行驶时,及时开启危险报警闪光灯,并在车辆后方放置警告标志。

夜间行驶遇照明不良路段时,驾驶员应保持精力集中,谨慎驾驶,避免交通事故。车辆行驶过程中,突遇暴雪、暴雨、团雾等导致能见度快速下降时,驾驶员要保持冷静,及时开启前后雾灯与危险报警闪光灯,能见度过低时也要开启示廓灯、近光灯,提高警示效果。

5.1.2.6 行驶中突遇车辆故障的应急处置

1)普通车辆突遇故障

(1)驾驶员起动车辆前,合上电源总闸,按下电源总开关,驾驶员将点火开关打开,发动机故障指示灯应点亮。如果灯不亮,说明故障指示灯电路有故障,发动机起动后,在正常情况下故障指示灯应自动熄灭,否则说明发动机电子控制系统有故障,应及时报修。

(2)自动变速车辆在运行过程中,如果发现车辆出现锁挡,不要马上将车辆熄火,应保持在当前挡位将车辆运行至适当停车位置或修理厂,如果此时将车辆熄火,重新起动时车辆可能无法入挡。

(3)车辆行驶中如发现燃气泄漏,应立即停车,关闭电源,并及时关闭储气瓶;如蜂鸣器报警提示,说明车辆某个总成机件发生故障,应立即停车检修,故障未解决严禁行驶。导致故障的原因可能是车速过高、发动机转速过高、气压过低、油压过低、冷却液温度过高、冷却液液位过低等。

(4)行车中冷却液温度过高时,应及时靠边停车,检查散热器及风扇或电磁风扇离合器,并使发动机怠速运转,等冷却液温度降低后再补充防冻液。禁止立即打开散热器或副散热器口盖补充防冻液,避免发生烫伤事故。

(5)车辆在行驶中转向机构发生异响、打摆、失灵等故障,驾驶员应立即缓踩制动踏板,靠边停车,及时报修。未修复不得挪动车辆。车辆在行驶中制动系统出现故障时,应及时将缓速器打开,并启动驻车制动,依靠储能弹簧的推动实现应急制动作用。

夜间发生行车故障时的安全处置

2)纯电动汽车突遇故障

(1)纯电动汽车某一蓄电池箱内有烟雾报警时,显示板上报警灯发出红色报警信号,并有蜂鸣报警声,说明对应蓄电池箱内有烟雾产生。驾驶员应立即停车,检查对应的蓄电池箱是否发生事故,及时报修并与技术人员联系。

车辆突然出现故障的应急处置方法

(2)纯电动汽车行驶中如发现有失控现象,应先切断自动空气断路器,然后用气制动停车,不能用关闭低压电气总开关的办法来关断控制器。

(3)如纯电动汽车自动空气断路器跳闸,未查出原因,不允许再合闸强行起动。

3)双源无轨电车突遇故障

(1)双源无轨电车发生故障无法正常行驶时,应靠边停车,拉下集电杆。如不能自修时,应立即通知调度和抢修。

(2)如行驶中发生架空故障,应立即向供电调度或本路调度报修。

(3)如行驶中发现电器有焦煳味,应靠边停车,拉下集电杆检查。如仅温度过高无明显过热痕迹,则可少用电、多用滑行到终点报修;如电器冒烟,故障已较严重,立即停车,拉下集电杆,打开车门疏导乘客下车,通知抢修,以防起火。

(4)如行车中电器起火,驾驶员必须冷静、沉着,立即停车,迅速打开车门,疏导乘客安全下车,并尽快拉下集电杆。乘客全部下车后,要立即切断低压总开关,以防高温下低压短路。尽快查清起火点,用灭火器扑灭。

(5)如发生乘客触电事故,驾驶员应迅速拉下集电杆,使伤者脱离电源,脱离电源时防止触电乘客摔伤。若触电乘客呼吸停止,心脏不跳动,如果没有其他致命的外伤,只能认为是假死,必须立即进行抢救,争分夺秒是关键,请医生和送医院过程中,不要间断抢救。抢救以人工呼吸法和心脏按压为主。

5.1.2.7 驾驶员发病的应急处置

行车中,驾驶员可能会突然出现眩晕、胸闷、气虚、腹部或胃部绞痛、冒冷汗等身体不适症状,如果盲目坚持驾驶,容易因注意力分散、对车辆的操控能力下降等引发事故。

运输途中发生驾驶员突发疾病或不适的应急处置方法

驾驶员突然感到身体不适时,应立即开启危险报警闪光灯,尽快选择安全区域靠边停车,拉紧驻车制动手柄(驻车制动器操纵杆),并告知乘客临时停车原因。

停车后,驾驶员及时采取自救措施,请乘务员或乘客协助按规定摆放危险警告标志并组织人员安全疏散。若自身病情无法得到缓解,应及时向运营单位报告现场情况及车辆停放位置,请求救援,并拨打120急救电话。

作为驾驶员,平日里预防突发疾病的措施如下:

(1)定期检查身体。驾驶员每年应进行一次职业性体检,以便早期发现与职业有关的疾病,及时治疗处理。

(2)出车前自查身体状况。驾驶员每次出车前应自查身体状况,不能在体力、精力不好的情况下勉强驾车,以免途中病情加重、情绪失控。

(3)做好自我保健工作。要加强营养,锻炼身体,增强体质,保持良好的身心状态。饮食要有规律,多吃高蛋白、粗纤维以及新鲜蔬菜、水果等富含维生素的食物,饭后应休息20~30min再开车,一方面有利于消化,另一方面可预防饭后困顿。保持充足的睡眠时间,确保睡眠质量。掌握有效的心理调节方法,自我疏导不良情绪。

5.2 高速公路紧急避险

由于在高速公路行车时车速较高，发生紧急、突发情况时，驾驶员要掌握高速公路行车避险的注意事项，采取恰当的处置措施，才能更好地应对险情。

险情的类型

5.2.1 突遇障碍物

车辆行驶过程中，突遇前车遗撒货物、掉落零部件或车道内有障碍物等，易导致车辆躲避不及撞击损毁或过度操作失稳侧翻。

车辆高速行驶过程中，突然发现前方车道内有障碍物时，驾驶员要首先降低车速，并观察前方物体及周边情况，车速不高且条件允许时，可以采取避让措施（图 5-3）；如高速状态下或周边条件不允许时，严禁急转转向盘避让。

图 5-3 避让障碍物

（1）握稳转向盘，立即制动减速，尽量降低碰撞瞬间的能量，同时迅速观察车辆前方和两侧的交通状况。

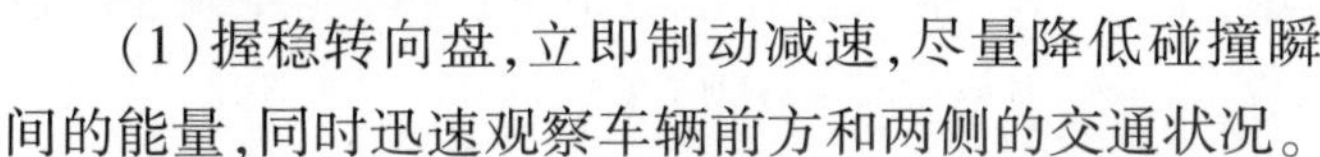

（2）车速明显降低时，采取转动转向盘绕过障碍物，转动转向盘的幅度不应过大，转动速度不应过快。

（3）若紧急制动后，不具备转向躲避条件，无法避免撞击障碍物的，建议用车辆正前方中间位置撞击，最大程度防止车辆因撞击造成旋转失控侧翻。

（4）车辆重心较高或车速较高时，急转向极易造成车辆甩尾或侧翻，严禁高速行驶的车辆采取急转向避让。

5.2.2 长大下坡制动失效

车辆在长大下坡路段行驶时，由于频繁使用行车制动器，致使车辆出现制动器工作不良或因热衰退出现制动失效现象，多发于山区公路等连续下坡路段。

行驶过程中出现行车制动器制动不良或失效时，驾驶员应采取以下应急处置措施：

（1）立即开启危险报警闪光灯，握稳转向盘，松抬加速踏板，抢挂低速挡减速。配备有发动机排气制动、缓速器等辅助制动装置的车辆，同时开启辅助制动装置。

（2）告知车内乘客扶稳坐好，充分利用紧急避险车道、坡道或路侧障碍物（如路侧护栏等）帮助减速停车。在不得已的情况下，可利用车厢靠向路旁的岩石、护栏、树林碰擦，甚至用前保险杠斜向撞击山坡，迫使车辆停住，以减小损失。

（3）停车后，在来车方向同车道摆放危险警告标志，在车轮下放置垫木或石块，防止车辆溜滑，及时查明原因，视情请求援助。原因未查明时，不应冒险继续驾驶。

图5-4　避险车道

避险车道(图5-4)是一条“救命道”,是专门为减慢失控车辆速度并使车辆安全停车设置的辅助车道。避险车道是上坡车道,表面为制动层,两边有护栏,路端有沙石坑或者铺满轮胎的防撞墙壁,并且连接着主车道。当车辆在行驶中突然制动失效或无法控制行驶速度时,可以开往避险车道应急避险。

5.2.3　隧道火灾

隧道火灾事故不可避免时,驾驶员应遵循“自救为主、外救为辅”的原则,积极组织开展自救逃生,通过驾乘人员协同合作,尽最大努力减轻事故的损失和后果。火灾发生初期以自救为主,当火势较大时以逃生为主。

鉴于隧道火灾的危险性及其特点,一旦驾乘人员发现自身车辆有起火迹象,如车内散发橡胶或塑料烧焦的味道,或者发机动舱盖有烟雾冒出等车辆自燃初期现象,驾驶员要保持镇定,切勿慌张,尽量不要将车辆停留在隧道内。若车辆无法驶出隧道,应尽可能停靠在隧道右侧的紧急停车带上,避免二次事故的发生。对于只能停留在行车道内的车辆,驾驶员应立即开启危险报警闪光灯,在第一时间将危险信号传递出去,提醒其他车辆注意。然后穿上反光背心,在保证自身安全的前提下,在来车方向150m以外设置危险警告标志。

驾乘人员应及时使用隧道内手动报警按钮、紧急电话,或用手机拨打“12122”报警请求救援。报警内容包括隧道名称、隧道方向、隧道起火距离、火势大小、燃烧物、报警人姓名、报警人联系方式。

对于长大隧道及隧道群,通常会设有隧道中央控制室对隧道内部情况进行全天24h视频监控。一旦隧道内发生火灾,驾乘人员报警求援应优先使用手动报警按钮和紧急电话,向隧道中央控制室报告。中央控制室管理人员收到报警后会通过隧道视频监控系统及时确认,通过沿线可变信息标志、隧道广播设施、车道指示器等方式向现场人员提示告警信息,并在第一时间向相关部门报告情况,采取相应处置措施。

在隧道内逃生时,驾乘人员应沉着冷静,听从隧道运营管理单位的统一指挥和引导,如根据隧道FM调频广播等隧道广播设施,驾驶车辆向前驶出隧道或根据指挥及时掉头驶离危险区域;同时按照沿线信息提示,如可变信息标志、车道指示器等,利用隧道之间的车行横通道或洞口撤离至安全区域。

车行横通道的防火门通常采用卷帘门的形式,正常情况下处于关闭状态,发生紧急情况时可通过隧道中控室远程控制开启,或由逃生人员在卷帘门处按动开启按钮自动打开,或采用手动方式,按住把手用力向上提即可打开。

隧道内火灾事故最危险的不是火,而是烟。特别是在长隧道内发生火灾事故,驾乘人员容易在浓烟中窒息和中毒。逃生时,驾乘人员应做好个人烟雾防护,用水沾湿手巾或衣物

(可用矿泉水或隧道内消防水)捂住口鼻,借以滤烟防毒,并俯身往上风方向快速行走(或快速爬行)。同时严禁高声喊叫,否则,会吸入较多的烟雾和有毒气体。

隧道内的常见标识有如下几种。

(1)疏散标识。

疏散标识(图5-5)设置于隧道两侧墙上,每隔50m设置一处,标识上两侧数字代表距两侧疏散通道的长度,逃生时可根据疏散标识上的指示,向最近的疏散通道或出口逃生。

(2)紧急停车带标识。

紧急停车带标识(图5-6)主要是用在隧道中指示驾驶员在遇到紧急情况时在何处可以暂时停车,是每一个隧道必不可少的一种安全指示标识。

(3)紧急电话标识。

紧急电话标识(图5-7)位于行车方向右侧,当在隧道内遇到事故时,第一时间,按下绿色按钮,就可直接与隧道管理人员通话,请求救援。

图5-5 疏散标识

图5-6 紧急停车带标识

图5-7 紧急电话标识

(4)消防设备标识。

消防设备标识(图5-8)设置于消防设备箱上方。在隧道内,每隔50m就设有一处火灾报警按钮。同时设有消防设备箱,箱内设有干粉灭火器、消火栓、泡沫灭火装置。在隧道内遇到火灾事故时,驾乘人员可直接取出使用。

(5)手动报警按钮。

手动报警按钮(图5-9)通常设置在隧道行车方向右侧(若其防护等级低,置于防护箱内),设置高度为1.3~1.5m,设置间隔约50m,与消火栓、灭火器等消防设备配合设置。手动报警按钮主要用于隧道内发生火灾时,现场人员向中央控制室报警。

图5-8 消防设备标识

图5-9 手动报警按钮

5.3 乡村、山区道路紧急避险

5.3.1 乡村道路紧急避险

乡村道路上坑洼、碎石等障碍物较多,行驶速度不能过快,否则车辆震动加剧,不仅造成车辆传动系统、行驶系统等机件损坏,而且直接威胁行车安全。特别是雨天在有积水和泥泞的路段行车,更要稳住加速踏板、控制车速,使用中低挡位,需减速时也要靠减小加速踏板踩踏力度或降低挡位来控制。

路面上有坑洼、乱石时,应考虑到车辆的离地间隙,转动转向盘小心避让。在通过松软、泥泞、积水路段时,应特别谨慎,必要时应先下车观察,当判明车轮确实不会陷入泥土中时,方可挂低挡缓速通过。新开通的土路,若路面有车辙,应尽量沿着车辙行驶,不可盲目冒险。

无论是晴天还是雨天,下坡时都应选择中低挡位,松抬加速踏板缓速下坡,而不得空挡溜坡。因为土路上坑洼、乱石较多,情况复杂,下坡途中常需制动减速来避让,特别是有些土路下坡途中有急弯,若空挡溜坡,制动时极易造成车辆跑偏、甩尾甚至翻车的重大事故。

行车过程中不要与前车跟得太近,以免晴天前车扬起的灰尘或雨天溅起的泥水遮挡视线。遇有会车时,应注意观察路面,特别是大雨中不要太靠近路肩,以防压塌路肩发生事故。

当前轮侧滑时,应稳住加速踏板,纠正方向驶出。当后轮侧滑时,应将转向盘朝侧滑方向转动,待后轮摆正后再驶回路中。遇下坡中后轮侧滑时,可适当踩一下加速踏板提高车速,待侧滑消除后再按原车速行驶。

很多乡村道路是双向单车道,靠右侧行驶容易与行人或非机动车发生碰撞,因此,在没有隔离带和中央分道线的公路上,可靠道路中间行驶,保持匀速行驶,车速控制在40km/h以内。但是在双向车道、施划了分道线的公路上,应按照同行规则靠右侧行驶。

坠车

突遇自然灾害

5.3.2 山区道路紧急避险

因山区道路地形复杂,路面崎岖不平、坡陡弯急和气候变化无常,相较平路驾驶,其驾驶特点与危险性均非同一般。有时路面松软黏稠,行驶阻力大,要防范行驶中车辆侧滑而引发交通事故,驾驶员必须停车察看、控制车速,并掌握匀速一次性通过等技能要防范山路行驶中的不测。驾驶员必须充分做好进入山区道路前的准备(物品、车检、气候调查、路线、休息),进入山区道路要注意主动避让、适时鸣喇叭,以确保山路行车安全。

5.4 自然灾害与恶劣天气紧急避险

自然灾害要以预防为主,预防与应急相结合。发生自然灾害时,公交车正常运行受到严重影响,可能引起车辆碰撞、侧翻、落水等突发事件,引发重大人员伤亡和财产损失。接收到相关部门发布的自然灾害预警信息时，驾驶员要予以重视，提前做好应急准备。遇到突发自然灾害时，驾驶员要沉着冷静，做好现场应急处置，及时报警并向所在单位报告，寻求救援。

5.4.1 地震

地震是一种危害严重的自然灾害，会造成建筑物与构筑物的破坏，如房屋倒塌、桥梁断裂、道路严重损毁，山区公路还会出现山体滑坡、塌方等地质灾害，交通有可能被中断。公交车行驶途中如遇严重地震，会因猛烈晃动而失控，发生碰撞、侧翻、被高空坠物砸到等危险。

发生地震时，驾驶员要立即减速停车，将车上人员疏散至开阔地带；如正行经桥梁、立交桥、隧道中，则应尽快驶离；注意地面开裂、下陷情况，不要落入其中；注意山崩，避免被落石击中。

5.4.2 泥石流

泥石流经常发生在峡谷地区和地震多发区，在暴雨期具有群发性。泥石流发生前有以下征兆：河流突然断流或水势突然增大，并夹有较多柴草、树枝；深谷内传来似火车轰鸣或闷雷般的声音；沟谷深处突然变得昏暗，并有轻微震动感等。

在泥石流多发地区，遇大雨或连续阴雨天气时，驾驶员要特别留意发生泥石流的可能性。行驶途中遭遇泥石流时，要立即安全停车，组织乘客往泥石流上游方向树木生长密集的山坡上逃生。

5.4.3 台风

在台风天气中行车，由于风力的作用，车辆行驶稳定性下降。台风登陆时往往伴随大雨，严重影响驾驶员的行车视线，而且由于路面湿滑，车速过快或采取紧急制动措施时会有侧滑的危险。此外，在靠近大型广告牌、树木、电线杆、住宅楼等地带，容易因坠物、倒塌等引发险情。

驾驶员要适当降低车速，握稳转向盘，防止因横风作用致使行驶方向偏移，尽量减少超车，保持车辆间安全距离（图5-10）。正确辨认风向，如果是逆风行驶，要注意风向突然改变或道路出现较大弯度时，风阻突然减小，车速将猛然增大。大型车辆、自行车、三轮车、摩托车等受风力作用稳定性变差，与其相遇时，要适当增大安全距离，防止这些车辆来回摆动发生擦碰。握紧转向盘、控制好行驶方向，低速行驶到背风处停车。

图5-10 保持车辆间安全距离

5.4.4 洪涝

落水

发生洪涝灾害时，道路积水严重，道路甚至可能被冲毁。若不注意观察水深，涉水通过积水路段可能会导致公交车熄火、被淹或被洪水冲走。

日常要注意观察易积水路段,在发生洪涝灾害时做到心中有数。同时实时了解调度指挥中心发出的路况信息,根据指令采取改道、区间运行或临时停运等措施。

涉水行进时尽量放慢速度,注意观察道路积水情况,若水深已超过半个轮胎高度,要报告调度部门,获批后绕道行驶。若不能绕道则选择安全区域停车等待,并向乘客说明情况,获得乘客的理解。

若公交车因盲目涉水行驶,熄火停留在积水中,外部的积水会快速涌入车厢内且不断上涨。驾驶员和乘务员要保持冷静,告知乘客不要慌张,尽快打开车门、安全顶窗,或者利用安全锤等尖锐物敲碎车窗,组织乘客从车厢内逃离,同时要拨打122或110报警电话,并向运营单位报告。

5.4.5 冰雹

冰雹灾害会使公交车的车身损坏,如果车速过快冰雹还可能会砸碎风窗玻璃,造成车内人员受伤。冰雹也会使路面湿滑,进而影响公交车的行车安全。

图5-11 冰雹天减速慢行

如图5-11所示,因地面积雹会降低公交车制动效能和行车稳定性,驾驶员要减慢车速,必要时靠路边安全停车,向乘客解释情况,获得乘客的理解。

5.4.6 大雪、暴雪

遇冰雪天气时,应提前准备防滑链、防滑沙等防滑物资,视雪情、路情应急使用。当道路不能达到安全通行条件时,应立即靠边停车,开启危险报警闪光灯,在距车辆20m处放置安全警告标志。向乘客做好解释工作,视情将乘客疏散至安全区域。应立即向“110”报警,同时向单位报告,请求救援,防止发生次生事故。

自动变速车辆行驶在冰雪或湿滑路况时,应关闭缓速器启用开关,防止侧滑。

5.4.7 雾霾、沙尘

能见度小于200m且大于或等于50m时,应开启雾灯和危险报警闪光灯,并将车速控制在20km/h内。能见度小于50m且大于或等于10m时,应开启雾灯和危险报警闪光灯,并将车速控制在5km/h以内,以路边电线杆、路沿等明显物体为参照物,在规定车道内谨慎驾驶,确保行车安全。能见度小于10m时,车辆应选择安全地点停运,开启雾灯和危险报警闪光灯,防止发生次生事故。

当行驶中,观察到前方有“团雾”发生视线受阻时,应立即采取减速措施,确保车辆平稳停车,并留有余地。进入“团雾”前,如距离和车速都能满足变道条件,在确保安全的前提下,打开信号灯,减速驶入最右侧车道。这样做的目的是,万一前方发生事故堵车,能迅速进入应急车道避让通过,避免发生后车追撞。

雾天途经长下坡路段时,应加强观察,减慢至适当车速平稳通过,没有情况不要紧急制动。

遇前方堵车，除非在最右侧车道能无障碍进入应急车道避让通过外，不要再尝试变换车道。

遇"象鼻形"雾气当能见度降到200～300m时，会突然出现一个短暂回升期，约在10min的时间内，能见度会回升到600～700m，表面上看，雾像是要散去的样子，但0.5～2h内，能见度会迅速下降到100m以下，对交通构成极大的威胁。因此，驾驶员在遇到浓雾突然降临，来不及进入就近的服务区时，应尽快把车停靠在高速公路路肩上，打开雾灯、示廓灯和后位灯。等到视线恢复到一定程度时，尽快离开路肩，或根据实际情况到服务区找安全地带停靠。

在雾区急转弯路段行车时，一般不要猛踩或者快松加速踏板，更不能紧急制动和急打转向盘。如果认为确需降低车速时，先缓缓放松加速踏板，然后连续几次轻踩制动踏板，达到控制车速的目的。

途经"S"形道路，车辆应该尽量避开清晨和午夜雾气多发时段；如进入有雾区域，应尽量使用近光灯，这样，可以看清楚地面的标线，沿着标线保持方向，防止跑偏；在不确定前方情况时，用好汽车喇叭也很重要，防止追尾事故的发生。

即学即用

1. 简述紧急情况临危处置原则。
2. 简述常见紧急情况处置方法。
3. 简述高速公路紧急避险注意事项。

第 6 章 行车事故处置

发生紧急情况时，驾驶员不能慌乱、不知所措，要冷静机智，保持头脑清醒，迅速判断事故原因，通过喊话、鸣喇叭、开启危险报警闪光灯、挥手示意等方式，第一时间把危险信号传递给车上乘客、车外其他车辆和行人，提醒车上乘客及时采取自救措施，提示其他车辆和行人注意避让。若事故已经发生，要积极组织乘客有序疏散，帮助乘客自救、互救，减少伤亡。

6.1 事故现场临时处置

6.1.1 事故通用处置程序

遇车辆发生伤人交通事故，针对不同的突发情况，驾驶员在处置过程中，遵循基本通用处置程序，采取相应处置措施。处置程序的先后顺序，可结合现场情况灵活应对、相应调整。

(1)减速停车。发生突发情况时，驾驶员要控制好转向盘，使车辆直线行驶，将车辆停至安全停车区域，尽量避开人群集中区域。车辆停稳后，迅速关闭点火开关，拉紧驻车制动手柄(驻车制动器操纵杆)，开启危险报警闪光灯，夜间或视线不良天气条件下还需开启示廓灯和后位灯。

(2)警示。驾驶员应穿好反光背心，一般道路上，在故障车辆来车方向同车道 50 ~ 100m 处摆放危险警告标志。城市快速路和高速公路上，在故障车辆来车方向 150m 外摆放危险警告标志。夜间摆放危险警告标志的距离还应适当增加。在转弯路段，可视情在车辆前、后方均摆放危险警告标志。

(3)逃生。驾驶员第一时间开启车门，组织乘客有序下车，尽快撤离危险区域。遇车门无法打开时，指导乘客通过应急门、应急窗、安全顶窗或使用应急锤等尖锐器械击破车辆侧窗进行逃生。告知乘客切勿留恋财物。火灾逃生时，应注意做好个人防护。驾驶人员不应先于乘客撤离现场。

(4)疏散。及时将逃离事故车辆的乘客疏散到车后 100m 以外的右边路侧的安全区域，避免二次事故的发生。发生事故车辆无法移动时，驾驶员应在确保安全的前提下，迅速将车上、车下人员转移到右侧路肩上或应急车道内等安全地段；发生事故造成人员受伤且无法活动的，应确保其人身安全，避免受到二次伤害。

(5)事故报告。

(6)救助。按照先救命、后治伤的原则,根据人员伤情及施救者医学掌握程度进行科学有效施救,切忌随意移动、拉拽、摇晃伤员,不能施救时应耐心等待医生救护。存在火灾、爆炸等危险时,应采取正确的搬运方法,及时将伤员转移到安全地带。对于急需救治的伤员,及时求助过往车辆送至最近医院。为保障事故伤者第一时间得到救治,伤情况轻微不影响活动的,互留联系方式后,分乘交通工具自行前往就近或急救专科医院就诊;伤情较重、活动受限的,拨打急救电话,由急救人员送往就近或急救专科医院就诊。

(7)现场保护。在保证自身安全情况下,可使用相机或手机,从车辆前方、侧面和后方对事故相关车辆的位置、受损部位及受损程度等事故现场情况做好拍摄记录。因抢救伤员而变动现场的,应标记伤员的原始位置。遇不良天气条件可能会对事故现场重要痕迹、物证造成破坏的,采用塑料布等对现场血迹、制动印痕、散落物等进行遮盖。

车辆运行当中发生轻微剐蹭事故时,驾驶员应第一时间停车、拉驻车制动手柄(驻车制动器操纵杆)、挂入空挡或驻车挡、开启危险报警闪光灯、将车辆熄火、在车后来车方向设置警告标志;在车内查看、询问车内人员受伤情况;到车下查看人员受伤情况及车辆受损情况;确认交通事故中无人员受伤,仅造成轻微财产损失,车辆可移动,符合快速处理条件的,要按相关规定快速处理,现场拍照、相互记下车牌号和联系方式后,在确保安全的情况下,迅速将车辆撤离事故地点,将车辆停在安全路段协商解决。

公交车之间发生轻微剐蹭事故,符合快速处理条件的,要按相关规定快速处理。现场拍照、相互记下车牌号和联系方式后,在确保安全的情况下,迅速将车辆撤离事故地点,回单位解决。早、晚高峰时间,主要交通干线、重要连接线、交通堵点、环路进出口等敏感地区,要快速处理,迅速撤离现场,原则上不超过5min。事故造成多名乘客有就医需求的,准确完整记录乘客姓名、身份证号、联系方式、初步伤情。对于伤情况轻微不影响活动的,引导其分乘交通工具自行前往就近或急救专科医院进行就诊,并及时关注其伤情况变化。伤情较重、活动受限的,拨打急救电话,由急救人员送往就近或急救专科医院进行就诊。

6.1.2 事故报告的内容

驾驶员在行车过程中发生事故,应当立即向运营单位负责人报告,报告的内容包括:

(1)事故的简要经过,事故发生的时间、地点、车号、行驶方向、伤亡情况上报公司分公司。

(2)视情拨打122报警电话(高速公路拨打12122),上报事故发生时间和地点、车辆号牌、人员伤亡和损失等情况。若车辆着火燃烧,同步拨打119火警电话。若出现人员伤亡,同步拨打120急救电话。

(3)事故已经造成或者可能造成的伤亡人数(包括下落不明的人数)和初步估计的直接经济损失。

(4)已经采取的措施。

(5)其他应当报告的情况等。

不得谎报、瞒报事故

事故报告应当及时、准确、完整,不得迟报、漏报、谎报或者瞒报,否则将承担相应的法律责任。

6.1.3 事故现场处置方法

如果发生的是一般交通事故,即未造成人身伤亡或仅造成轻微财产损失,当事人对事实及成因无争议且车辆可以移动的,应当在确保安全的原则下,对现场拍照或者标划事故车辆现场位置后,立即撤离现场,尽快恢复交通,自行协商达成协议,填写道路交通事故损害赔偿协议书,并共同签名。若当事人对交通事故事实及成因有争议,应保护好现场,然后立即报警,同时向所在企业报告事故情况。交通事故简易处理方法见表6-1。

交通事故处置程序及要点

交通事故简易处理方法　　表6-1

事故现场处理	基本条件
事故当事人自行解决	(1)交通事故未造成人员伤亡。 (2)当事人对事实及成因没有争议。 (3)当事人自愿自行协商处理损害赔偿事宜。 (4)当事人必须记录交通事故的相关信息,并共同签名后才可以撤离现场
公安机关交通管理部门使用简易程序处理	(1)交通事故未造成人员伤亡,当事人对事实及成因有争议,不即行撤离现场或者自行撤离现场后,经协商未达成协议的。 (2)受伤人员认为自己伤情轻微,当事人对事实及成因无争议,但是对赔偿有争议

损害赔偿协议书内容包括事故发生的时间、地点、天气、当事人姓名、机动车驾驶证号、联系方式、机动车种类和号牌、保险凭证号、事故形态、碰撞部位、赔偿责任等内容。

如果发生较大交通事故,要注意保护好现场,并迅速报警。若有人员受伤,应立即拨打急救电话求援,在具备救治能力的前提下,视情况开展必要的抢救措施。因抢救受伤人员需要变动现场时,要标明位置。若有火灾隐患或危险品泄漏时,还应立即拨打122、120或119等报警、救援电话,说明事故情况、事故危害,并在现场采取一切可能的警示措施,积极配合有关部门进行处理。

报警时,需要说明的有关信息主要包括:

(1)报警人的姓名、联系方式。

(2)发生道路交通事故时间、地点。

(3)人员伤亡情况。

(4)车辆类型、车辆牌号,是否载有危险物品及危险物品的种类等。

(5)涉嫌交通事故逃逸的,还应当说明发生交通事故车辆的车型、颜色、特征及其逃逸方向、逃逸驾驶员的体貌特征等有关信息。

提示:

有当事人故意破坏、伪造现场、毁灭证据的,当事人将承担全部责任。

6.1.4 事故现场处置程序

道路交通事故有下列情形之一的,应当立即报警并保护现场等候处理,不得驶离:

(1)造成人员死亡、受伤的。

(2)发生财产损失事故,当事人对事实或者成因有争议的,以及虽然对事实或者成因无争议,但协商损害赔偿未达成协议的。

(3)机动车无号牌、无检验合格标志、无保险标志的。

(4)载运爆炸物品、易燃易爆化学物品以及毒害性、放射性、腐蚀性、传染病病原体等危险物品车辆的。

(5)碰撞建筑物、公共设施或者其他设施的。

(6)驾驶员无有效机动车驾驶证的。

(7)驾驶员有饮酒、服用国家管制的精神药品或者麻醉药品嫌疑的。

(8)当事人不能自行移动车辆的。

根据《道路交通事故处理程序规定》(公安部令第104号)的相关规定,道路交通事故处理程序如图6-1所示。

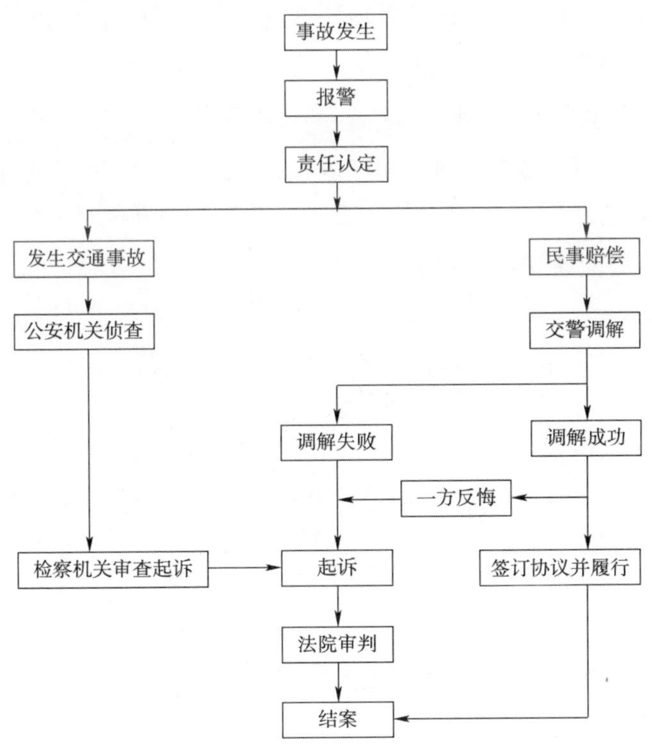

图6-1 道路交通事故处理程序

(1)受理报案。公安交通管理部门接到当事人或其他人的报案之后,按照管辖范围予以立案。

(2)现场处理。公安交通管理部门受理案件后,应立即派员赶赴现场,抢救伤者和财产,勘查现场,收集证据。

(3)责任认定。在查清交通事故事实的基础上,公安交通管理部门根据事故当事人的违章行为与交通事故的因果关系、作用大小等,对当事人的交通事故责任作出认定。

(4)裁决处罚。公安交通管理部门应依据有关规定,对交通事故责任人予以警告、罚款、暂扣、吊销驾驶证或拘留的处罚。

(5)损害赔偿调解。对交通事故造成的人员伤亡及经济损失的赔偿,按照有关规定和赔偿标准,根据事故责任划分相应的赔偿比例,由公安交通管理部门召集双方当事人进行调解。双方同意达成协议,由事故调解人员制作并发出损害赔偿调解书。

(6)向法院起诉。如双方当事人在法定期限内调解无效,公安交通管理部门将终止调解,并发出调解终结书,由当事双方向法院提起民事诉讼。

6.1.5 事故现场照片的拍摄

6.1.5.1 照片体现事故现场,事故因果

拍摄事故现场全景照片时,要注意对准事故车辆整个车身拍照。拍摄周边参照物时,要求能准确表达事故的发生地点和周围的环境特征,清晰拍出车辆边上的各种交通标志、标线等重要证据。

配合事故调查处理

6.1.5.2 事故车辆,多角度拍摄

对事故车辆进行多角度拍摄,拍摄的照片必须多于两张,且正反两面拍照。多辆车辆事故,要拍出车辆之间的位置关系以及相对道路的情况。

6.1.5.3 车辆损毁细节,着重拍摄

1)碰撞处

将碰撞处拍清晰,至少拍摄两张照片,要包括近景和远景。近景照片一定要拍清楚碰撞的痕迹和深度。

拍照记录的注意事项

2)制动痕迹

事故发生时,一般会有制动操作,一定要拍摄清楚制动痕迹的长度、位置以及颜色的深浅,这是表明事故原因的主要证据。非单方事故,需拍摄清楚所有车辆的制动情况,对应道路的位置情况也要在照片中体现。

3)标记车轮位置

可以在车中放置几根粉笔,或者能够做记号的东西,若发生事故可用来标出车轮位置。

4)事故现场落物

车辆碰撞后如地面有散落物,比如漆片、零件等,也能作为撞击情况部分依据,注意拍摄时要能反映散落物的相对位置,要有参照物。

5)整车照的拍摄方法

整车照是事故的特定类型照片,不可或缺。它能直接反映车辆个体的细节特征,是识别

车辆个体的重要信息途径。如:车尾的型号字标、轮眉及大包围等改装件、前风窗玻璃的年检标志、交强险标志等。

拍摄整车照时,要求车牌、全车外观、损失部位三者能够同时在照片中得到最大程度的展示。

基本方法:镜头中心线与车身侧平面成45°,镜头高度以略微俯视为宜。

6.1.5.4 不同类型事故拍摄技巧

1)追尾事故

绝大多数的追尾事故均为后车负全责,此时需要拍摄的照片包括:车头45°、车尾45°、碰撞示意图、碰撞细节以及追尾车号牌(图6-2)。

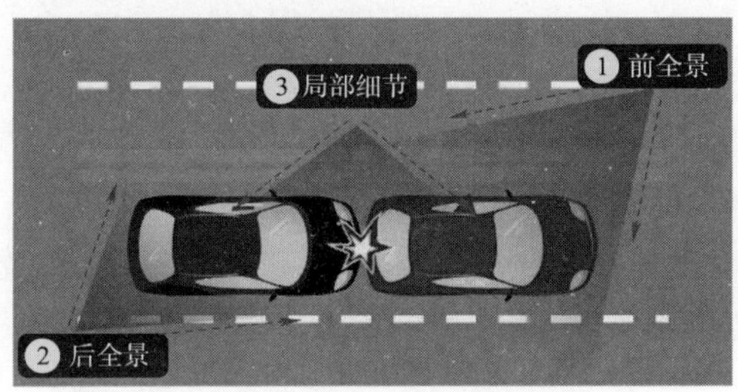

图6-2 追尾事故拍摄方法

2)变道事故

变道事故则为违规并线车辆全责,此时需要拍摄的照片包括:两车道路正前方、两车道路正后方、两车碰撞示意图、两车碰撞细节以及违规变道车号牌(图6-3)。

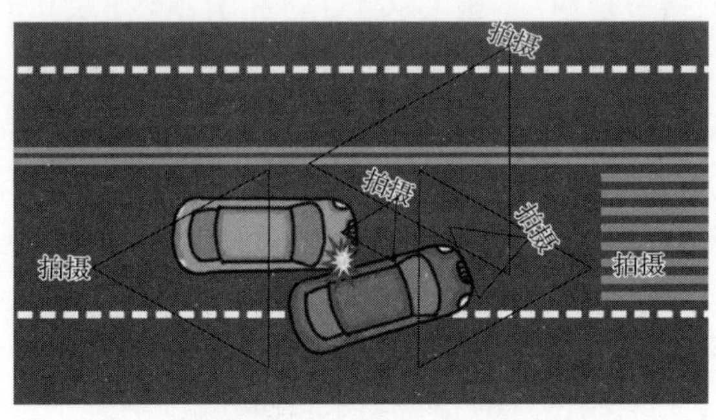

图6-3 变道事故拍摄方法

3)逆行事故

逆行造成发生交通事故的当然由逆行一方承担全责,此时需要拍照的图片包括:道路标识行车方向与辆车位置示意图(车头、车尾各一张)、两车碰撞示意图以及两车碰撞细节(图6-4)。

4)道路有障碍物事故

当道路有障碍物时,无障碍的一方需要让行有障碍的一方;但无障碍的一方已经取得路权正在通过障碍时,有障碍的一方需要让行。另外,如果有交警引导通行,需要按照交警的指引前行。道路有障碍物的交通事故拍照图片包括:有障碍一方车辆位置示意图(同时包含车辆和障碍物)、两车碰撞示意图、两车碰撞细节以及对方车辆牌号。

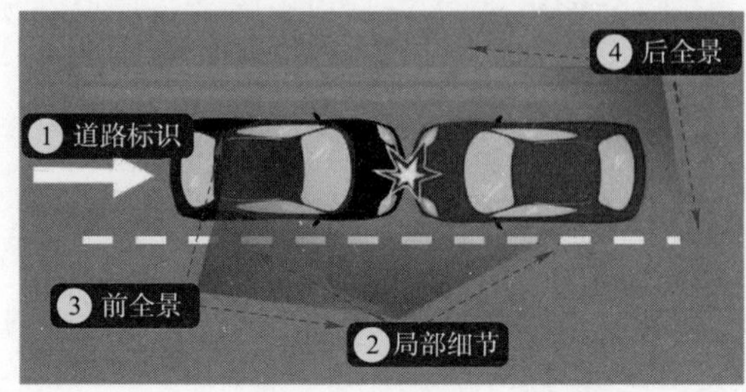

图 6-4 逆行事故拍摄方法

5)上下坡交通事故

上下坡时,如果为狭窄道路,下坡的一方要让行上坡的一方;如果下坡的一方已经取得路权正在下坡,那么上坡的一方应该给予让行;如果有交警引导通行,需要按照交警的指引前行。上下坡交通事故交通事故拍照图片包括:上下坡道路事故位置示意图、两车相对位置(上下坡)照片、两车碰撞示意图、两车碰撞细节以及对方车辆牌号。

6)其他事故

其他类的事故需要具体状况具体对待,此时需要拍摄的照片包括:两车道路位置示意图、两车碰撞示意图以及两车碰撞细节。

(1)交叉路口事故:发生在交叉路口、环岛、高架桥进出口等类似地点的事故,最少拍五张照片,分别为:①车头(前全景);②车尾(后全景);③碰撞处局部细节照;④涵盖信号灯情况的照片;⑤路口两车的位置情况(位置 1、2、3、4),如图 6-5 所示。

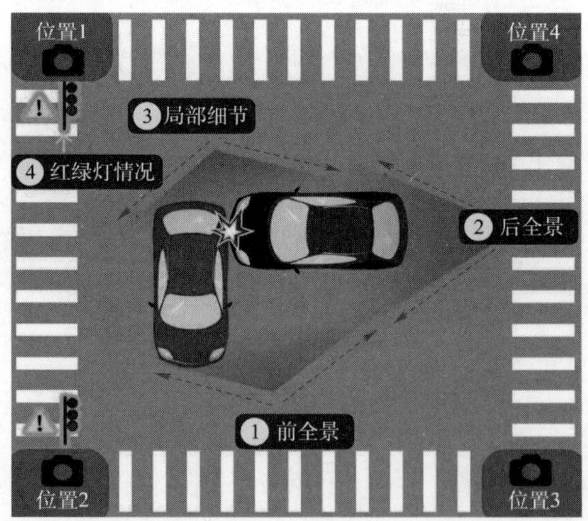

图 6-5 交叉路口事故拍摄方法

(2)变道引发的事故,此时需要拍摄照片包括:①一张车头(前全景);②一张车尾(后全景);③一张碰撞处局部细节照。

车头、车尾要特别注意，最好是正前方和正后方拍摄，同时一定要把标线（实线、虚线、虚实线等）拍清楚，以方便交警判定变道事故责任（图6-6）。

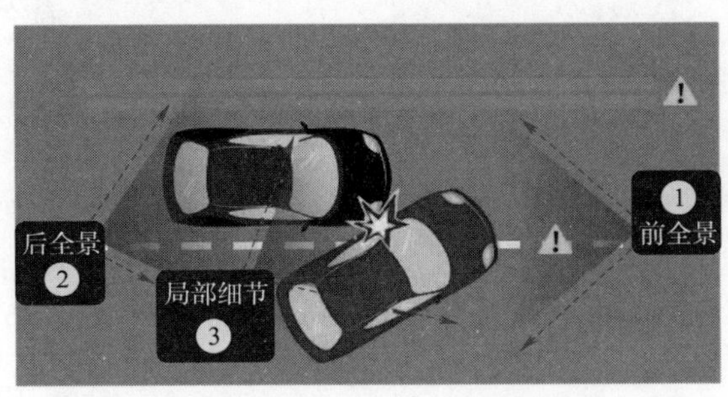

图6-6　变道引发的事故拍摄方法

6.1.6　车辆发生交通后的处置

6.1.6.1　车辆碰撞事故后的处置

在车辆行驶过程中，因驾驶员存在超速行驶、疲劳驾驶等违法违规驾驶行为，或因路面湿滑、视线不良、车辆制动失效等，极易导致车辆发生碰撞事故。车辆碰撞情形表现为正面碰撞、追尾碰撞和侧面碰撞等险情。车辆发生碰撞时，驾驶员按照“碰撞时自救、碰撞后逃生”的先后处置程序，进行应急处置。首先确保发生碰撞时尽量减少人员伤亡，然后尽量采取措施顺利逃生，并及时报警、报告。

（1）车辆碰撞时自救。侧面碰撞时，驾驶员要握紧转向盘，其手臂稍微弯曲，以免肘关节脱位；身体向后倾斜，背部紧靠座椅靠背，同时双腿向前挺直抵紧驾驶室底板，使身体固定在车内。

正面碰撞或追尾碰撞时，如果碰撞不可避免，且撞击方向在驾驶员一侧，在迎面相撞发生瞬间，驾驶员要迅速抬起双腿，双手放掉转向盘，身体向右侧卧，以避免身体被转向盘挤压受伤，同时提醒乘客抓紧座椅，身体靠紧椅背，防止因碰撞反弹力受伤。

（2）车辆碰撞后逃生。驾驶员第一时间打开车门，组织人员疏散逃生。若因车门变形、物品堵塞等造成车门无法开启时，可从应急门窗、安全顶窗（图6-7）或采用应急锤击破应急窗玻璃等，组织乘客逃生。

（3）及时报警、报告。驾驶员在做好车上人员疏散后，应立即拨打122报警电话（在高速公路拨打12122），报告事故相关情况，并向所属企业、所在地相关管理部门报告。

6.1.6.2　车辆发生交通事故后起火的处置

公交车着火后，火势蔓延非常快。发现公交车车厢内出现焦煳等异味、烟气或者火苗等初期着火迹象后，驾驶员要在确保安全的前提下，迅速组织人员自救：

（1）立即安全停车，迅速打开全部车门（车门无法正常打开时，通过操纵应急阀打开或利用安全锤等工具敲碎车窗玻璃），关闭电源总开关。点火开关、燃气开关及百叶窗，组织乘客撤离车辆，如图6-8所示。

图6-7　安全顶窗

图6-8　打开车门疏散乘客

使用安全锤的注意事项如下：

①会取下安全锤。一般安全锤都可以直接向上提起然后摘下来，但有的公交车上为防止别人乱拿，用支架扣住了安全锤，直接拿取不下来，这就要仔细观察卡住安全锤的支架，把支架松开才能取下安全锤。

②掌握正确的手握安全锤方法。对于普通的安全锤，要四指并拢握住把柄，大拇指在外贴紧中指。握的时候要握紧，手不能发抖。

③对于多合一型安全锤，要特别注意的是要握在安全锤应急爆闪灯的位置，即锤子的最后面，这样在敲击玻璃时才能用上劲。

④有时遇到紧急情况，在拿到安全锤后却发现被安全带束缚住了，一时有无法像往常一样打开，这时就能用上多功能安全锤里的应急断绳刀，要快速把安全带割断，再去敲碎玻璃。

⑤用安全锤敲击玻璃时，用力要均匀，不能用蛮劲，本身安全锤很小巧，敲碎玻璃不是靠力量，而是用“巧劲”。安全锤的尖头是相当尖的，在敲击时用“巧劲”多敲击几次。

⑥选择合适的敲打姿势。用安全锤敲击玻璃时，最好选择比较便利的姿势进行敲击。虽然遇到紧急情况时很慌乱，但如果扭着身子或歪着胳膊敲玻璃很难用上劲，尽量用最习惯的右手（习惯左手的一定要用左手）抡起来敲击，才能尽快敲碎玻璃。

⑦安全锤使用最重要的一点是找准敲击玻璃的最佳位置。当遇到紧急情况需要敲碎玻璃逃生时，千万不要拿着安全锤乱敲一通，这样反而敲不碎玻璃，耽误时间。应该找准玻璃的4个角，距离窗框5cm左右，在这4个区域附近敲击能很快把玻璃敲碎。注意要先按着一个点敲击，等彻底把玻璃敲开了再敲击其他的点；或者敲碎一点后如果玻璃出现较大的洞，可以用脚把玻璃踹碎。此外，很多公交车玻璃上都贴有“紧急时敲碎安全玻璃”字样，用安全锤敲击这个标示也能快速敲碎玻璃。

⑧如果是黑天遇到紧急情况，就可以用到安全锤上的应急爆闪灯和手电，按下按钮、打开灯后，就能给救援人员提供信号。

（2）待乘客疏散到安全地带后，如火势可控，驾驶员要查找着火部位，使用灭火器等设置灭火。

（3）驾驶员在灭火时首先要确保自身安全，如果火势发展较快，难以有效控制时，要立即撤离现场，并拨打119报警电话，请求消防人员救援，同时向运营单位报告。

(4)驾驶员要尽快疏散附近的行人和车辆，维护现场秩序，防止二次事故发生。如果公交车在加油站、易燃物堆积区等危险场所起火，驾驶员要先驾驶车辆驶离危险区域，再安全停车，组织人员疏散(图6-9)。

图6-9 疏散要求

一般车载灭火器通常为手提式干粉灭火器，有一定的保质期，必须按期进行更换。灭火器的正确使用步骤如下：

(1)距燃烧物5m左右，撕掉小铅块。

(2)拔出保险销。

(3)提起灭火器，用右手压下压把，用左手握住喷嘴，将干粉喷向燃烧区。

灭火器的使用步骤如图6-10所示。

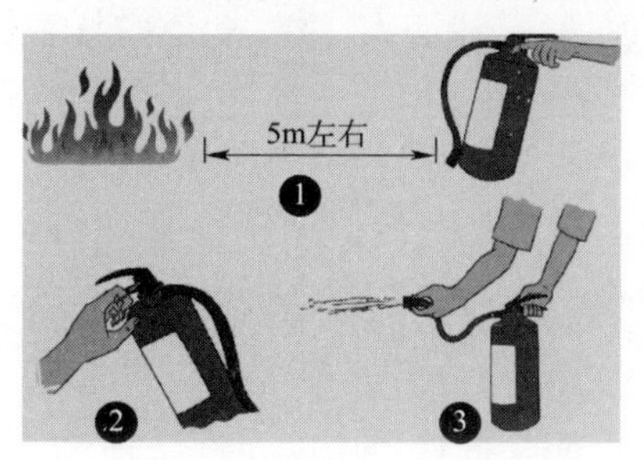

图6-10 灭火器的使用步骤

不同情形下的灭火方法如下：

(1)水可以用于熄灭纸张、布匹和轮胎引起的火焰，但不能用来熄灭电器、汽油引起的火焰。电气系统起火时，要使用灭火器、沙土等灭火。

(2)发动机着火时，应将发动机关闭，尽量不打开发动机罩，从车身通气孔、散热器及车底侧进行灭火。

(3)燃油着火时，切不可用水去浇，应做好油箱的防爆工作，并切断油路，选择适用的灭火器灭火；若无灭火器，可用路边沙土或厚布、工作服等覆盖灭火以防火势蔓延。

(4)轮胎起火时，可使用灭火器、水、沙土等灭火，灭火后有条件的继续用水降温，防止复燃。

(5)救火时，应脱去所穿的化纤服装，注意保护暴露的皮肤。不要撕扯已经黏在皮肤上的衣服，以免将表皮一起撕下，造成细菌侵入。不要张嘴呼吸或高声呐喊，以免烟火灼伤上呼吸道。

(6)使用灭火器时，人要站在上风处，尽量远离火源，灭火器要瞄准火源而不是火苗，借风势将灭火器泡沫吹向火源。

(7)因翻车、撞车等交通事故而引起火灾时，首先抢救伤员，并对车辆采取有效的补救措施，如用路边地里的沙、土掩盖或用棉被、衣服浸水扑盖，使火焰熄灭。

(8)如果车厢内冒烟或出现火苗，应对准起火部位采取灭火措施，尽量在初期阶段就扑灭火焰。

6.1.6.3 车辆发生交通事故后落水的处置

行车中误入积水或者车辆坠入河塘时，车上人员的处境将会非常危险。当车辆突然落

图6-11　使用安全锤砸碎风窗玻璃

水时,驾驶员需要保持清醒的头脑,及时采取正确的自救措施,以获得逃生机会。

(1)在落水的瞬间,不要急于解开安全带,防止落水时的冲击力造成人员受伤。

(2)刚落水后,车辆还不会完全下沉,驾驶员应尽快解开安全带,在第一时间开启车门或使用安全锤等尖锐器械砸碎风窗玻璃,协助旅客安全撤离,如图6-11所示。

(3)逃生时,应注意抓稳门框或窗框,防止被涌入的水流冲回车内。

(4)暴雨天气行车时,驾驶员应尽量避开低洼地段,控制好车速,不盲目跟随前车驶入积水地段。遇到积水且前后堵住无法驶离时,应及时弃车到较高的地方等待救援。

6.2　客伤事故处置

发生客伤事故时,驾驶员要对事件进行先期处置。保护现场、寻找证人,做好劝说安抚工作,控制事态局面,尽最大努力消除影响。同时,根据现场实际情况做出相应处置,包括保护当事人、送伤者到附近医院就诊、适时向公安机关报警。在距车辆20m处放置安全警告标志,帮助其他乘客换乘其他运营车辆。遇特殊情况需要移动现场时,应做好标记,采取拍照、摄像等方法记录事故现场原貌。协助医护人员做好现场处理工作,稳定伤者及家属情绪,制定事故善后方案并组织实施,并配合交警部门开展现场勘查及事故的善后处理工作。对诊断无大碍的伤者,本着快速处理原则,一次性补偿结案,尽最大可能降低社会影响及经济损失。

在处理客伤事故过程中,要保持信息渠道畅通,责任单位或部门要坚持即时汇报,确保各类信息反馈的及时准确。要本着实事求是、客观公正的原则,做好服务突发事件的汇报,杜绝出现隐瞒不报和信息倒流。

6.2.1　客伤事故的概念

客伤事故是非交通事故引发的乘客乘坐公共电汽车途中,因驾驶员未确保乘客安全或车内设施损坏等原因,对乘客造成的人身伤亡或财产损失的事故。

6.2.2　客伤事故的危害性

(1)危险性大:客伤事故的伤情多为脊椎及头部伤,容易造成伤者中枢神经系统受损,导致恶性后果。

(2)经济支出高:从以往伤情来看,伤者大多构成伤残等级评定标准(也就是残疾),根据《中华人民共和国民法典》相关侵权赔偿标准,事故赔偿金额达几十万元。

(3)事故处理周期长:除伤情需要一定时间的治疗外,很多年老体弱乘客本身还带有其他基础疾病,对伤情恢复非常不利,很多事故处理周期达到3~5年甚至更长。

6.2.3 客伤事故原因分析

6.2.3.1 正常行驶或制动过程中乘客摔伤

(1)对新能源车辆(特别是纯电动汽车)特性不够了解。

传统的 LNG 车型起步车速呈“阶梯性稳步上升”,总体感观比较缓慢,纯电动汽车的起步则是“动力澎湃持续发力急速上升”。对于乘客,持续加速会让他们站立不稳而摔倒受伤。

纯电动汽车制动时,制动踏板的前三分之一行程为电制动,制动效果相对较弱,超过三分之一行程为气电制动,制动效果较好,更容易导致客伤。

(2)未保持安全车距,紧急制动造成客伤。

(3)车内扶手松动、地板打滑、乘客未扶牢;特殊群体未安排座位,带较多行李的乘客尚未站稳。

6.2.3.2 开关门习惯差导致门夹事故

(1)靠站后右手长时间放在按键处,开关门简化为两个按键同时按。

(2)开关门前,驾驶员目光始终没有看车内外乘客。

(3)计算乘客下车速度失误,人未完全离开下客门就按关门键。

(4)起步前未再次确认车门处情况。

6.2.3.3 离心力、惯性过大或过于颠簸造成乘客受伤

(1)车速过快或与前车距离过近,遇情况紧急制动或发生碰撞(如前方有障碍物)。

(2)驾驶员驾驶技术生疏,处理措施不当。

(3)社会车辆随意猛拐或行人随意横穿马路等造成紧急制动。

(4)转弯不减速或减速不够,在通行状况不好的路面上快速行驶。

6.2.4 客伤事故的处置措施

公交车发生交通事故时,当碰撞的主要位置不在驾驶员一侧时,驾驶员要紧握转向盘,两腿向前蹬直,身体向后倾,以免在车辆撞击时,头撞到风窗玻璃上受伤。如果撞击部位靠近驾驶员一侧,驾驶员要迅速将双脚抬起,以免受到挤压。发生碰撞事故后,驾驶员要采取以下处置措施:

(1)立即停车,关闭发动机并切断电源,拉紧驻车制动手柄(驻车制动器操纵杆),开启危险报警闪光灯(夜间还需开启示廓灯和后位灯),正确放置危险警告标志,并将乘客疏散到安全地带。

(2)事故未造成人员伤亡的,应及时向运营单位报告,组织乘客转乘同线路的其他车辆,如图 6-12 所示。

图 6-12 发生交通事故后处置

(3)事故造成人员伤亡的应及时拨打 122 或 120,并向运营单位报告,组织乘客转乘同线路的其他车辆。现场救护时,应遵循“先人后物、先重伤员后轻伤员、先人后己”

的原则,因救护受伤人员变动现场的,要标记伤员的原始位置。

(4)处理交通事故时,事故未造成人员伤亡,当事人对事实及成因无争议的,以及仅造成轻微财产损失、基本事实清楚的,驾驶员可在符合公司相关规定的原则下,自行协商处理损害赔偿事宜。车辆有损坏时,可使用照相机或者手机从不同角度拍摄事故现场全景、车辆号牌、受损部位、受损程度,之后撤离现场。不能自行解决的事故,立即报警,及时向公司汇报,并通知保险公司。

(5)乘客在车上发生磕碰或摔倒时(图6-13),驾驶员要上前查看伤者的伤情,安抚伤者,必要时拨打120,并向所在运营单位报告,并组织乘客转乘同线路的其他车辆。

如果乘客受伤非常严重,需要紧急送往医院时,驾驶员和乘务员要立即将受伤乘客送往附近的医院进行救治(图6-14),同时向车内其他乘客耐心解释,取得大家的理解。

图6-13　乘客发生磕碰

图6-14　将乘客紧急送往医院救治

由于其他车辆的违规行为造成突发情况,迫使公交车紧急避让、制动,导致乘客受伤时,驾驶员和乘务员要记住其车辆牌号,并寻找目击者给予见证证明。

6.3　伤病员救护方法

公交车运行中遇到乘客突发疾病或因事故造成意外伤害时,驾驶员要及时选择安全的地点停车,乘务员和乘客要在力所能及的情况下进行自救和互救,同时拨打120急救电话,请求医疗急救机构支援。

6.3.1　伤病员救护"四原则"

6.3.1.1　正确判断伤情

首先对伤员的处境和伤情进行全面检查和判断,比如,是否有重物压在伤员身上,是否有异物插入伤员体内,伤员是否出现昏迷、呼吸中断等症状,伤员是否出血、骨折等。对于意识清醒的伤员,要询问哪里疼痛和不适,初步判断受伤部位,以便选择正确的急救方法。

6.3.1.2　科学施救,避免造成二次伤害

施救人员要沉着、仔细,根据伤员的处境和伤情,科学实施救护。从车体中移出伤员时,动作要轻柔,尽可能移开压在伤员身上的物品,不要强行拉拽伤员的肢体;不要随意拔出插

入伤员体内的异物;正确搬运伤员,避免因搬运不当加重伤员伤势。

6.3.1.3 选择安全的场所实施救护

尽快将伤员救离事故现场,尽量选择广场、空地等开阔区域,在救护车能够接近的安全地方以及夜间有照明的地方实施抢救,不能在弯道、坡道或交叉路口等危险区域实施抢救。尽可能用救护车运送伤员,使伤员平卧,减少运送途中的二次损伤。

6.3.1.4 先救命,后治伤

在等待专业救护人员赶赴事故现场时,要先抢救昏迷、休克、呼吸中断的重症伤员,然后再护理需伤口包扎、固定等的一般伤员。

6.3.2 伤员失血速包扎

6.3.2.1 指压止血法

用手指或敷料直接压迫出血部位近心端的动脉,阻断动脉血液流动,以达到快速止血的目的。不同部位动脉出血的指压止血方法及操作要求见表6-2。

不同部位动脉出血的指压止血方法及操作要求　　表6-2

出血部位	压迫方法	操作要求
颞浅动脉	用拇指或食指在伤员耳前正对下颌关节处(耳屏上方1.5cm处)用力压迫止血	(1)指压动脉压迫点准确; (2)压迫力度适中,以伤口不出血为准; (3)压迫10~15min; (4)保持受伤一侧肢体抬高
颈总动脉	(1)用拇指或食指在伤员气管外侧、胸锁乳深肌前缘,将伤侧颈动脉向后压于第五颈椎上止血; (2)禁止同时压迫两侧的颈动脉	
肱动脉	在伤员上臂中段的内侧摸到肱动脉搏动后,用拇指或其余四指压迫止血	

续上表

出血部位	压迫方法	操作要求
股动脉	在腹股沟韧带中点偏内侧下方摸到股动脉搏动后,用拇指或掌根向外上压迫止血	(1)指压动脉压迫点准确; (2)压迫力度适中,以伤口不出血为准; (3)压迫 10~15min; (4)保持受伤一侧肢体抬高
桡、尺动脉	用双手的拇指同时按压腕部掌面两侧的桡、尺两条动脉止血	

6.3.2.2 加压包扎止血法

用敷料或者洁净的毛巾、三角巾等覆盖伤口,通过加压包扎压迫出血部位进行止血。加压包扎止血的步骤及操作要求见表 6-3。

加压包扎止血的步骤及操作要求　　表 6-3

步　骤	操作内容	操作要求
第一步	准备包扎物品	准备纱布、三角巾或绷带等
第二步	清除伤口异物	让伤员卧位,抬高上肢,检查伤口,清洗伤口并清除伤口处的异物
第三步	用纱布垫敷于伤口	用敷料覆盖伤口,敷料要超过伤口至少 3cm

续上表

步骤	操作内容	操作要求
第四步	加压包扎	用手施加压力直接压迫,用三角巾或绷带紧紧包扎出血部位
第五步	检查血液循环情况	包扎后,注意观察肢体末梢血液循环情况,正常应无明显青紫肿胀及感觉麻木等症状

6.3.2.3 加垫屈肢止血法

对于前臂、上臂或小腿出血,且没有骨折和关节损伤的情况,可以通过加垫屈肢达到止血目的。加垫部位及操作要求见表6-4。

加垫部位及操作要求 表6-4

出血部位	加垫部位	操作要求
上肢前臂	肘窝	(1)准备纱布或毛巾、三角巾或绷带; (2)在肘窝处放置纱布、毛巾或衣物等物; (3)肘关节屈曲,用绷带或三角巾屈肘固定
上肢上臂	腋窝	(1)准备纱布或毛巾、三角巾或绷带; (2)在腋窝处放置纱布、毛巾或衣物等物; (3)将前臂屈曲于胸前,用绷带或三角巾将上臂固定在胸前

续上表

出血部位	加垫部位	操作要求
下肢小腿	腘窝	(1)准备纱布或毛巾、三角巾或绷带； (2)在腘窝处放置纱布、毛巾或衣物等物； (3)膝关节屈曲,用绷带屈膝固定

6.3.2.4 绷带包扎法

用绷带包扎伤口,目的是固定盖在伤口上的纱布,固定骨折或挫伤,并有压迫止血的作用,还可以保护患处。不同绷带包扎方法的操作要求见表6-5。

不同绷带包扎方法的操作要求 表6-5

包扎方法	图示	操作要求
环形包扎		(1)准备纱布、绷带、胶带； (2)用消毒敷料覆盖伤口,用左手将绷带固定在敷料上,右手持绷带卷绕肢体紧密缠绕
		(3)将绷带打开一端稍做斜状环绕第一圈,将第一圈斜出一角压入环形圈内,环形绕第二圈； (4)环形缠绕4～5层,每圈盖住前一圈,绷带缠绕范围要超出敷料边缘
		(5)最后用胶布粘贴固定,或将绷带尾从中间纵向剪开形成两个布条,两布条先打一结,然后两布条绕体打结固定

续上表

包扎方法	图　示	操作要求
手掌“8”字包扎	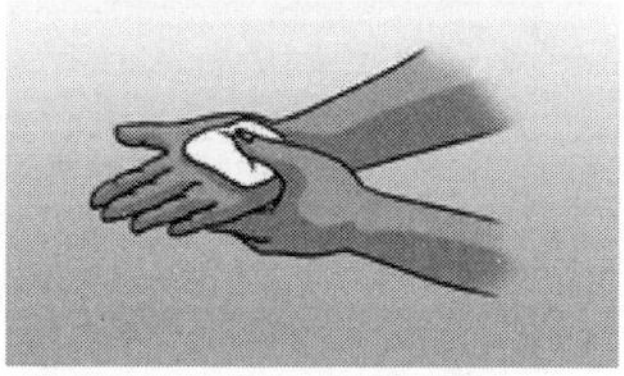	(1)准备纱布、绷带; (2)用消毒敷料覆盖伤口
	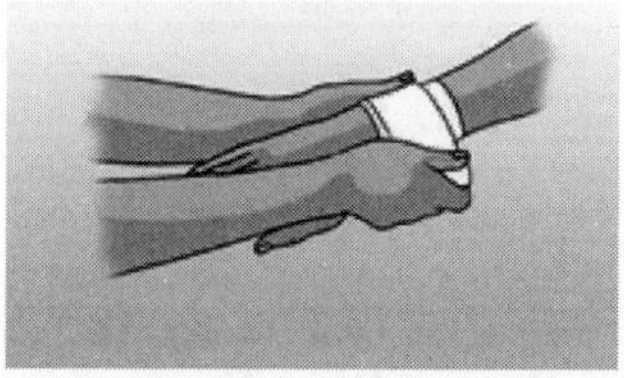	(3)从手腕部开始包扎,先环形缠绕两圈
	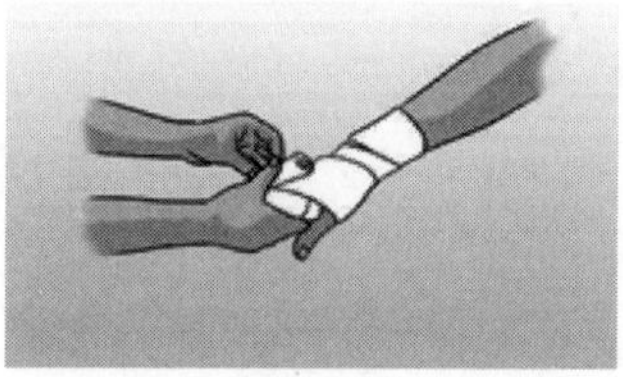	(4)经手和腕进行“8”字缠绕
	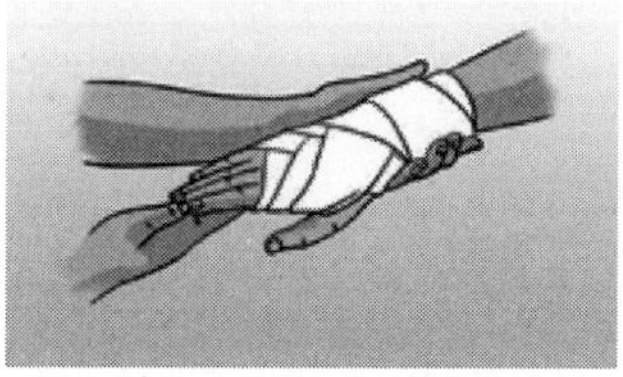	(5)将绷带尾端固定在腕部
螺旋包扎	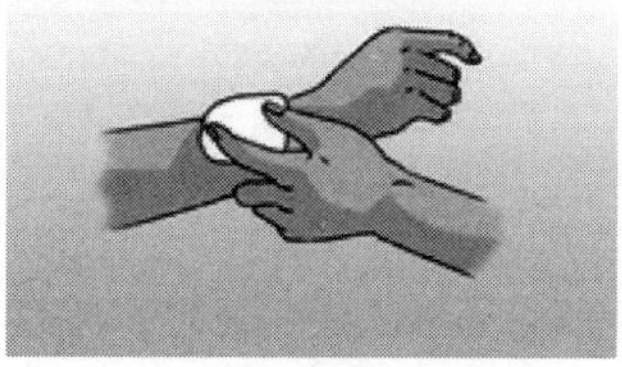	(1)准备纱布、绷带、胶带; (2)用消毒敷料覆盖伤口

续上表

包扎方法	图　示	操作要求
螺旋包扎	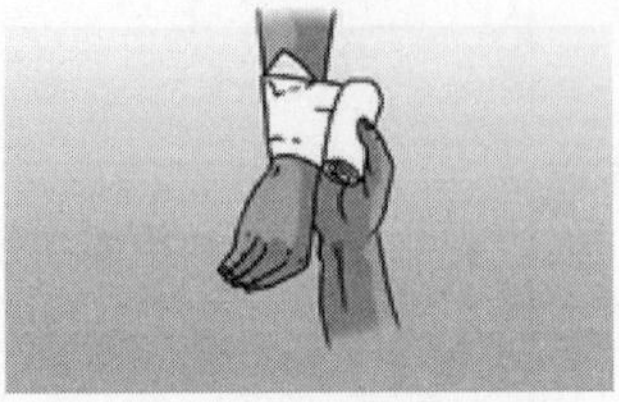	(3)先环形缠绕两圈
	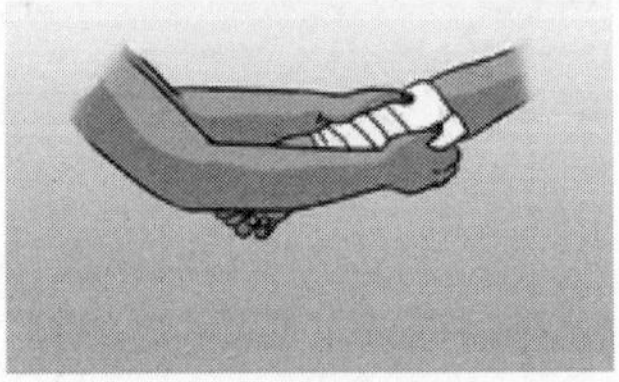	(4)从第三圈开始,环绕时压住前圈1/3或2/3呈螺旋形
	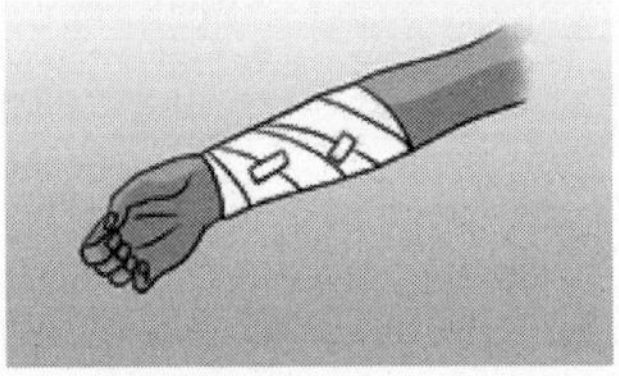	(5)最后用胶布粘贴固定

6.3.2.5　三角巾包扎法

不同三角巾包扎方法的操作要求见表6-6。

不同三角巾包扎方法的操作要求　　表6-6

包扎方法	图　示	操作要求
头顶帽式包扎	 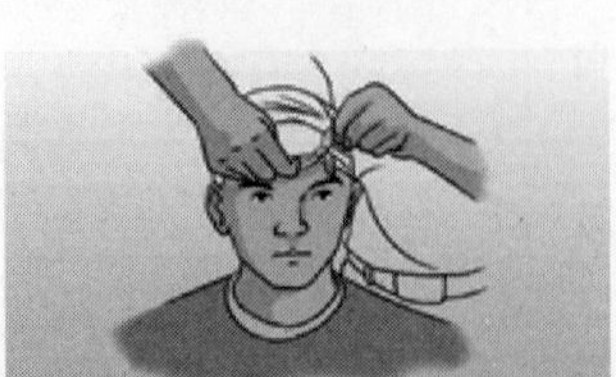	(1)将三角巾的底边叠成约两横指宽,边缘置于伤员前额齐眉,顶角向后位于脑后; (2)三角巾的两底角经两耳上方拉向头后部交叉并压住顶角,再绕回前额相遇打结;

续上表

包扎方法	图　　示	操 作 要 求
头顶帽式包扎		(3)顶角拉近，掖入头后部交叉处内
肩部包扎		(1)三角巾折叠成燕尾式，燕尾夹角约 90°，大片在后压小片，放于肩上； (2)燕尾夹角对准侧颈部； (3)燕尾底边两角包绕上肩上部并打结； (4)拉紧两燕尾角，分别经胸、背部至对侧腋下打结
胸部包扎		(1)三角巾折叠成燕尾式，燕尾夹角约 100°，置于胸前，夹角对准胸骨上凹； (2)两燕尾角过肩于背后，将燕尾顶角系带，围胸在背后打结； (3)将一燕尾角系带拉紧绕横带后上提，再与另一燕尾角打结； (4)背部包扎时，把燕尾巾调到背部即可
腹部包扎		(1)三角巾底边向上，顶角向下横放在腹部； (2)两底角围绕到腰部后打结； (3)顶角由两腿间拉向后面，与两底角连接处打结

6.3.3　骨折伤员的救护

常见的骨折固定方法分为肱骨骨折固定法和下肢骨折固定法。骨折固定方法的操作要求见表 6-7。

骨折固定方法的操作要求 表6-7

包扎方法	图　示	操作要求
肱骨骨折固定方法	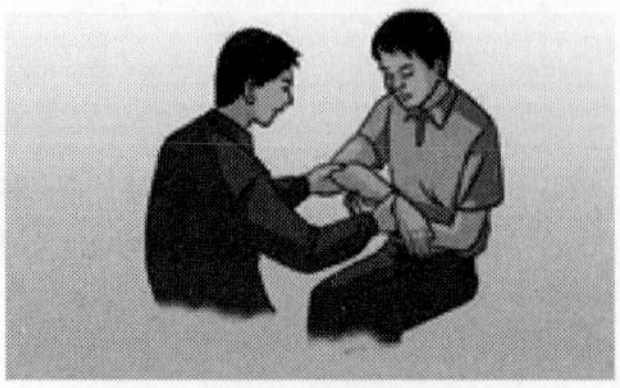	将肘关节屈曲90°左右
		置夹板超过肘关节和腕关节,并在骨突出处加垫纱布
	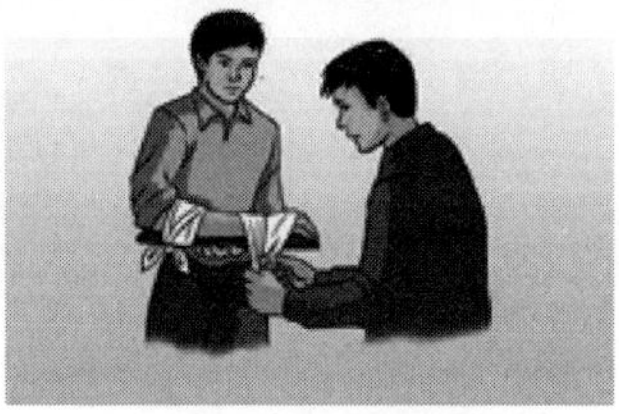	先固定骨折部位上端,再固定骨折部位下端
	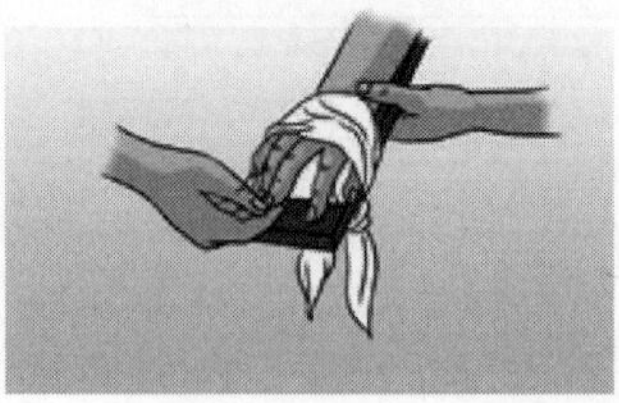	检查末梢血液循环情况,正常应无明显青紫肿胀及感觉异常等症状
		用三角巾、毛巾或大悬臂带等悬吊前臂

续上表

包扎方法	图　示	操作要求
下肢骨折固定方法	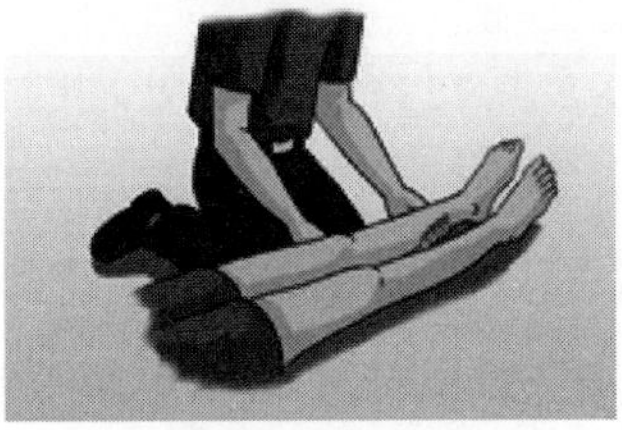	轻轻抬起伤肢与健康肢并拢
	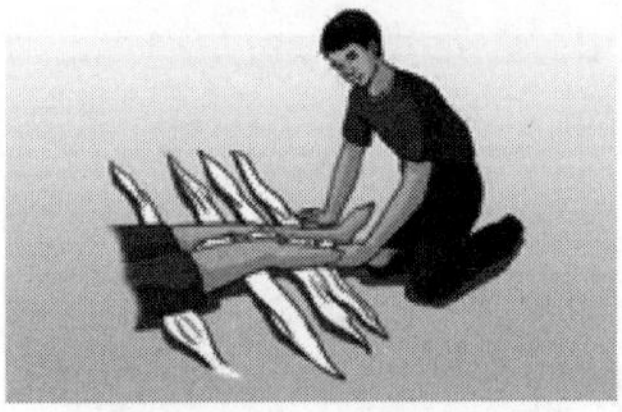	放好宽布带，双下肢间加厚垫
	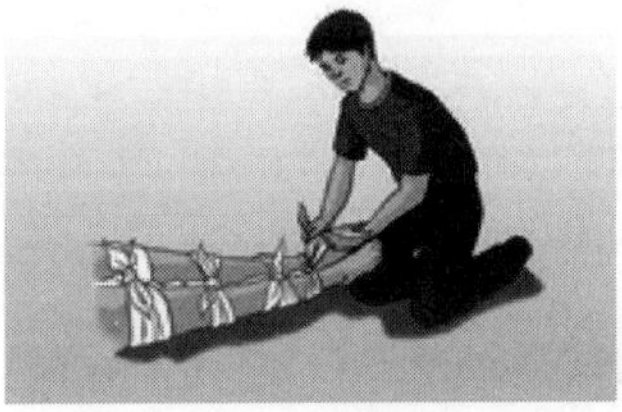	自上而下打结固定
	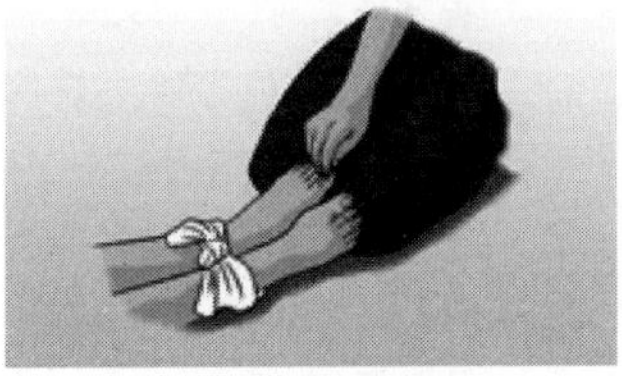	检查肢体末端血液循环情况，正常应无明显青紫肿胀及感觉异常等症状
		双踝关节“8”字形固定

6.3.4 烧伤伤员的救护

6.3.4.1 烫伤的急救方法

烫伤的症状为皮肤发红、起泡、感觉疼痛。在现场对烫伤进行处理时应首先考虑尽快降温,可以用流动的干净温水持续冲洗烫伤部位,直到不红、不疼、不起泡为准。

6.3.4.2 烧伤的急救方法

内部组织受损的烧伤,可引起呼吸困难、休克、烧伤性疾病等危险,发现有烧伤的伤员时,应采取以下急救措施:

(1)迅速脱掉烧着的衣服,或采用浇冷水、就地打滚等方式扑灭衣服上的明火。

(2)用流动的干净温水持续冲洗除脸部之外的烧伤部位,直到不红、不疼、不起泡为止。

(3)用消过毒的纱布或清洁的被单覆盖除脸部之外的烧伤创面,不可用沙土、粉剂、油剂等敷抹。

(4)适量饮用淡盐水,防止脱水休克。

(5)若烧伤部位出现水泡,可以用塑料袋或保鲜膜轻轻覆盖在水泡上进行保护。

(6)反复检查呼吸和脉搏,防止休克,并尽快将伤者送往医院。

6.3.5 伤员搬运方法

救助人员应根据伤员伤情的轻重和类型,采取科学、合理的措施搬运伤员,如采用单人搀扶、多人平抬、担架搬运等,避免伤员受到二次伤害。伤员搬运方法的操作要求见表6-8。

伤员搬运方法的操作要求　　表6-8

搬运方法	图　示	操 作 要 求
单人搀扶		搀扶伤员时,救助人员站在伤员的一侧,将其手臂放在自己肩、颈部,并拉住该手的手腕,另一只手扶住伤员的腰部行走。 单人搀扶法适用于转移伤势较轻、在有人帮助下能自己行走的伤员,比如单侧下肢受伤、头部外伤、上肢骨折、胸部骨折、头昏的伤员等
单人抱持		抱持伤员时,救助人员站在伤员的一侧,一手托住伤员的双腿,另一只手紧抱伤员的腰部或肩部,并可让神志清醒的伤员用手钩住自己的颈部。 单人抱持法适用于不能行走的伤员,如头部、胸部、腹部及下肢受重创的伤员

续上表

搬运方法	图　示	操作要求
单人背运		背运伤员时，救助人员蹲在伤员前面，与伤员面朝同一方向，微弯背部，将病人背起。如伤员卧于地上不能站立，则救助人员卧于伤员一侧，一手紧握伤员肩部，另一手抱起伤员的腿用力翻身，使其负于自己的背上，慢慢站起来。 背运伤员法不适于胸部、腹部受伤的伤员
单人水平拖移		水平拖移伤员时，救助人员站在伤员背后，两手从其腋下伸到其胸前，先将伤员的双手交叉，再用自己的双手握紧伤员的双手，并将自己的下颌放在其头顶上，使伤员的背部紧靠在自己的胸前慢慢向后退着走。 单人水平拖移法用于不便于直接搀扶、抱持和背运的伤员救护，不论伤员神志清醒与否均可使用
多人平抬		采用多人平抬法时，一人抱伤员的双肩和头部，一人托住伤员的腰臀部，第三人托住伤员的双下肢，使伤员能水平搬运。对于怀疑有颈椎骨折的伤员，宜有一人牵引伤员的头颈部；对有内脏损伤的伤员，宜采用担架、木板等搬运。 对于怀疑有颈椎和脊柱损伤不宜站立行走的伤员，现场没有担架或者将伤员转移到担架上时，可采用多人平抬法
担架搬运		将脊柱骨折的伤员搬移至担架时，由 3 ~ 4 人站在伤员的右侧，分别用手托住伤员的肩、背、腰臀部和双下肢，颈椎骨折的伤员还要有一人专门托住伤员的头部，在统一口令下，协同将伤员搬至硬质担架上，并使伤员头向后，以便于后面抬的人观察其病情变化。为防止伤员头部来回晃动，伤员头部两侧要用沙袋或其他垫子塞住。搬运昏迷或有窒息危险的伤员时，要采用侧卧位。 担架搬运适用于路程长、病情重的伤员，主要有软质担架（如帆布、被服等）和硬质担架两种。脊柱和颈椎骨折的伤员，要采用硬质担架

6.3.6 心肺复苏方法

对心脏、呼吸骤停伤员的有效抢救方法是对伤员进行口对口人工呼吸、胸外心脏按压，操作步骤及要求见表6-9。

心肺复苏抢救的步骤及操作要求　　表6-9

步　骤	操作内容	操作要求
第一步	判断伤员意识	(1)将伤员放置在硬板或平整的地面上,使其仰卧(即伤员面部向上平躺); (2)救助人员跪在伤员的一侧,轻摇伤员肩膀及在耳边呼唤,必要时指掐人中穴,判断伤员是否丧失意识
第二步	开放伤员气道	(1)用一手的食指和中指抬起伤员下颌,同时用另一只手掌将伤员的前额下按,使其头部后仰,以保持伤员呼吸气道的开放、畅通; (2)清理伤员鼻腔和口腔中的异物
第三步	判断伤员呼吸情况	(1)将一侧脸颊靠近伤员口鼻,聆听呼吸声,同时观察胸腹有无上下起伏,以此判断伤员有无呼吸,时间5s; (2)若无呼吸,要立即进行口对口人工呼吸
第四步	实施口对口人工呼吸	(1)跪于伤员颈胸部一侧,一手食指和中指托起伤员下颌,另一手掌按住伤员额头,使其头部后仰,同时捏紧伤员鼻翼,包严嘴唇; (2)口对口用力吹气2次,每次持续吹气1s以上,潮气量500~600毫升、频率10~12次/min,同时观察胸部起伏情况; (3)如果吹气后胸部起伏,说明气道通畅;如果无胸部起伏,说明气道不够通畅,需要重新清理口腔和鼻腔异物; (4)在伤员呼吸气道畅通的情况下,对伤员进行人工呼吸,在伤员胸壁扩张后,即停止吹气,让伤员胸壁自行回缩,呼出空气,如此反复进行

续上表

步　　骤	操作内容	操作要求
第五步	判断伤员脉搏情况	(1)进行2次人工呼吸后,触摸颈动脉(喉结旁2～3cm)有无搏动,以此判断有无心跳,单侧触摸,时间<10s; (2)如果颈动脉无搏动,必须同时进行胸外心脏按压
第六步	实施胸外心脏按压	(1)用单手掌根紧贴伤员剑突上2cm或胸前中线与双乳头连线交叉处,另一只手平行放在其手背上,十指相扣,仅以单手掌根接触伤员胸骨下1/3处; (2)定位准确,双肘伸直,借身体和上臂的力量,垂直向下按压,使伤员胸廓下陷4～5cm; (3)心脏按压频率为100次/min
第七步	交替实施人工呼吸和胸外心脏按压	(1)完成30次心脏按压即给予2次快速吹气; (2)连做4～5个循环或进行3～4min后,重新检查呼吸和脉搏

6.3.7 危重伤员的救护

6.3.7.1 头部损伤的伤员

如果伤员受伤不严重,神志清醒,呼吸、脉搏正常,可进行伤部止血,包扎处理后,扶伤员靠墙或树坐下,找一块垫子将头和肩垫好(图6-15)。若伤员受伤严重并出现昏迷,要保持呼吸道通畅,密切注意呼吸和脉搏。

在进行救护转移时,护送人员扶助伤员呈半侧卧状,头部用衣物垫好,略加固定,再进行转移。

6.3.7.2 休克伤员

受伤者失血过多时会出现休克,其症状表现为:面色苍白、四肢发凉、额部出汗、口吐白沫,显得焦躁不安,脉搏跳动变得越来越快和虚弱,最后脉搏几乎摸不出来。这些症状有时

会部分出现,有时会同时出现。休克时间过长,可以使伤员致死,因此应及时采取以下急救措施:

(1)将伤员安置到安静的环境。

(2)抬起伤员腿部直到处于垂直状态。

(3)采取保暖措施,以防止体热损耗。

(4)反复检查呼吸和脉搏。

(5)迅速呼救,及时送往医院。

图6-15　伤员救护

6.3.7.3　昏迷不醒的伤员

可能引起昏迷不醒的原因有缺氧、中毒、中暑、暴力刺激大脑等。对昏迷失去知觉的伤员,在抢救时要先检查伤员的呼吸情况,并保持伤员侧卧位,如图6-16所示,以保证其呼吸畅通,防止窒息。

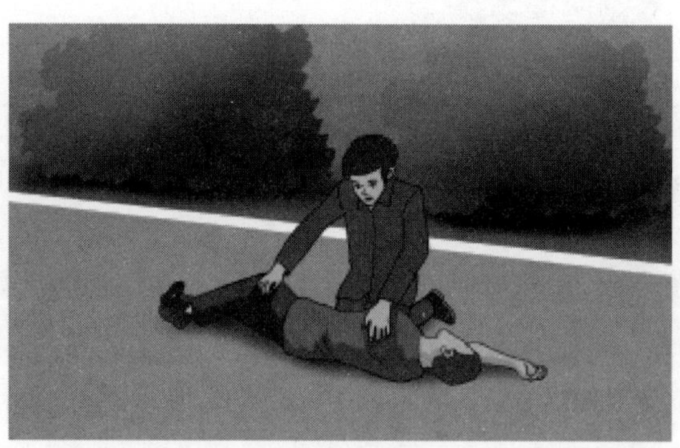

图6-16　保持伤员侧卧位

6.3.7.4　大量失血的伤员

如果伤员失血过多,将会出现生命危险,如出现休克等症状,应立即对伤员采取伤口加压止血和包扎措施。失血过多往往会产生休克,因此流血止住后,要继续采取一些防止休克的措施。

6.3.8 应急设备灵活用

6.3.8.1 车用急救包

车用急救包(图 6-17)是用于突发事件发生后自救或互救的应急救护设备,主要包含应急药品和急救工具。

1)应急药品

(1)云南白药喷雾等急性扭挫伤救护药品。

(2)风油精、藿香正气水等祛暑药品。

(3)速效救心丸、人丹等急性心脏病救护药品。

2)急救工具

(1)三角巾、卷状胶带、伸缩性包带、皮肤清洁布、纱布垫、手套等止血工具。

(2)急救用盖毯、急救手册、口罩、医用剪刀等其他急救工具。

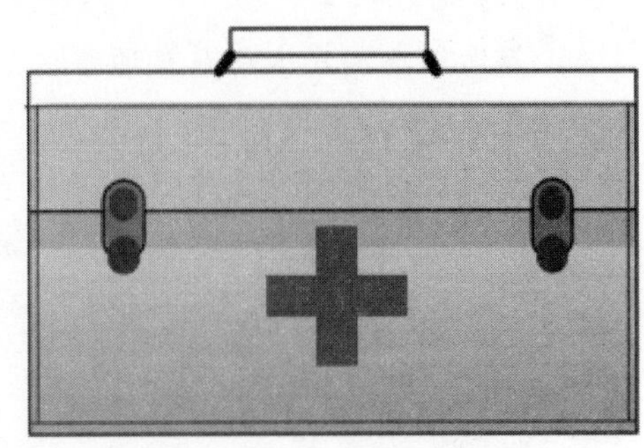

图 6-17 车用急救包

6.3.8.2 自动体外除颤器(AED)

自动体外除颤器(图 6-18)又称自动体外电击器、自动电击器、自动除颤器、心脏除颤器及傻瓜电击器等,是一种便携式的医疗设备,它可以诊断特定的心律失常,并且给予电击除颤,是可被非专业人员使用的用于抢救心源性猝死患者的医疗设备。

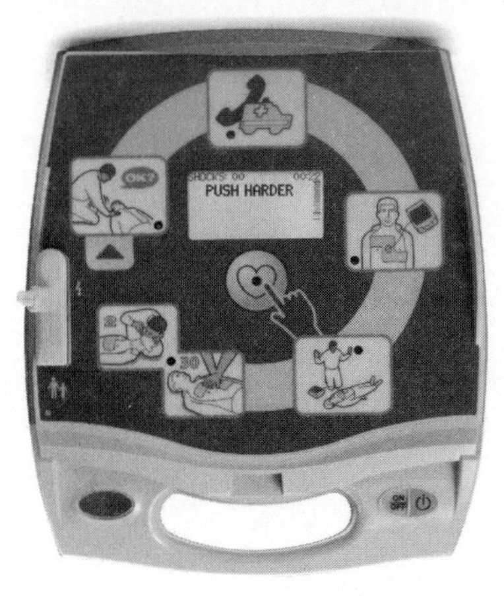

图 6-18 AED 使用

1)AED 的操作方法

(1)打开 AED 的盖子,依据提示文字和语音的提示操作。

(2)在患者右胸上部和左胸左乳头外侧,紧密地贴上电极。具体位置可以参考 AED 机壳上的图样和电极板上的图片说明。

(3)将电极板插头插入 AED 主机插孔。

(4)按下“分析”键,AED 将会开始分析心率。分析完毕后,AED 将会发出是否进行除颤的建议,当有除颤指征时,不要与患者接触,同时让附近的其他人远离患者,由操作者按下“放电”键除颤。

(5)除颤结束后,AED 会再次分析心律,如未恢复有效灌注心律,操作者应进行 5 个周期心肺复苏,然后再次分析心律,除颤,心肺复苏,反复至急救人员到来。

2)AED 使用注意事项

(1)AED 放电瞬间可以达到 200J 的能量,在给病人施救过程中,按下通电按钮后要立刻远离病人,并告诫身边其他人不得接触、靠近病人。

(2)病人在水中时,不能使用 AED 进行救治,病人胸部如有汗水需要快速擦干后再使用 AED。

(3)如果在使用完 AED 后病人没有任何生命特征(呼吸、心跳),需要马上送医院救治。

即学即用

1. 简述遇车辆发生伤人交通事故后,驾驶员在处置过程中应遵循的基本通用处置程序与相应处置措施。

2. 简述交通事故报告的内容。

3. 简述道路交通事故中伤病员救护的“四原则”。

参 考 文 献

[1] 范立. 汽车安全驾驶技术[M]. 3 版. 北京:人民交通出版社股份有限公司,2021.

[2] 王淑君. 汽车驾驶全程图解[M]. 北京:化学工业出版社,2017.

[3] 常若松,孙龙. 驾驶心理测评量表手册[J]. 道路交通管理,2020(08):92.

[4] 卢华青. 浅析心理学在汽车驾驶教学中的重要性[J]. 职业,2013(14):168.

[5] 常若松. 汽车驾驶员安全心理学手册[M]. 北京:人民交通出版社股份有限公司,2014.

[6] 王雪松. 交通安全分析[M]. 上海:同济大学出版社,2022.

[7] 蒋晓蓓,王武宏,郭宏伟,等. 人车路系统驾驶行为分析与安全支持[M]. 北京:化学工业出版社,2020.

[8]《城市公交运营安全警示案例评析》编写组. 城市公交运营安全警示案例评析[M]. 北京:人民交通出版社股份有限公司,2022.

[9] 祁晓峰. 道路客货运输车辆防御性驾驶指南[M]. 北京:人民交通出版社股份有限公司,2022.

[10] 张开云. 大客车防御性驾驶技术[M]. 北京:人民交通出版社股份有限公司,2017.

[11] 中华人民共和国交通运输部. 安全驾驶从这里开始:适用车型 A1、B1、A33 版[M]. 北京:人民交通出版社股份有限公司,2017.

[12] 吴文琳. 汽车安全驾驶与应急处置全攻略[M]. 北京:中国电力出版社,2020.

[13] 交通运输部公路科学研究院. 城市公交安全和应急手册[M]. 3 版. 北京:人民交通出版社股份有限公司,2021.